Aufgabensammlung zur technischen Strömungslehre

Hubert Marschall

Aufgabensammlung zur technischen Strömungslehre

 Springer Vieweg

Hubert Marschall
Technische Universität Darmstadt
Darmstadt, Deutschland

ISBN 978-3-662-56378-6   ISBN 978-3-662-56379-3   (eBook)
https://doi.org/10.1007/978-3-662-56379-3

Die Deutsche Nationalbibliothek verzeichnet diese Publikation in der Deutschen Nationalbibliografie; detaillierte bibliografische Daten sind im Internet über http://dnb.d-nb.de abrufbar.

Springer Vieweg

Gedruckt auf säurefreiem und chlorfrei gebleichtem Papier

Springer Vieweg ist ein Imprint der eingetragenen Gesellschaft Springer-Verlag GmbH, DE und ist ein Teil von Springer Nature
Die Anschrift der Gesellschaft ist: Heidelberger Platz 3, 14197 Berlin, Germany

Vorwort

In den vergangenen Jahren ist von Studierenden der Strömungslehre immer wieder nach vollständig durchgerechneten Klausuraufgaben gefragt worden. Diese Aufgabensammlung soll dem Rechnung tragen. Sie ist aus einer Auswahl von schriftlichen Prüfungsaufgaben der Technischen Strömungslehre entstanden, die in den letzten Jahren an der Technischen Universität Darmstadt für Bachelorstudenten im 4. Semester gestellt worden sind. Das Buch ist begleitend zur Vorlesung als Lernhilfe zur Prüfungsvorbereitung für Studierende gedacht. Es stellt Aufgaben aus verschiedenen Bereichen der inkompressiblen Strömungen mit vollständig durchgerechneten Lösungswegen bereit.

Das Buch kann und soll kein Lehrbuch für Strömungsmechanik ersetzen. Es orientiert sich vom Stoff und Schwierigkeitsgrad her an dem, was üblicherweise an Universitäten in den Grundlagen der Strömungslehre angeboten wird. Für ein tiefergehendes Studium müssen einschlägige Bücher oder Vorlesungen herangezogen werden. Insbesondere ist hier das Lehrbuch von Prof. J. Spurk Spurk (2004) zu erwähnen.

Der Prüfungsstoff des Buches ist in sieben Kapitel gegliedert. In den einzelnen Kapiteln erfolgt zunächst eine kurze Darstellung des Stoffes, in denen die Herleitungen der zum Lösen der Aufgaben notwendigen Formeln skizziert werden. Am Ende eines Kapitels folgen Prüfungsaufgaben zu deren Lösung nur Kenntnisse aus dem aktuellen und aus den vorhergehenden Kapiteln benötigt werden. Im Kapitel 8 sind themenübergreifende Aufgaben zusammen gestellt, die den Stoff der gesammten Vorlesung voraussetzen. Die Musterlösungen aller Aufgaben sind in Kapitel 9 zusammengefasst.

Das erste Kapitel behandelt die Kinematik von Flüssigkeiten. Daran schließen sich Aufgaben zu den kontinuumsmechanischen Grundlagen der Strömungslehre an. Hier werden Anwendungen zu den Erhaltungsgleichungen in integraler und differentieller Form behandelt, d.h. Lösungen zur Kontinuitäts- und Impulsgleichung sowie zum Drallsatz und der Energiegleichung. In den nachfolgenden Kapiteln sind die Bilanzgleichungen an technischen Beispielen problemorientiert zu vereinfachen. Man erhält so geschlossene Lösungen z.B. in der Schichtentheorie, Hydrostatik und der Stromfadentheorie. Diese Aufgaben haben oft ein bestimmtes Ziel im Auge, so dass bei der Formulierung der Fragestellungen besonderer Wert darauf gelegt wurde, den Studenten durch den Lösungsweg zu führen um das gewünschte Endergebnis zu erreichen.

In den Herleitungen und in den Aufgaben wird sowohl die symbolische Schreibweise wie auch die Indexnotation verwendet. Für den Leser, der mit der Indexschreibweise noch nicht vertraut ist, empfiehlt es sich zunächst einen Blick in den Anhang A Elemente der Tensorrechnung zu werfen. Dort sind die wichtigsten Elemente beider Schreibweisen aufgeführt.

Die Entstehung des Buches ist Herrn Prof. Dr.-Ing. C. Tropea, Leiter des Fachgebietes Strömungslehre und Aerodynamik, zu verdanken. Es war seine Idee, eine solche Prüfungshilfe für Studenten zur Verfügung zu stellen. Er ermöglichte und unterstützte das Projekt in jeder Phase. Dafür herzlichen Dank. Die Herren M.Sc. Daniel Rettenmaier und Dipl.-Ing. Patrick Seiler erstellten in mühevoller Arbeit aus einem handschriftlichen Manuskript die vorliegende druckreife Version des Buches. Viele Ihrer Vorschläge zur Gestaltung des Buches, auch inhaltlicher Natur, sind berücksichtigt worden. Für viele kritische Bemerkungen, Korrekturen und Anregungen danke ich den Herren M.Sc. Benjamin Krumbein und Dr.-Ing. Markus Schremb, die viele Stunden bereitwillig mit der Durchsicht des Manuskripts verbrachten. Allen jetzigen und ehemaligen Mitarbeitern des Fachgebietes, die in den vergangenen Jahren Prüfungsaufgaben oder Beiträge zu ihnen geliefert haben und die hier nicht alle aufgeführt werden können, sei ebenfalls herzlich gedankt.

Schließlich bedanke ich mich bei Frau Birgit Kollmar-Thoni vom Springer Verlag für Ihre Geduld und Ihr Verständnis, das sie uns bei der Erstellung des Manuskript entgegen gebracht hat.

Darmstadt, im Mai 2018   *Hubert Marschall*

Inhaltsverzeichnis

1   Kinematik der Flüssigkeiten 1
   1.1   Flüssigkeiten als Kontinuum 1
   1.2   Lagrange und Eulersche Beschreibungsweise 2
   1.3   Bahnlinie, Stromlinie, Streichlinie 2
   1.4   Zeitableitungen 5
   1.5   Deformations- und Drehgeschwindigkeitstensor 6
       1.5.1   Komponenten des Dehnungsgeschwindigkeitstensors 7
       1.5.2   Hauptachsensystem 8
   1.6   Potentialströmungen 9
   1.7   Reynoldsches Transporttheorem 10
   1.8   Aufgaben zur Kinematik 12
       A1.1   Fluidbeschreibungsweisen und Stromlinien 12
       A1.2   Strom-, Bahn- und Streichlinie 12
       A1.3   Fluidbeschreibungsweisen, Stromlinien und Streichlinie ... 13
       A1.4   Bahnlinie, Dehnungsgeschwindigkeit und Potentialströmung ... 13
       A1.5   Dehnungsgeschwindigkeit und implizite Stromlinie 14
       A1.6   Kinematik, Eigenwertproblem zu den Hauptspannungen 14

2   Grundgleichungen der Kontinuumsmechanik 15
   2.1   Kontinuitätsgleichung 15
   2.2   Impulssatz 16
   2.3   Drallsatz 18
   2.4   Impuls- und Drallsatz im beschleunigten Bezugssystem 18
       2.4.1   Impulssatz im beschleunigten Bezugssystem 20
       2.4.2   Drallsatz im beschleunigten Bezugssystem 21
       2.4.3   Anwendung des Drallsatzes im Turbomaschinenbau 21
   2.5   Energiegleichung 24
   2.6   Aufgaben zu den Bilanzgleichungen 26

	A2.1	Zwei sich treffender Strahlen	26
	A2.2	Schwebende Kugel in Brunnen	27
	A2.3	Blutströmung in Aorta	28
	A2.4	Wasserwerfer	29
	A2.5	Kolbenbewegung in Zylinder	30
	A2.6	Rotierender Zerstäuber	31
	A2.7	Flügelgrenzschichtbeeinflussung durch Plasma-Aktuator	32
	A2.8	Strömung durch unendliches Gitter	33
2.7		Aufgaben zu Turbomaschinen	34
	A2.9	Einzelnes Pumpenlaufrad	34
	A2.10	Einfache Axialpumpe mit Leit- und Laufrad	35
	A2.11	Axialverdichter eines Flugtriebwerks	36
	A2.12	Einstufige Turbine	37
	A2.13	Axialturbine	38
	A2.14	Drehmomentenwandler	39
	A2.15	Mehrstufiger Axialverdichter	40
	A2.16	Axial-Radial Verdichter	41
3		**Materialgleichungen**	**43**
4		**Bewegungsgleichungen für Newtonsche Flüssigkeiten**	**47**
4.1		Reibungsbehaftete Strömungen	47
	4.1.1	Navier-Stokessche Gleichungen	47
	4.1.2	Die Reynoldszahl	48
4.2		Reibungsfreie Strömungen	50
	4.2.1	Eulersche Gleichung	50
	4.2.2	Bernoullische Gleichung	51
	4.2.3	Bernoullische Gleichung für Potentialströmungen	51
	4.2.4	Bernoullische Gleichung im rotierenden Bezugssystem	52
	4.2.5	Wirbelsätze	54
	4.2.6	Wirbelfaden	57
4.3		Aufgaben für Newtonsche Flüssigkeiten	61
	A4.1	Filmströmung an Wand	61
	A4.2	Strömung um eine mit Öl geschmierte Welle	62
	A4.3	Strömung in porösem Kanal	63
	A4.4	Luftströmungen durch Erdrotation	64
	A4.5	Strömung auf geneigtem Transportband	65
	A4.6	Flüssigkeitsfilm an Draht	66
	A4.7	Kühlung eines Flugkörpers	67
	A4.8	Kunststoffrohrherstellung in Schleudervorrichtung	68
	A4.9	Spin-coating	69
	A4.10	Wasserfilm auf Hausdach	70

A4.11   Farbe auf einer Wand 71
A4.12   Bewegung eines Wirbelfadens 72
A4.13   Widerstandsbeiwert einer Kugel 73

5   Hydrostatik 75
5.1   Druckverteilung in einer ruhenden Flüssigkeit 75
5.2   Kraft auf Flächen.. 76
 5.2.1   Kraft und Moment auf die ebene Fläche 76
 5.2.2   Auftrieb.. 79
 5.2.3   Kraft auf gekrümmte Flächen, Ersatzkörper 80
 5.2.4   Freie Oberflächen 82
5.3   Aufgaben zur Hydrostatik 85
 A5.1   Dichtemessung 85
 A5.2   Überdruckbehälter 86
 A5.3   Schleusenanlage 87
 A5.4   Reservoir 88
 A5.5   Sammelbecken einer Kläranlage 89
 A5.6   Gekrümmte Wehrmauer 90
 A5.7   Kolben und Klappe in Rohrsystem 91
 A5.8   Wehr mit zylindrischer Walze 92
 A5.9   Kontaktwinkel 93

6   Laminare Schichtenströmung 95
6.1   Stationäre Schichtenströmung 95
6.2   Hagen-Poiseuille-Strömung 98
6.3   Aufgaben zur laminaren Schichtenströmung 103
 A6.1   Strömung zwischen zwei Platten 103
 A6.2   Kreisrohr 104
 A6.3   Plattenströmung 105
 A6.4   Gegenläufige Platten 106
 A6.5   Magnetisch getriebene Kanalströmung 107
 A6.6   Strömung an Kabelummantelung 108

7   Stromfadentheorie 111
7.1   Die Bilanzgleichungen der Stromfadentheorie...................... 112
 7.1.1   Die Kontinuitätsgleichung 112
 7.1.2   Der Impulssatz 113
 7.1.3   Die Energiegleichung................................... 113
7.2   Verluste in der Stromfadentheorie 115
 7.2.1   Verluste infolge Querschnittsveränderungen 116
 7.2.2   Reibungsverluste 119
 7.2.3   Verluste durch Krümmer, Ventile, und Rohrverzweigungen 120

      7.2.4   Reibungsverluste in turbulenter Rohrströmung 120

  7.3   Aufgaben zur Stromfadentheorie 125

      A7.1   Belüftungsgebläse eines Tunnels 125

      A7.2   Flüssigkeitsstrahlpumpe 126

      A7.3   Pumpspeicherkraftwerk 127

      A7.4   Rauchgaszugverstärker 128

      A7.5   Mikropumpe 129

      A7.6   Drosselklappe in Kanal 130

      A7.7   Taucherglocke 131

  7.4   Aufgaben zur turbulenten Strömung 132

      A7.8   Wasserfontäne 132

      A7.9   Eisenguss 133

      A7.10 Trinkwasserversorgung aus Hochbehälter 134

      A7.11 Rohrverzweigung 135

8   Themenübergreifende Aufgaben 137

      A8.1   Eine ebene reibungsbehaftete Potentialströmung 137

      A8.2   Strömung zwischen Platten 138

      A8.3   Hubschrauber 139

      A8.4   Radialpumpe 140

      A8.5   Trinkwasserleitung 141

      A8.6   Turbulente Rohrströmung 142

      A8.7   Speichersee 143

      A8.8   Düsenstrahl trifft Schräge Platte 144

      A8.9   Rotameter 146

      A8.10 Wasserstrahl 147

      A8.11 Tornado 148

      A8.12 Hydraulikpumpe 149

      A8.13 Luftgetriebenes Fahrzeug 150

      A8.14 Widerstandsbeiwert einer U-Bahn 151

      A8.15 Zyklonrohr 152

      A8.16 Druck und Spannung in gegebenem Geschwindigkeitsfeld 153

      A8.17 Abgasturbolader 154

      A8.18 Turbinenstufe eines Stauwasserkaftwerks 155

      A8.19 Bewässerungsalage 156

      A8.20 Handpumpe 157

      A8.21 Umwälzanlage 158

      A8.22 Rotierende Rohrströmung 159

9   Lösungen zu den Aufgaben 161

A Elemente der Tensorrechnung 285

A.1 Kartesisches Koordinatensystem 285

A.2 Indexschreibweise 286

A.3 Rechenregeln 287

    A.3.1 Das Punktprodukt 287

    A.3.2 Das Vektorprodukt 288

    A.3.3 Das Tensorprodukt 289

A.4 Der Nabla-Operator 290

A.5 Gaußscher Integralsatz 292

A.6 Zylinderkoordinaten 293

B Übersicht zu Materiellen- und Feldkoordinaten 297

C Formelsammlung 299

Literaturverzeichnis 305

Sachverzeichnis 307

Kapitel 1
Kinematik der Flüssigkeiten

1.1 Flüssigkeiten als Kontinuum

Die Strömungslehre wird in dieser Aufgabensammlung im Rahmen der Kontinuumsmechanik behandelt. Wir betrachten Strömungsfelder deren Abmessungen sehr groß gegen die Molekülabstände in der Flüssigkeit sind. Bezeichnet λ die mittlere freie Weglänge zwischen den Molekülen und l eine typische Länge der Strömung, so muss die Knudsen-Zahl $Kn = \lambda/l \ll 1$ sein.

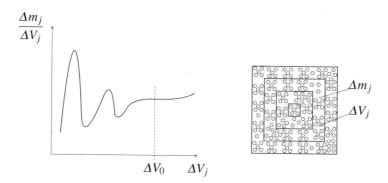

Abb. 1.1: Zur Definition der Dichte

Das kleinste Teilchen, welches wir auch als materiellen Punkt bezeichnen, besitzt an einem festen aber beliebigen Ort $\vec{x}$ zur Zeit t die Dichte $\varrho = \Delta m_j/\Delta V_j$. Die Flüssigkeitsmasse Δm_j ist im zugehörigen Flüssigkeitsvolumen ΔV_j. Damit ϱ vom gewählten ΔV_j unabhängig ist, muss das gewählte Volumen z. B. ΔV_0 in der Umgebung des Ortes $\vec{x}$ groß genug gewählt werden, so dass zur Mittelung genügend Teilchen erfasst werden. Andererseits muss die Abmessung des Volumens klein genug sein, damit sich die Dichte im

© Springer-Verlag GmbH Deutschland, ein Teil von Springer Nature 2018
H. Marschall, *Aufgabensammlung zur technischen Strömungslehre*,
https://doi.org/10.1007/978-3-662-56379-3_1

kompressiblen Fall am Ort $\vec{x}$ zur festen Zeit nicht mit der Variation des Volumens ändert. Wir setzen $\varrho(\vec{x}, t)$ als stetige Funktion des Ortes $\vec{x}$ und der Zeit t voraus.

1.2 Lagrange und Eulersche Beschreibungsweise

In der Strömungslehre werden die Lagrangesche und Eulersche Beschreibungsweisen innerhalb eines kartesischen oder krummlinigen Koordinatensystem verwendet. In der Lagrangschen Beschreibungsweise, auch als materielle Beschreibung bezeichnet, wird die Bewegung eines Teilchens, das sich zur Zeit t_0 am Ort $\vec{\xi}$ befindet, durch den Ortsvektor $\vec{x} = \vec{x}(\vec{\xi}, t_0, t)$ im Laufe der Zeit t beschrieben. Die Orte des Teilchens zu den Zeitpunkten t entsprechen der Bahnlinie, hier in symbolischer Schreibweise und in Indexnotation:

$$\vec{x} = \vec{x}(\vec{\xi}, t) , \qquad\qquad x_i = x_i(\xi_j, t) . \qquad\qquad (1.1)$$

Die Geschwindigkeit eines materiellen Teilchens wird symbolisch bzw. in Indexnotation beschrieben durch:

$$\vec{u} = \vec{u}(\vec{\xi}, t) , \qquad\qquad u_i = u_i(\xi_j, t) . \qquad\qquad (1.2)$$

In der *Eulerschen* oder *Feldbeschreibungsweise* beschreibt man den zeitlichen Verlauf des Strömungszustandes an einem festen Ort $\vec{x}$ im Raum. So z.B. die Geschwindigkeit $\vec{u}$:

$$\vec{u} = \vec{u}(\vec{x}, t) , \qquad\qquad u_i = u_i(x_j, t) . \qquad\qquad (1.3)$$

Materielle und Feldbeschreibungsweise lassen sich durch Einsetzen der Bahnlinie $\vec{x} = \vec{x}(\vec{\xi}, t)$ bzw. deren Umkehrfunktion $\vec{\xi} = \vec{\xi}(\vec{x}, t)$ ineinander überführen.

1.3 Bahnlinie, Stromlinie, Streichlinie

Bahnlinie

Eine Bahnlinie ist die Raumkurve, die von einem Flüssigkeitsteilchen $\vec{\xi}$ mit der Zeit durchlaufen wird. Ihre Differentialgleichung in symbolischer Schreibweise bzw. Indexnotation ist gegeben durch:

$$\frac{d\vec{x}}{dt} = \vec{u}(\vec{x}, t) , \qquad\qquad \frac{dx_i}{dt} = u_i(x_j, t) . \qquad\qquad (1.4)$$

Die Differentialgleichung ist als Anfangswertproblem mit $\vec{x} = \vec{\xi}$ für $t = t_0$ zu lösen

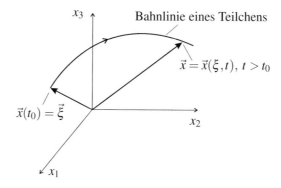

Abb. 1.2: Bahnlinie

$$\vec{x} = \vec{x}(\vec{\xi}, t)\,, \qquad\qquad x_i = x_i(\xi_j, t)\,. \qquad (1.5)$$

Dabei ist die Zeit t der Kurvenparameter für die Bahnlinine eines festen Teilchens und $\vec{\xi}$ der Scharparameter für die Bahnen verschiedener Teilchen.

Stromlinie

Eine Stromlinie ist die Raumkurve, deren Tangentenrichtungen zu einer festen Zeit mit den Richtungen der Geschwindigkeitsvektoren der Strömung übereinstimmen. Die Differentialgleichung der Stromlinie lautet in symbolischer Schreibweise bzw. in Indexnotation:

$$\frac{\mathrm{d}\vec{x}}{\mathrm{d}s} = \frac{\vec{u}(\vec{x}, t)}{|\vec{u}|}\,, \ (t = \text{konst.})\,, \qquad \frac{\mathrm{d}x_i}{\mathrm{d}s} = \frac{u_i(x_j, t)}{\sqrt{u_k u_k}}\,, \ (t = \text{konst.})\,. \qquad (1.6)$$

Die Integration von (1.6) mit der Bedingung $\vec{x}(s = 0) = \vec{x}_0$ führt auf die Lösung $\vec{x} = \vec{x}(s, \vec{x}_0)$ in Parameterdarstellung. s ist der Kurvenparameter, $\vec{x}_0$ der Scharparameter. Die Lösungskurve verläuft durch den Punkt $\vec{x}_0$.

Hinweis: Der in den Differentialgleichungen der Stromlinien auftretende Kurvenparameter s kann oft durch Substitution mit einem neuen Parameter η ersetzt werden:

$$\mathrm{d}s = \mathrm{d}\eta \sqrt{u_k u_k} \ \Rightarrow \ \frac{\mathrm{d}x_i}{\mathrm{d}\eta} = u_i(x_j, t)\,. \qquad (1.7)$$

Bei festgehaltener Zeit t erhält man z.B. durch unbestimmte Integration die Stromlinien in Parameterform $\vec{x} = \vec{x}(\eta, t)$. Hierin sind noch die Integrationskonstanten durch Vorgabe eines Punktes, durch den die Stromlinien verlaufen soll festzulegen: $\vec{x} = \vec{x}_0$ für $\eta = \eta_0$. Damit ergibt sich die Lösung in Parameterform zu:

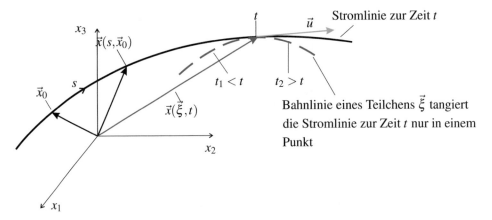

Abb. 1.3: Stromlinie

$$\vec{x} = \vec{x}(\eta, \vec{x}_0, t), \qquad\qquad x_i = x_i(\eta, x_{0j}, t), \qquad (1.8)$$

wobei η Kurvenparameter, $\vec{x}_0$ Scharparameter und t fest ist.

Im zweidimensionalen Fall lässt sich durch Division aus Gleichung (1.6) der Kurvenparameter s bzw. η eliminieren und man erhält die Differentialgleichung

$$\frac{\mathrm{d}x_1}{\mathrm{d}x_2} = \frac{u_1}{u_2} \,. \qquad (1.9)$$

Integration mit der Bedingung, dass die Lösung durch einen vorgegebenen Punkt $\vec{x}_0 = (x_{10}, x_{20})$ verlaufen soll, ergibt die Stromlinie in expliziter Form:

$$x_1 = x_1(x_2, \vec{x}_0) \,. \qquad (1.10)$$

Streichlinie

Die Streichlinie ist eine Raumkurve die zu einer festen Zeit t alle Flüssigkeitsteilchen verbindet, die zu einer beliebigen Zeit t' den selben festen Raumpunkt $\vec{x}_0$ durchlaufen haben oder noch durchlaufen werden.

Um die Streichlinien durch einen festen Raumpunkt $\vec{x}_0$ zu berechnen, ermittelt man zunächst die Bahnlinien $\vec{x} = \vec{x}(\vec{\xi}, t)$ und deren Umkehrfunktionen $\vec{\xi} = \vec{\xi}(\vec{x}, t)$. Setzt man hierin für $\vec{x}$ die Koordinaten des festen Ortes $\vec{x}_0$, sowie $t = t'$ ein, so erhält man alle Teilchen $\vec{\xi}$, die zur beliebigen Zeit t' am Ort $\vec{x}_0$ waren, sind oder sein werden in der Form $\vec{\xi} = \vec{\xi}(\vec{x}_0, t')$. Deren Bahnkoordinaten sind $\vec{x} = \vec{x}(\vec{\xi}(\vec{x}_0, t'), t)$ (bei festem t' und veränderlichem t). Für die feste Zeit t und veränderlichem t' liefert diese Gleichung die Verbindungskurve zwischen den aktuellen Koordinaten der Teilchen, die den Ort $\vec{x}_0$ passiert haben, also die Streichlinie.

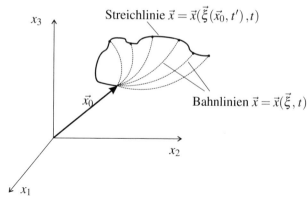

Abb. 1.4: Streichlinie

Hinweis: In *stationärer Strömung* $\vec{u} = \vec{u}(\vec{x})$ haben Bahnlinien, Stromlinien und Streichlinien die gleiche Form. Dies gilt auch für richtungsstationäre Felder:

$$\vec{u}(\vec{x}, t) = f(\vec{x}, t)\,\vec{u}_0(\vec{x}) \quad \Rightarrow \quad \frac{\vec{u}}{|\vec{u}|} = \pm\frac{\vec{u}_0}{|\vec{u}_0|} \neq f(t).$$

1.4 Zeitableitungen

Die materielle Zeitableitung D/Dt

Die zeitliche Änderung einer beliebigen Feldgröße $\varphi(\vec{x}(t), t)$, zum Beispiel die Temperatur oder Geschwindigkeit eines materiellen Teilchens in einer Strömung lautet:

$$\frac{\mathrm{d}\varphi}{\mathrm{d}t} = \frac{\partial\varphi}{\partial x_1}\frac{\mathrm{d}x_1}{\mathrm{d}t} + \frac{\partial\varphi}{\partial x_2}\frac{\mathrm{d}x_2}{\mathrm{d}t} + \frac{\partial\varphi}{\partial x_3}\frac{\mathrm{d}x_3}{\mathrm{d}t} + \frac{\partial\varphi}{\partial t} \quad \Rightarrow \quad \frac{\mathrm{d}\varphi}{\mathrm{d}t} = \frac{\partial\varphi}{\partial t} + \frac{\mathrm{d}\vec{x}}{\mathrm{d}t}\cdot\nabla\varphi \quad (1.11)$$

Da hier $\vec{x}$ die Bahn und $\mathrm{d}\vec{x}/\mathrm{d}t = \vec{u}$ die Geschwindigkeit des materiellen Teilchens ist, wird diese Zeitableitung als materielle oder substantielle Ableitung bezeichnet und mit dem Differentialoperator D/Dt in der Form

$$\frac{\mathrm{D}\varphi}{\mathrm{D}t} = \underbrace{\frac{\partial\varphi}{\partial t}}_{\text{lokaler}} + \underbrace{\vec{u}\cdot\nabla\varphi}_{\text{konvektiver Anteil}} \quad \text{bzw.} \quad \frac{\mathrm{D}\varphi}{\mathrm{D}t} = \frac{\partial\varphi}{\partial t} + u_j\frac{\partial\varphi}{\partial x_j} \quad (1.12)$$

geschrieben.
Der Term $\partial\varphi/\partial t$ stellt die ortsfeste lokale Zeitableitung dar. Sie unterscheidet auch, ob eine Strömung stationär $\partial\varphi/\partial t = 0$ oder instationär $\partial\varphi/\partial t \neq 0$ ist. Der konvektive Anteil

$\vec{u} \cdot \nabla \varphi$ hat seine Ursache in der Fortbewegung und der damit verbundenen Änderung der Eigenschaft des Teilchens.

Die allgemeine Zeitableitung $\mathrm{d}/\mathrm{d}t$

Tritt in Gleichung (1.11) anstelle der Teilchengeschwindigkeit $\vec{u}$ die Geschwindigkeit

$$\frac{\mathrm{d}\vec{x}}{\mathrm{d}t} = \vec{u} + \vec{w} \tag{1.13}$$

eines Beobachters auf, der sich mit der Geschwindigkeit $\vec{w}$ relativ zur Strömungsgeschwindigkeit $\vec{u}$ durch die Strömung bewegt, so bezeichnen wir diese Ableitung als allgemeine Zeitableitung und schreiben sie mit dem Differentialoperator $\mathrm{d}/\mathrm{d}t$ in der Form:

$$\frac{\mathrm{d}\varphi}{\mathrm{d}t} = \frac{\partial\varphi}{\partial t} + (\vec{u} + \vec{w}) \cdot \nabla\varphi \quad \text{bzw.} \quad \frac{\mathrm{d}\varphi}{\mathrm{d}t} = \frac{\partial\varphi}{\partial t} + (u_j + w_j)\frac{\partial\varphi}{\partial x_j}. \tag{1.14}$$

Gleichung (1.14) stellt somit die zeitliche Änderung der Feldgröße φ dar, die ein Beobachter feststellt, der sich mit der Relativgeschwindigkeit $\vec{w}$ durch die Strömung bewegt.

1.5 Deformations- und Drehgeschwindigkeitstensor

Ist das augenblickliche Geschwindigkeitsfeld $\vec{u}(\vec{x}, t)$ zu einem festen Zeitpunkt t in einem Punkt $\vec{x}$ bekannt, so lässt sich das Feld in dem infinitesimal benachbarten Punkt $\vec{x} + \mathrm{d}\vec{x}$ mit Hilfe der Taylorreihenentwicklung bis zur 1. Ordnung approximieren:

$$\vec{u}(\vec{x} + \mathrm{d}x, t) = \vec{u}(\vec{x}, t) + \mathrm{d}\vec{x} \cdot \nabla\vec{u} + O(\mathrm{d}\vec{x}^2). \tag{1.15}$$

Zerlegt man den Geschwindigkeitsgradienten $\nabla\vec{u} \stackrel{\wedge}{=} \partial u_i/\partial x_j$ in seinen symmetrischen und antisymmetrischen Teil, so folgt in Indexnotation

$$u_i(x_j + \mathrm{d}x_j, t) = \underbrace{u_i(x_j, t)}_{\text{Translation}} + \underbrace{\frac{1}{2}\left(\frac{\partial u_i}{\partial x_j} + \frac{\partial u_j}{\partial x_i}\right)\mathrm{d}x_j}_{\text{Deformation}} + \underbrace{\frac{1}{2}\left(\frac{\partial u_i}{\partial x_j} - \frac{\partial u_j}{\partial x_i}\right)\mathrm{d}x_j}_{\text{Rotation}}, \tag{1.16}$$

das augenblickliche Geschwindigkeitsfeld setzt sich aus einer Translation, Deformation und Rotation zusammen.

Der Deformationsgeschwindigkeitstensor

$$e_{ij} = \frac{1}{2}\left(\frac{\partial u_i}{\partial x_j} + \frac{\partial u_j}{\partial x_i}\right) = \frac{1}{2}\begin{bmatrix} \left(\frac{\partial u_1}{\partial x_1} + \frac{\partial u_1}{\partial x_1}\right) & \left(\frac{\partial u_1}{\partial x_2} + \frac{\partial u_2}{\partial x_1}\right) & \left(\frac{\partial u_1}{\partial x_3} + \frac{\partial u_3}{\partial x_1}\right) \\[2mm] \left(\frac{\partial u_2}{\partial x_1} + \frac{\partial u_1}{\partial x_2}\right) & \left(\frac{\partial u_2}{\partial x_2} + \frac{\partial u_2}{\partial x_2}\right) & \left(\frac{\partial u_2}{\partial x_3} + \frac{\partial u_3}{\partial x_2}\right) \\[2mm] \left(\frac{\partial u_3}{\partial x_1} + \frac{\partial u_1}{\partial x_3}\right) & \left(\frac{\partial u_3}{\partial x_2} + \frac{\partial u_2}{\partial x_3}\right) & \left(\frac{\partial u_3}{\partial x_3} + \frac{\partial u_3}{\partial x_3}\right) \end{bmatrix} \tag{1.17}$$

ist ein symmetrischer Tensor ($e_{ij} = e_{ji}$). Er ist für die Verformung der Flüssigkeitselemente und somit für die Reibungsverluste in einer Strömung verantwortlich.
Der Drehgeschwindigkeitstensor

$$\Omega_{ij} = \frac{1}{2}\left(\frac{\partial u_i}{\partial x_j} - \frac{\partial u_j}{\partial x_i}\right) = \frac{1}{2}\begin{bmatrix} 0 & \left(\frac{\partial u_1}{\partial x_2} - \frac{\partial u_2}{\partial x_1}\right) & \left(\frac{\partial u_1}{\partial x_3} - \frac{\partial u_3}{\partial x_1}\right) \\[2mm] \left(\frac{\partial u_2}{\partial x_1} - \frac{\partial u_1}{\partial x_2}\right) & 0 & \left(\frac{\partial u_2}{\partial x_3} - \frac{\partial u_3}{\partial x_2}\right) \\[2mm] \left(\frac{\partial u_3}{\partial x_1} - \frac{\partial u_1}{\partial x_3}\right) & \left(\frac{\partial u_3}{\partial x_2} - \frac{\partial u_2}{\partial x_3}\right) & 0 \end{bmatrix} \tag{1.18}$$

ist ein antisymmetrischer Tensor ($\Omega_{ij} = -\Omega_{ji}$). Seine Komponenten können als die Komponenten des Winkelgeschwindigkeitvektors $\vec{\omega}$ interpretiert werden, mit der sich das Flüssigkeitsteilchen dreht (Starrkörperrotation, $\Omega_{ji} = \varepsilon_{ijk}\omega_k$). Der Drehgeschwindigkeitstensor liefert keinen Beitrag zu den Reibungsspannungen in der Flüssigkeit.

1.5.1 Komponenten des Dehnungsgeschwindigkeitstensors

Betrachtet man ein Linienelement $d\vec{x}$ mit der Länge $ds = |d\vec{x}|$ so stellt $\vec{l} = d\vec{x}/ds$ bzw. $l_i = dx_i/ds$ den Einheitsvektor in Richtung dieses Elementes dar:

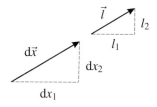

Abb. 1.5: Zur Dehnung eines materiellen Linienelementes der Länge $ds = |d\vec{x}|$

Die relative Längenänderung pro Zeiteinheit (relative Dehnungsgeschwindigkeit) ist:

$$\frac{1}{ds}\frac{D(ds)}{Dt} = e_{ij}l_il_j. \tag{1.19}$$

Beispiel: $d\vec{x} = ds\,\vec{e}_1$ Linienelement parallel zur x_1-Richtung, d.h. $ds = dx_1$ mit

$$\vec{l} = (1,0,0)^T \Rightarrow \frac{1}{dx_1}\frac{D(dx_1)}{Dt} = e_{11}\,.$$

Analog:

$$\frac{1}{dx_2}\frac{D(dx_2)}{Dt} = e_{22}\,, \quad \frac{1}{dx_3}\frac{D(dx_3)}{Dt} = e_{33}\,.$$

Die Diagonalelemente stellen somit die Dehnungsgeschwindigkeiten in den Koordinatenrichtungen dar.

Betrachte man den Winkel $\alpha = \varphi - \varphi'$ zwischen zwei materiellen Linienelementen $d\vec{x}$ und $d\vec{x}'$ mit $l_i = dx_i/ds$ und $l_i' = dx_i'/ds$, (wobei φ und φ' die Winkel zu ein und derselben Bezugslinie sind) so gilt für die zeitliche Änderung des Winkels α

$$\frac{D\alpha}{Dt} = -2e_{ij}l_i l_j'\,. \tag{1.20}$$

Dies ist ein Maß für die Scherungsgeschwindigkeit zwischen diesen Linienelementen. Wählt man speziell die Elemente parallel zur x_1- und x_2- Achse: $\vec{l} = (1,0,0)^T, \vec{l}' = (0,1,0)^T$, die den rechten Winkel α_{12} einschließen, so folgt

$$\frac{D(\alpha_{12})}{Dt} = -2e_{12}\,,$$

d.h. die Komponente e_{12} stellt die Hälfte der Geschwindigkeit dar mit der sich der rechte Winkel ändert. Entsprechend lassen sich die anderen Nichtdiagonalelemente interpretieren.

1.5.2 Hauptachsensystem

Für den symmetrischen Deformationsgeschwindigkeitstensor lassen sich Koordinatenrichtungen $\vec{l}$ finden, in denen der Tensor e_{ij} Diagonalform hat

$$\tilde{e}_{ij} \,\hat{=}\, \begin{bmatrix} e_{(1)} & 0 & 0 \\ 0 & e_{(2)} & 0 \\ 0 & 0 & e_{(3)} \end{bmatrix}\,.$$

In dem neuen System tritt keine Scherung auf sondern nur Dehnung und Stauchung in den Koordinatenrichtungen. $e_{(i)}$ sind die Hauptdehnungsgeschwindigkeiten und $\vec{l}^{(i)}$ die zugehörigen Koordinatenrichtungen. Sie erhält man durch Lösen des Eigenwertproblems:

$$(e_{ij} - e\delta_{ij})l_j = 0 \tag{1.21}$$

Das Gleichungssystem (1.21) hat nur dann nicht triviale Lösungen, wenn dessen Koeffizientendeterminante gleich Null ist. D.h. zunächst bestimmt man die drei Eigenwerte (Hauptdehnungen) $e_{(i)}$ aus

$$\det(e_{ij} - e\delta_{ij}) = 0 \Rightarrow -e^3 + I_{1e}e^2 - I_{2e}e + I_{3e} = 0 \tag{1.22}$$

mit den Invarianten

$$I_{1e} = e_{ii}; \quad I_{2e} = \frac{1}{2}(e_{ii}e_{jj} - e_{ij}e_{ij}); \quad I_{3e} = \det(e_{ij})$$

$$\Rightarrow e_{(1)}, e_{(2)}, e_{(3)}.$$

Danach folgt die Bestimmung der zugehörigen *Eigenvektoren* (Hauptdehnungsrichtungen) $\vec{l}^{(i)}$ durch Einsetzen der Eigenwerte in (1.21). Von den drei Gleichungen des Systems (1.21) ist eine Gleichung von den anderen linear abhängig. Man bestimmt zunächst zwei Komponenten, z.B. $l_1^{(i)}$, $l_2^{(i)}$ von $\vec{l}^{(i)}$. Die dritte Komponente $l_3^{(i)}$ ergibt sich dann durch Normierung $|\vec{l}^{(i)}| = 1$ des Eigenvektors. Analog wird der zweite Eigenvektor zum zweiten Eigenwert bestimmt. Der letzte der drei Eigenvektoren kann über das Kreuzprodukt bestimmt werden, da die drei Eigenvektoren senkrecht aufeinander stehen und ein Rechtssystem verlangt ist:

$$l_i^{(3)} = \varepsilon_{ijk}l_j^{(1)}l_k^{(2)} \quad \text{bzw.} \quad \vec{l}^{(3)} = \vec{l}^{(1)} \times \vec{l}^{(2)}. \tag{1.23}$$

1.6 Potentialströmungen

Für rotationsfreie Strömungsfelder $\text{rot}\,\vec{u} = 0$ existiert ein Geschwindigkeitspotential Φ. Das Geschwindigkeitsfeld $\vec{u}$ ergibt sich hieraus durch Gradientenbildung

$$\vec{u} = \nabla\Phi \quad \text{bzw.} \quad u_i = \frac{\partial\Phi}{\partial x_i}.$$

Umgekehrt lässt sich die Potentialfunktion Φ durch Integration des Differentials

$$d\Phi = \frac{\partial\Phi}{\partial x_i}dx_i = u_i\,dx_i \tag{1.24}$$

zwischen zwei Punkten längs einer Kurve ermitteln.

1.7 Reynoldsches Transporttheorem

Die Axiome der Mechanik sind für materielle Volumina formuliert. Das sind abgegrenzte, zeitlich veränderliche Volumina die in der Strömung mitschwimmen. Sie bestehen immer aus denselben materiellen Teilchen. Nur die Form der materiellen Volumina verändert sich mit der Zeit, siehe Abb. 1.6.

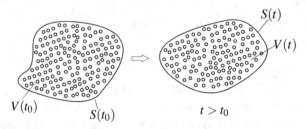

Abb. 1.6: Materielles Volumen zur Zeit t_0 und t, $t > t_0$

Schreibt man für ein materiellen Teilchen ϱ stellvertretend dessen Impuls als $\varphi(\vec{x}, t) = \varrho \vec{u}$ oder dessen kinetische Energie als $\varphi(\vec{x}, t) = \varrho \vec{u} \cdot \vec{u}/2$, so stellt das materielle Volumenintegral

$$\iiint\limits_{V(t)} \varphi(\vec{x}, t)\, \mathrm{d}V$$

den Gesamtimpuls oder die gesamte kinetische Energie aller im abgegrenzten zeitlich veränderlichen Volumen $V(t)$ enthaltenen Teilchen dar. In den Bilanzgleichungen der Strömungsmechanik wird die zeitliche Änderung dieser materiellen Volumenintegrale benötigt. Da beide, der Integrand und der Integrationsbereich, zeitlich veränderlich sind, vereinfacht sich die Berechnung, wenn die Integration über einen raumfesten Bereich V (Kontrollvolumen) erfolgen kann. Dies gelingt unter Anwendung des Reynoldsschen Transporttheorems:

$$\frac{\mathrm{D}}{\mathrm{D}t} \iiint\limits_{V(t)} \varphi\, \mathrm{d}V = \iiint\limits_{V} \frac{\partial \varphi}{\partial t}\, \mathrm{d}V + \iint\limits_{S} \varphi(\vec{u} \cdot \vec{n})\, \mathrm{d}S \ . \tag{1.25}$$

Die linke Seite von (1.25) stellt die zeitliche Änderung des Volumenintegrals über die physikalische Größe dar. Diese zeitliche Änderung wird auf eine Integration über ein raumfestes Kontrollvolumen V und ein Integral über dessen Oberfläche S zurückgeführt. V und S fallen zu einem festen Zeitpunkt mit $V(t)$ zusammen. Das Volumenintegral auf der rechten Seite von (1.25) berücksichtigt die zeitlichen Änderung des Integranden. Integration und Differentiation können hier vertauscht werden (V ist zeitlich unveränderlich). Das Oberflächenintegral auf der rechten Seite von (1.25) trägt der Veränderung (konvektiver Anteil) des Integrationsbereichs Rechnung. $\vec{u} \cdot \vec{n}$ ist die Normalkomponente der Geschwindigkeit, mit der $\varphi(\vec{x}, t)$ über die Kontrollfläche S transportiert wird.

Steht die Dichte ϱ der Flüssigkeit explizit im materiellen Volumenintegral, so gilt eine weitere Form des Reynoldschen Transporttheorems (siehe Spurk (2004))

$$\frac{\mathrm{D}}{\mathrm{D}t} \iiint\limits_{V(t)} \varrho\varphi \, \mathrm{d}V = \iiint\limits_{V} \varrho \frac{\mathrm{D}\varphi}{\mathrm{D}t} \, \mathrm{d}V. \tag{1.26}$$

1.8 Aufgaben zur Kinematik

Aufgabe 1.1. Fluidbeschreibungsweisen und Stromlinien

Die materielle Beschreibung der instationären Bewegung einer Flüssigkeit ist durch die Bahnlinien

$$x_1(\xi_j,t) = \xi_1 e^{at}, \quad x_2(\xi_j,t) = \xi_1 \left(1 - e^{-at}\right) + \xi_2 e^{-at}$$

gegeben. $a > 0$ ist eine dimensionsbehaftete Konstante und t bezeichnet die Zeit.

a) Berechnen Sie die Geschwindigkeitskomponenten $u_i(\xi_j, t)$ in materiellen Koordinaten.
b) Geben Sie die Geschwindigkeitskomponenten $u_i(x_j, t)$ in Feldkoordinaten an.
c) Zeigen Sie, dass die Strömung inkompressibel ist (siehe (2.6)).
d) Welche Beschleunigung $b_i(x_j, t)$ erfährt ein Teilchen, dass sich zur Zeit $t = 0$ im Punkt $(x_1 = x_{10}, x_2 = 0)$ befindet.
e) Geben Sie Differentialgleichungen für die Stromlinien an, wenn in den Gleichungen $ds = d\eta \sqrt{u_k u_k}$ gesetzt wird (Kurvenparametertransformation von s auf η).
f) Berechnen Sie die Stromlinie in Parameterform, die für $\eta = 0$ durch den Punkt (x_{10}, x_{20}) verläuft. η ist Kurvenparameter, die Zeit t ist fest.
   Hinweis: Berechnen Sie zuerst: $x_1(\eta, t)$ und dann $x_2(\eta, t)$.

Geg.: $a, \xi_1, \xi_2, x_{10}, x_{20}$.   Lösung auf Seite 161

Aufgabe 1.2. Strom-, Bahn- und Streichlinie

Gegeben ist das Geschwindigkeitsfeld einer ebenen Strömung wobei U, V, ω Konstanten sind und t die Zeit bezeichnet.

$$u_1(x_j, t) = U, \qquad u_2(x_j, t) = V \cos\left(\frac{\omega}{U} x_1 - \omega t\right)$$

a) Ist das Geschwindigkeitsfeld instationär? Beweis!
b) Berechnen Sie das Beschleunigungsfeld $b_i(x_j, t)$ der Strömung in der Feldbeschreibungsweise.
c) Zeigen Sie, dass es sich um eine inkompressible Potentialströmung handelt!
d) Berechnen Sie die Stromlinie durch den Punkt $(x_1 = x_{10}, x_2 = x_{20})$.
e) Wie lauten die Gleichungen der Bahnlinie des Flüssigkeitsteilchens mit den materiellen Koordinaten $t = 0$: $x_1 = \xi_1, x_2 = \xi_2$?
f) Geben Sie die Bahnlinie in expliziter Form $x_2 = x_2(x_1)$ an. Skizzieren Sie diese qualitativ durch einen Punkt $(\xi_1 = 0, \xi_2 \neq 0)$ in der (x_2, x_1)-Ebene.
g) Geben Sie die Streichlinien der Teilchen an, die zur Zeit $t = t'$ durch den Ort (y_1, y_2) gehen. Spezialisieren Sie diese Gleichungen auf $y_1 = 0, y_2 = 0$.

Geg.: U, V, ω.   Lösung auf Seite 163

Aufgabe 1.3. Fluidbeschreibungsweisen, Stromlinien und Streichlinie

Gegeben ist das Geschwindigkeitsfeld $\vec{u} = u\vec{e}_x + v\vec{e}_y$ einer ebenen Strömung in kartesischen Koordinaten mit gegebenen dimensionslosen Konstanten U_0, k und ω:

$$u = U_0 \cos(\omega t)\, e^{ky} \cos(kx)$$
$$v = U_0 \cos(\omega t)\, e^{ky} \sin(kx),$$

a) Zeigen Sie, dass die Strömung inkompressibel ist.

b) Berechnen Sie die Stromlinie durch den Punkt $P(x = \pi/k,\ y = 0)$.

c) Zur Zeit $t = 0$ wird ein kleines Feststoffteilchen im Punkt $P(x = \pi/k,\ y = 0)$ in die Strömung eingebracht. Das Teilchen bewegt sich mit der Strömung, beeinflusst diese aber nicht. Bestimmen Sie die Teilchengeschwindigkeit zum Zeitpunkt $t = 0$.

d) Bestimmen Sie die materielle Beschleunigung des eingebrachten Teilchens in y-Richtung zur Zeit $t = 0$ im Punkt $P(x = \pi/k,\ y = 0)$.

$$\int \tan(ax)\,\mathrm{d}x = -\frac{\ln(C\cos(ax))}{a}, \quad \int \cot(ax)\,\mathrm{d}x = -\frac{\ln(C\sin(ax))}{a}$$

Geg.: U_0, k, ω

Lösung auf Seite 166

Aufgabe 1.4. Bahnlinie, Dehnungsgeschwindigkeit und Potentialströmung

Gegeben sind die Komponenten des ebenen Geschwindigkeitsfeldes einer instationären Strömung

$$u_1 = at x_1, \qquad u_2 = -at x_2.$$

t ist die Zeit mit der Dimension Sekunde, $[t] = \mathrm{s}$ und a eine dimensionsbehaftete Konstante mit $[a] = \mathrm{s}^{-2}$. Die Ortskoordinaten x_i haben die Dimension Meter, $[x_i] = \mathrm{m}$.

a) Wie lautet die Parameterdarstellung der Bahnlinie des Flüssigkeitsteilchens mit den materiellen Koordinaten $\vec{x}(t = 0) = \vec{\xi}(\xi_1, \xi_2)$?

b) Wie lautet die Bahnlinie in parameterfreier Form? Skizzieren Sie die Bahnlinie für ein Teilchen mit materiellen Koordinaten $\xi_1 > 0$, $\xi_2 > 0$.

c) Wie lautet die Stromlinie durch den Punkt (x_{10}, x_{20}) in expliziter Form?

d) Ermitteln Sie die Komponenten e_{ij} des Dehnungsgeschwindigkeitstensors.

e) Berechnen Sie die Dehnungsgeschwindigkeit eines Linienelementes $\mathrm{d}s$ in Bahnrichtung im Punkt $P(1\,\mathrm{m},\ 1\,\mathrm{m})$.

f) Handelt es sich um eine Potentialströmung? Beweis!

Lösung auf Seite 167

Aufgabe 1.5. Dehnungsgeschwindigkeit und implizite Stromlinie

Von einer stationären, inkompressiblen Strömung ist die Komponente u_1 des ebenen Geschwindigkeitsfeldes ($u_3 = 0$) gegeben. A ist eine dimensionsbehaftete Konstante.

$$u_1(x_1, x_2) = A(x_1^2 - x_2^2)$$

a) Berechnen Sie die Geschwindigkeitskomponente $u_2(x_1, x_2)$ mit Hilfe der Kontinuitätsgleichung. Bestimmen Sie die auftretende Integrationskonstante so, dass die x_1−Achse nicht durchströmt wird.

b) Prüfen Sie, ob es sich um eine Potentialströmung handelt.

c) Wie groß sind die Dehnungsgeschwindigkeiten der Koponenten dx_1 und dx_2 des Linienelements $d\vec{x}$? Mit welcher Rate ändert sich der rechte Winkel zwischen diesen Linienelementen?

d) Wie groß ist der Volumenstrom $\dot{V}$ pro Längeneinheit der x_3-Richtung durch die x_2−Achse zwischen $x_2 = 0$ und $x_2 = L$?

e) Geben Sie die Differentialgleichung der Stromlinien in der parameterfreien Form an.

f) Schreiben Sie die Differentialgleichungen der Stromlinien als exakte Differentialgleichung, d.h. in der folgenden Form

$$\frac{\partial F}{\partial x_1} dx_1 + \frac{\partial F}{\partial x_2} dx_2 = 0,$$

und berechnen Sie die Funktion $F(x_1, x_2) = $ konst. welche eine implizite Darstellung der Stromlinien ist.

Geg.: A, L. Lösung auf Seite 168

Aufgabe 1.6. Kinematik, Eigenwertproblem zu den Hauptspannungen

Für eine Kontinuumsbewegung lauten die Komponenten des Geschwindigkeitsvektors $\vec{u}$ bezüglich eines kartesischen Koordinatensystems wobei $a = $ konst. und $\Omega = \Omega(t)$

$$u_1 = \Omega(ax_3 - x_2)$$
$$u_2 = \quad \Omega x_1$$
$$u_3 = \quad 0.$$

a) Zeigen Sie, dass es sich um eine volumenbeständige Strömung handelt.

b) Ist die Strömung rotationsfrei?

c) Bestimmen Sie die Komponenten des Deformationsgeschwindigkeitstensors.

d) Ermitteln Sie die Eigenwerte und Eigenvektoren des Deformationsgeschwindigkeitstensors.

Lösung auf Seite 170

Kapitel 2
Grundgleichungen der Kontinuumsmechanik

2.1 Kontinuitätsgleichung

Die Masse m eines materiellen Volumens $V(t)$, welches aus ein und denselben Flüssigkeitsteilchen besteht, bleibt zeitlich konstant

$$\frac{\mathrm{D}m}{\mathrm{D}t} = 0 \qquad \text{mit} \quad m = \iiint\limits_{V(t)} \varrho\,\mathrm{d}V. \qquad (2.1)$$

Mit Hilfe des Reynoldschen Transporttheorems (1.25) ($\varphi = \varrho$ gesetzt) ergibt sich die Integralform der Kontinuitätsgleichung für ein raumfestes Volumen V mit der Oberfläche S zu

$$\frac{\mathrm{D}}{\mathrm{D}t} \iiint\limits_{V(t)} \varrho\,\mathrm{d}V = \iiint\limits_{V} \frac{\partial \varrho}{\partial t}\,\mathrm{d}V + \iint\limits_{S} \varrho(\vec{u}\cdot\vec{n})\,\mathrm{d}S = 0. \qquad (2.2)$$

Das zeitlich konstante Volumenintegral auf der rechten Seite ist die Summe der lokalen zeitlichen Änderung der Dichte im Kontrollvolumen. Integration und Differentiation können vertauscht werden, da es sich um ein zeitlich unveränderliches raumfestes Volumen handelt. Das Oberflächenintegral stellt den Fluss der Masse, also den Massenstrom $\dot{m}$ über die Kontrollfläche dar.

Mit dem Gaußschen Integralsatz (A.10) auf Seite 292 lässt sich das Oberflächenintegral in (2.2) in ein Volumenintegral überführen und man erhält so

$$\iiint\limits_{V} \left[\frac{\partial \varrho}{\partial t} + \mathrm{div}\,(\varrho\,\vec{u}) \right]\,\mathrm{d}V = 0. \qquad (2.3)$$

Da das materielle Volumen $V(t)$ aus einem Kontinuum beliebig groß gewählt werden kann gilt (2.3) für jeden Integrationsbereich. Bei vorausgesetzter Stetigkeit des Integranden folgt nach einem Satz der Variationsrechnung, dass der Integrand identisch verschwindet und

© Springer-Verlag GmbH Deutschland, ein Teil von Springer Nature 2018
H. Marschall, *Aufgabensammlung zur technischen Strömungslehre*,
https://doi.org/10.1007/978-3-662-56379-3_2

wir erhalten die Kontinuitätsgleichung in differentieller Form

$$\frac{\partial \varrho}{\partial t} + \mathrm{div}\,(\varrho\,\vec{u}) = 0 \qquad \text{bzw.} \qquad \frac{\partial \varrho}{\partial t} + \frac{\partial}{\partial x_i}(\varrho u_i) = 0. \tag{2.4}$$

Die Verwendung der materiellen Ableitung (1.12) führt auf die Form

$$\frac{\mathrm{D}\varrho}{\mathrm{D}t} + \varrho \nabla \cdot \vec{u} = 0 \quad \text{bzw.} \quad \frac{\mathrm{D}\varrho}{\mathrm{D}t} + \varrho\frac{\partial u_i}{\partial x_i} = 0. \tag{2.5}$$

Eine Strömung ist inkompressibel, wenn

$$\frac{\mathrm{D}\varrho}{\mathrm{D}t} = 0 \tag{2.6}$$

gilt, d.h. die Dichte ϱ eines Flüssigkeitsteilchens ändert sich nicht längs seiner Bahn (nicht zu verwechseln mit $\varrho = \mathrm{konst.}$!). Aus (2.5) ergibt sich hieraus die Äquivalenz zu

$$\nabla \cdot \vec{u} = 0 \quad \text{bzw.} \quad \frac{\partial u_i}{\partial x_i} = 0. \tag{2.7}$$

Ist die Dichte ϱ homogen, so gilt im ganzen Strömungsfeld

$$\nabla \varrho = 0 \quad \text{d. h.} \quad \varrho = \mathrm{konst.}. \tag{2.8}$$

In stationärer Strömung git

$$\frac{\partial \varrho}{\partial t} = 0. \tag{2.9}$$

In stationärer Strömung gilt nicht unbedingt

$$\frac{\mathrm{D}\varrho}{\mathrm{D}t} = 0.$$

2.2 Impulssatz

In allen Bezugssystemen die sich gleichförmig gradlinig also nicht beschleunigt gegeneinander bewegen, gelten die Newtonschen Gesetze der klassischen Mechanik. Solche Systeme bezeichnet man als Inertialsysteme. In einem beschleunigten zum Beispiel rotierenden System gilt das nicht mehr. Hier sind die auftretenden Scheinkräfte zu berücksichtigen, siehe Kapitel 2.4. Ist das zugrunde gelegte Bezugssystem ein Inertialsystem, so entspricht die zeitliche Änderung des Impulses $\vec{I}$ eines Körpers der auf den Körper wirkenden resultierenden Kraft $\vec{F}$:

$$\frac{\mathrm{D}\vec{I}}{\mathrm{D}t} = \vec{F}. \tag{2.10}$$

Für ein materielles Volumen $V(t)$ gilt:

$$\vec{I} = \iiint\limits_{V(t)} \varrho \vec{u}\,\mathrm{d}V, \quad \vec{F} = \iiint\limits_{V(t)} \varrho \vec{k}\,\mathrm{d}V + \iint\limits_{S(t)} \vec{t}\,\mathrm{d}S$$

$$\Rightarrow \frac{\mathrm{D}}{\mathrm{D}t} \iiint\limits_{V(t)} \varrho \vec{u}\,\mathrm{d}V = \iint\limits_{V(t)} \varrho \vec{k}\,\mathrm{d}V + \iint\limits_{S(t)} \vec{t}\,\mathrm{d}S. \tag{2.11}$$

$\vec{k}$ ist der Massenkraftvektor, $\vec{t}$ ist der Spannungsvektor (Kraft pro Flächeneinheit). Die Anwendung des Reynoldschen Transporttheorems (1.25) liefert die Integralform des Impulssatzes für ein raumfestes Kontrollvolumen V:

$$\iiint\limits_{V} \frac{\partial(\varrho \vec{u})}{\partial t}\,\mathrm{d}V + \iint\limits_{S} \varrho \vec{u}(\vec{u} \cdot \vec{n})\,\mathrm{d}S = \iiint\limits_{V} \varrho \vec{k}\,\mathrm{d}V + \iint\limits_{S} \vec{t}\,\mathrm{d}S. \tag{2.12}$$

Auf der linken Seite von (2.12) stellt das Volumenintegral die Summe der lokalen zeitliche Änderung des Impulses im Kontrollvolumen dar. Das Oberflächenintegral stellt den Impulsfluss über die Grenzen des Kontrollvolumens dar. Das erste Integral auf der rechten Seite von (2.12) liefert die Summe der Volumenkräfte auf die Flüssigkeit. In dieser Aufgabensammlung entspricht $\vec{k}$ überwiegend der Erdbeschleunigung $\vec{g}$ ($\vec{k} = \vec{g}$). Das zweite Integral repräsentiert die Oberflächenkräfte auf die Flüssigkeit im betrachteten Kontrollvolumen V. Der Spannungsvektor $\vec{t}$ hängt im Allgemeinen vom Ort $\vec{x}$, von der Zeit t und vom Normalenvektor $\vec{n}$ des Flächenelements $\mathrm{d}S$ am Ort $\vec{x}$ ab, $\vec{t} = \vec{n} \cdot \mathbf{T}(\vec{x},t)$.
$\mathbf{T}(\vec{x},t)$ ist der Spannungstensor, ein Tensor 2. Stufe: $\mathbf{T} = \tau_{ij}\vec{e}_i\vec{e}_j$, in Indexnotation $\mathbf{T} \triangleq \tau_{ij}$, in Matrizenform

$$\tau_{ij} \triangleq \begin{pmatrix} \tau_{11} & \tau_{12} & \tau_{13} \\ \tau_{21} & \tau_{22} & \tau_{23} \\ \tau_{31} & \tau_{32} & \tau_{33} \end{pmatrix}.$$

Der Spannungstensor wird in Kapitel 3 Materialgleichungen erläutert. Die differentielle Form des Impulssatzes ergibt sich, wie bei der Kontinuitätsgleichung, durch Anwendung des Gaußschen Integralsatzes auf Gleichung (2.11) mit $\vec{t} = \vec{n} \cdot \mathbf{T}(\vec{x},t)$ zu

$$\varrho \frac{\mathrm{D}\vec{u}}{\mathrm{D}t} = \varrho \vec{k} + \nabla \cdot \mathbf{T} \quad \text{bzw.} \quad \varrho \frac{\mathrm{D}u_i}{\mathrm{D}t} = \varrho k_i + \frac{\partial \tau_{ji}}{\partial x_j}. \tag{2.13}$$

Diese Gleichung wird als Cauchysche Bewegungsgleichung bezeichnet und ist eine Verallgemeinerung des 2. Newtonschen Gesetztes.

2.3 Drallsatz

Im Inertialsystem ist die zeitliche Änderung des Dralls $\vec{D}$ eines Körpers gleich dem durch Volumen- und Oberflächenkräfte auf den Körper wirkenden Moment $\vec{M}$.

$$\frac{D(\vec{D})}{Dt} = \vec{M}, \tag{2.14}$$

mit

$$\vec{D} = \iiint\limits_{V(t)} \vec{x} \times (\varrho\vec{u})\,dV, \quad \vec{M} = \iiint\limits_{V(t)} \vec{x} \times (\varrho\vec{k})\,dV + \iint\limits_{S(t)} \vec{x} \times \vec{t}\,dS$$

$$\Rightarrow \frac{D}{Dt} \iiint\limits_{V(t)} \vec{x} \times (\varrho\vec{u})\,dV = \iiint\limits_{V(t)} \vec{x} \times (\varrho\vec{k})\,dV + \iint\limits_{S(t)} \vec{x} \times \vec{t}\,dS \tag{2.15}$$

Die Anwendung des Reynoldschen Transporttheorems (1.25) liefert die Integralform des Drallsatzes für ein raumfestes Kontrollvolumen V

$$\iiint\limits_{V} \frac{\partial}{\partial t}[\vec{x} \times (\varrho\vec{u})]\,dV + \iint\limits_{S} \vec{x} \times (\varrho\vec{u})(\vec{u}\cdot\vec{n})\,dS = \iiint\limits_{V} \vec{x} \times (\varrho\vec{k})\,dV + \iint\limits_{S} \vec{x} \times \vec{t}\,dS. \tag{2.16}$$

Die Deutung der Integrale erfolgt analog zum Impulssatz. Das Volumenintegral auf der linken Seite stellt die Summe der lokalen zeitlichen Änderung des Dralles im Kontrollvolumen dar. Das Oberflächenintegral repräsentiert die Konvektion des Dralles über die Grenzen des Kontrollvolumens. Das erste Integral auf der rechten Seite ist das Moment der Volumenkräfte, das zweite stellt das Moment der Oberflächenkräfte auf das Kontrollvolumen dar.

Schreibt man Gleichung (2.16) in Indexnotation und wendet dann den Gaußschen Integralsatz an, so ergibt sich die „differentielle Form" des Drallsatzes zu

$$\varepsilon_{ijk}\tau_{jk} = 0 \Rightarrow \tau_{jk} = \tau_{kj}. \tag{2.17}$$

Die differentielle Form ist also gleichbedeutend mit der Symmetrie des Spannungstensors!

2.4 Impuls- und Drallsatz im beschleunigten Bezugssystem

Der Impuls- und Drallsatz in der bisherigen Form sind nur in einem Inertialsystem gültig. Beschreibt man Vorgänge in einem beschleunigt bewegten Bezugssystem, z.B. in einem Koordinatensystem das fest mit dem Laufrad einer Turbomaschine verbunden ist, so sind aufgrund der Rotation die Scheinkräfte hinzuzufügen. Wir betrachten ein beschleunigtes

Bezugssystem **B** das sich im Abstand $\vec{r}(t)$ von einem raumfesten Inertialsystem **I** mit der Führungsgeschwindigkeit $\vec{v}(t) = \dot{\vec{r}}(t)$ translatorisch bewegt und mit der Winkelgeschwindigkeit $\vec{\Omega}(t)$ dreht. Für ein materielles Teilchen mit dem Ortsvektor $\vec{y}(t)$ im Inertialsystem

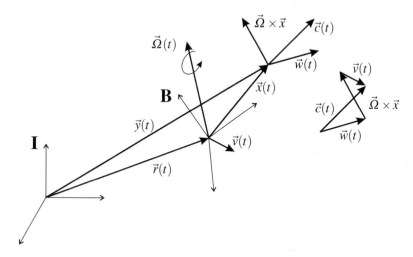

Abb. 2.1: Bewegtes Bezugssystem

und dem Ortsvektor $\vec{x}(t)$ im bewegten System, gilt folgendes: Bewegt sich das Teilchen mit der Relativgeschwindigkeit $\vec{w}(t) = [D\vec{x}/Dt]_B$ im bewegten System, so ist seine Absolutgeschwindigkeit $\vec{c}(t) = [D\vec{y}/Dt]_I$ im Inertialsystem: (siehe Abbildung 2.1)

$$\vec{c} = \vec{w} + \vec{\Omega} \times \vec{x} + \vec{v}. \tag{2.18}$$

$\vec{\Omega} \times \vec{x}$ ist die durch die Drehung des Koordinatensystems erzeugte Umfangsgeschwindigkeit des Teilchens. Darüber hinaus gilt für den Ortsvektor $\vec{x}$, wie auch für jeden beliebigen anderen Vektor:

$$\left[\frac{D\vec{x}}{Dt}\right]_I = \left[\frac{D\vec{x}}{Dt}\right]_B + \vec{\Omega} \times \vec{x}. \tag{2.19}$$

Differenziert man (2.18) nach der Zeit und wendet (2.19) an, so ergibt sich die Beschleunigung im Absolutsystem zu

$$\left[\frac{D\vec{c}}{Dt}\right]_I = \left[\frac{D\vec{w}}{Dt}\right]_B + 2\vec{\Omega} \times \vec{w} + \vec{\Omega} \times (\vec{\Omega} \times \vec{x}) + \left[\frac{D\vec{\Omega}}{Dt}\right]_B \times \vec{x} + \vec{a}, \tag{2.20}$$

mit $\vec{a} = [D\vec{v}/Dt]_I$ als Führungsbeschleunigung.

2.4.1 Impulssatz im beschleunigten Bezugssystem

Wird in der Cauchyschen Bewegungsgleichung (2.13) der Beschleunigungsterm $D\vec{u}/Dt$ durch (2.20) ersetzt so ergibt sich der Impulssatz im beschleunigten Bezugssystem in differentieller Form zu

$$\varrho \left[\frac{D\vec{w}}{Dt} \right]_B = \varrho\vec{k} + \nabla \cdot T - \left(\varrho\vec{a} + 2\varrho\vec{\Omega} \times \vec{w} + \varrho\vec{\Omega} \times \left(\vec{\Omega} \times \vec{x} \right) + \varrho \left[\frac{D\vec{\Omega}}{Dt} \right]_B \times \vec{x} \right). \quad (2.21)$$

Die auf der rechten Seite in Klammern auftretenden Ausdrücke stellen die Scheinkräfte dar:

- Führungskraft: $-\varrho\vec{a}$
- Corioliskraft: $-2\varrho\vec{\Omega} \times \vec{w}$
- Zentrifugalkraft: $-\varrho\vec{\Omega} \times \left(\vec{\Omega} \times \vec{x} \right)$

Bei zeitlich konstanter Drehung des Bezugssystems, die in dieser Aufgabensammlung durchweg vorausgesetzt wird, ist $D\vec{\Omega}/Dt = 0$.

Der Impulssatz in integraler Form für das beschleunigte Bezugssystem ergibt sich aus Gleichung (2.11) indem dort $\vec{u}$ durch die Absolutgeschwindigkeit $\vec{c}$ ersetzt wird. Weiter erhält man mit Gleichung (2.19) und unter Anwendung des Reynoldschen Transporttheorems

$$\frac{\partial}{\partial t} \left[\iiint\limits_V \varrho\vec{c}\, dV \right]_B + \iint\limits_S \varrho\vec{c}(\vec{w} \cdot \vec{n})\, dS + \vec{\Omega} \times \iiint\limits_V \varrho\vec{c}\, dV = \iiint\limits_V \varrho\vec{k}\, dV + \iint\limits_S \vec{t}\, dS. \quad (2.22)$$

In den Anwendungen, z.B. bei Turbomaschinen, wird häufig nur die Komponente in Drehrichtung $\vec{e}_\Omega = \vec{\Omega}/|\vec{\Omega}|$ der Maschine gebraucht. Ist die Strömung im beschleunigten Bezugssystem stationär, die Führungsgeschwindigkeit $\vec{v} = $ konst. und spielen die Volumenkräfte keine Rolle, so folgt aus (2.22) die oft benutzte Form

$$\iint\limits_S \varrho\vec{e}_\Omega \cdot \vec{c}(\vec{w} \cdot \vec{n})\, dS = \iint\limits_S \vec{e}_\Omega \cdot \vec{t}\, dS. \quad (2.23)$$

Auf der linken Seite tritt im Integral die Relativgeschwindigkeit $\vec{w}$ auf, da der Impuls im beschleunigten System mit der Normalkomponente $\vec{w} \cdot \vec{n}$ über die Berandung des Kontrollvolumens transportiert wird.

2.4.2 Drallsatz im beschleunigten Bezugssystem

Der Drallsatz im beschleunigten Bezugssystem ergibt sich auf analogem Wege, wie im Falle des Impulssatzes, aus Gleichung (2.15) zu

$$\left[\iiint\limits_V \frac{\partial}{\partial t}(\vec{x} \times (\varrho \vec{c}))\ \mathrm{d}V\right]_B + \iint\limits_S \vec{x} \times (\varrho \vec{c})(\vec{w} \cdot \vec{n})\ \mathrm{d}S + \vec{\Omega} \times \iiint\limits_V \vec{x} \times (\varrho \vec{c})\ \mathrm{d}V$$
$$= \iiint\limits_V \vec{x} \times (\varrho \vec{k})\ \mathrm{d}V + \iint\limits_S \vec{x} \times \vec{t}\ \mathrm{d}S. \qquad (2.24)$$

Ist die Strömung im beschleunigten Bezugssystem stationär, so entfällt das erste Integral auf der linken Seite. Liegt in der betrachteten Anwendung keine Unwucht vor, was wir hier immer voraussetzen, so ist auch der dritte Term auf der linken Seite Null ($\vec{\Omega}$ parallel zum Drall $\vec{D}$). Volumenkräfte liefern in unseren Anwendungen keinen Beitrag zum Moment, sie sind auch bei ruhender Maschine vorhanden.

Unter diesen getroffenen Vereinfachungen erhält man die für die Anwendungen wichtige Form des Drallsatzes in Drehrichtung:

$$\vec{e}_\Omega \cdot \iint\limits_S \varrho(\vec{x} \times \vec{c})(\vec{w} \cdot \vec{n})\ \mathrm{d}S = \vec{e}_\Omega \cdot \iint\limits_S \vec{x} \times \vec{t}\ \mathrm{d}S. \qquad (2.25)$$

2.4.3 Anwendung des Drallsatzes im Turbomaschinenbau

Die Anwendung von (2.25) auf das Leit- oder Laufrad einer Turbomaschine liefert die für den Turbomaschinenbau wichtige Eulersche Turbinengleichung. Wir betrachten zunächst das feststehende Leitrad einer Radialmaschine, welches von innen (Eintrittsfläche A_e) nach außen (Austrittsfläche A_a) von Flüssigkeit durchströmt wird. Die Schaufeln lenken dabei die Strömung um, so dass ein Moment auf die Flüssigkeit aufgebracht wird. Der Übersichtlichkeit halber sind in Abb. 2.2 nur drei Schaufeln skizziert. Das feststehende Leitrad ist ein Inertialsystem, so dass in (2.25) nur die Absolutgeschwindigkeit $\vec{c}$ auftritt. Die Auswertung von (2.25) erfolgt bezüglich der gestrichelt gezeichneten geschlossenen Oberfläche S des Kontrollvolumens, $S = A_e + S_W + A_a$. Das Integral über die benetzten Wandflächen S_W auf der rechten Seite von (2.25) liefert das Moment M des Leitrades auf die Flüssigkeit.

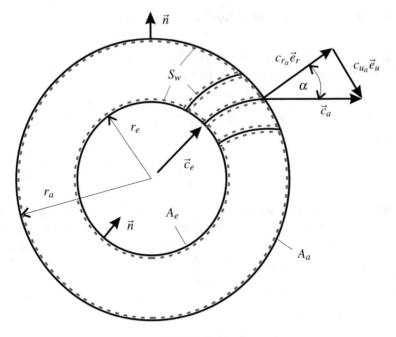

Abb. 2.2: Leitrad

$$\vec{e}_\Omega \cdot \iint\limits_{A_e+A_a} (\vec{x} \times \vec{c}) \varrho (\vec{c} \cdot \vec{n}) \, \mathrm{d}S + \vec{e}_\Omega \cdot \iint\limits_{S_W} (\vec{x} \times \vec{c}) \varrho \underbrace{(\vec{c} \cdot \vec{n})}_{=0} \, \mathrm{d}S$$

$$= \vec{e}_\Omega \cdot \underbrace{\iint\limits_{A_e+A_a} \vec{x} \times \vec{t} \, \mathrm{d}S}_{=0} + \vec{e}_\Omega \cdot \underbrace{\iint\limits_{S_M} \vec{x} \times \vec{t} \, \mathrm{d}S}_{=M} . \tag{2.26}$$

Hieraus folgt die Eulersche Turbinengleichung zu:

$$M = \dot{m}(r_a c_{u_a} - r_e c_{u_e}) . \tag{2.27}$$

$\dot{m}$ ist der Massenstrom durch das Leitrad. c_{u_e} bzw. c_{u_a} sind die Umfangskomponenten der Geschwindigkeiten auf der Eintritts- (A_e) bzw. Austrittsfläche (A_a). Der dazugehörige Drall $r_a c_{u_a}$ bzw. $r_e c_{u_e}$ ergibt sich aus dem Spatprodukt $\vec{e}_\Omega \cdot (\vec{x} \times \vec{c}) = (\vec{e}_\Omega \times \vec{x}) \cdot \vec{c} = r c_u$. Voraussetzung für den Übergang von (2.26) zu (2.27) sind homogene (räumlich konstante) Strömungsverhältnisse (genügend dicht stehende Schaufeln) auf den Flächen A_e und A_a. Diese Flächen müssen außerdem Rotationsflächen sein ($\Rightarrow \vec{e}_\Omega \cdot (\vec{x} \times \vec{t}) = 0$).

Das sich mit der Winkelgeschwindigkeit $\vec{\Omega}$ drehende Leitrad ist kein Inertialsystem sondern ein beschleunigtes Bezugssystem. Neben der Absolutgeschwindigkeit $\vec{c}$ tritt nun auch die Relativgeschwindigkeit $\vec{w}$ in (2.25) auf, $\vec{c} = \vec{w} + \vec{\Omega} \times \vec{x}$.

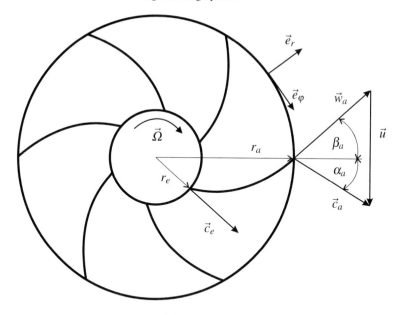

Abb. 2.3: Laufrad

Die Herleitung der Eulerschen Turbinengleichung für das Laufrad führt, analog zum
Leitrad, wieder auf

$$M = \dot{m}(r_a c_{u_a} - r_e c_{u_a}).$$ (2.28)

Die Umfangskomponenten der Absolutgeschwindigkeiten ergeben sich zu

$$c_u = \vec{c} \cdot \vec{e}_\varphi = (\vec{w} + \vec{\Omega} \times \vec{x}) \cdot \vec{e}_\varphi$$ (2.29)

$$\Rightarrow c_u = w_u + u,$$ (2.30)

wobei wir u in Drehrichtung positiv zählen (was in der Literatur nicht einheitlich ist).
Die Leistung P eines Laufrades ergibt sich mit (2.28) zu

$$P = \Omega\, \dot{m}\, (r_a c_{u_a} - r_e c_{u_e}).$$ (2.31)

Wird der Flüssigkeit Leistung zugeführt (Pumpe) so ist $P_P = P > 0$, wird der Flüssigkeit
Leistung entzogen (Turbine) so ist $P_T = -P < 0$ zu zählen.

In der Abb.: 2.3 bezeichnet der Winkel α_a den Winkel zwischen radialer Richtung und
Absolutgeschwindigkeit $\vec{c}_a$. Der Winkel β_a ist der Winkel zwischen radialer Richtung und
der Relativgeschwindigkeit $\vec{w}_a$. Entsprechendes gilt für die Zuströmung am Schaufeleintritt (e). In den Aufgaben wird der Begriff stoßfreie Strömung verwendet. Damit ist ge-

meint, dass die Strömung tangential zur Schaufelvorder- bzw. Schaufelhinterkante also verlustfrei verläuft.

Die Herleitung der Eulerschen Turbinengleichung lässt sich auf Axialmaschinen unmittelbar übertragen. Die Rolle der radialen Richtung wird dabei von der axialen Richtung übernommen.

2.5 Energiegleichung

Die Gesamtenergie eines materiellen Volumens $V(t)$ ist die Summe seiner inneren Energie E und seiner kinetischen Energie K:

$$E = \iiint\limits_{V(t)} \varrho e \, dV \,, \quad K = \iiint\limits_{V(t)} \varrho \frac{\vec{u} \cdot \vec{u}}{2} \, dV \,. \tag{2.32}$$

Die zeitliche Änderung der Gesamtenergie ist gleich der Leistung P der Volumen- und Oberflächenkräfte welche auf dieses Volumen wirken:

$$P = \iiint\limits_{V(t)} \vec{u} \cdot (\varrho \vec{k}) \, dV + \iint\limits_{S(t)} \vec{u} \cdot \vec{t} \, dS \,. \tag{2.33}$$

Zusammen mit der pro Zeiteinheit in das Volumen strömende Energie, in diesem Buch als Wärmestrom

$$\dot{Q} = - \iint\limits_{S(t)} \vec{q} \cdot \vec{n} \, dS \tag{2.34}$$

bezeichnet, erhält man

$$\frac{D}{Dt}(K+E) = P + \dot{Q} \,. \tag{2.35}$$

Durch Anwendung des Reynoldschen Transporttheorems auf (2.35) erhält man die Energiegleichung in integraler Form zu

$$\frac{\partial}{\partial t} \iiint\limits_{V} \left(\frac{\vec{u} \cdot \vec{u}}{2} + e \right) \varrho \, dV + \iint\limits_{S} \left(\frac{\vec{u} \cdot \vec{u}}{2} + e \right) \varrho (\vec{u} \cdot \vec{n}) \, dS$$

$$= \iiint\limits_{V} \vec{u} \cdot (\varrho \vec{k}) \, dV + \iint\limits_{S} \vec{u} \cdot \vec{t} \, dS - \iint\limits_{S} \vec{q} \cdot \vec{n} \, dS \,. \tag{2.36}$$

Unter Berücksichtigung der Schreibweise des Spannungstensors $\vec{t} = \vec{n} \cdot \mathbf{T}$ bzw. $t_i = n_j \tau_{ji}$ können die Oberflächenintegrale in (2.36) wieder mit dem Gaußschen Integralsatz in Volumenintegrale umgewandelt werden und man erhält, unter Verwendung der Indexschreibweise, die Energiegleichung in differentieller Form zu:

$$\varrho u_i \frac{Du_i}{Dt} + \varrho \frac{De}{Dt} - u_i \varrho k_i - u_i \frac{\partial \tau_{ji}}{\partial x_j} - \tau_{ji} \frac{\partial u_i}{\partial x_j} + \frac{\partial q_i}{\partial x_i} = 0. \qquad (2.37)$$

$$\Rightarrow u_i \underbrace{\left(\varrho \frac{Du_i}{Dt} - \varrho k_i - \frac{\partial \tau_{ji}}{\partial x_j} \right)}_{=0} = -\varrho \frac{De}{Dt} + \tau_{ji} \frac{\partial u_i}{\partial x_j} - \frac{\partial q_i}{\partial x_i} \qquad (2.38)$$

Auf der linken Seite steht in Klammern die Cauchysche Bewegungsgleichung (2.13), sie ist identisch erfüllt. Man gelangt so zur differentiellen Energiegleichung in der Form

$$\Rightarrow \quad \varrho \frac{De}{Dt} = \tau_{ji} \frac{\partial u_i}{\partial x_j} - \frac{\partial q_i}{\partial x_i} . \qquad (2.39)$$

(2.39) stellt in gewissem Sinne die Verallgemeinerung des ersten Hauptsatzes der Thermodynamik dar ($de = \delta w + \delta q$). Die Änderung der inneren Energie ist gleich der Summe aus verrichteter Arbeit und der zu- bzw. abgeführten Wärme.

2.6 Aufgaben zu den Bilanzgleichungen

Aufgabe 2.1. Zwei sich treffender Strahlen

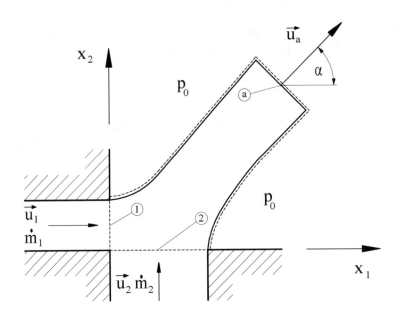

Zwei ebene Flüssigkeitsstrahlen treffen aufeinander und bilden in der skizzierten Weise einen gemeinsamen neuen Strahl. Von den aufeinander treffenden Flüssigkeitsstrahlen sind die Geschwindigkeiten u_1, u_2 und die dazu gehörigen Massenströme $\dot{m}_1$, $\dot{m}_2$ gegeben.

Die Strömung ist stationär und reibungsfrei, die Dichte ϱ der Flüssigkeit ist konstant. Der Umgebungsdruck p_0 ist ebenfalls konstant. Die Geschwindigkeiten an den Stellen [1], [2] und [a] können über die Strömungsquerschnitte als konstant angenommen werden.

a) Berechnen Sie den Winkel α zwischen der Geschwindigkeit $\vec{u}_a = u_a \vec{e}_a$ und der x_1-Achse (in Abhängigkeit der gegebenen Größen) für den Fall, dass $p_0 = 0$ gilt.

b) Geben Sie den Geschwindigkeitsbetrag u_a des resultierenden Strahls für den Fall $p_0 = 0$ an.

c) Was ändert sich im Teil a), wenn der Umgebungsdruck $p_0 = $ konstant, aber $p_0 \neq 0$ ist? Begründen Sie Ihre Antwort rechnerisch.

Geg.: u_1, $\dot{m}_1$, u_2, $\dot{m}_2$.

Lösung auf Seite 172

Aufgabe 2.2. Schwebende Kugel in Brunnen

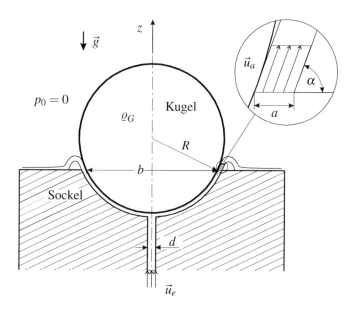

Bei einem Kugelbrunnen schwimmt eine Granitkugel ($R = 0,525$ m, $\varrho_G = 2970$ kg/m^3) auf einem Basisstein (Sockel). Die Kugel wird von einem Wasserfilm ($\varrho_W = 1000$ kg/m^3) getragen und kann dadurch leicht bewegt werden.

Der Zulauf hat einen Durchmesser $d = 2 \times 10^{-2}$ m. Der Betrag der Eintrittsgeschwindigkeit ist $u_e = |\vec{u}_e| = 3,95$ m/s. Die Spaltbreite zwischen Kugel und Sockel ist $a = 4 \times 10^{-4}$ m. Die Abströmung auf der Spaltbreite erfolgt tangential zur Kugeloberfläche und bildet mit dem Sockel den Winkel α (siehe Skizze). Zur Vereinfachung können auf der Ein- und Austrittsfläche die Geschwindigkeiten und der Druck näherungsweise als konstant angesehen werden. Die Gewichtskraft und die Viskosität des Wassers können vernachlässigt werden.

a) Wie groß ist der Volumenstrom $\dot{V}$ durch den Brunnen?

b) Bestimmen Sie den Winkel α.

c) Bestimmen Sie die z-Komponente u_{a_z} der Austrittsgeschwindigkeit $\vec{u}_a$.

d) Die Kraft auf den Sockel ($\vec{F}_{Fl \to S} = F_z \vec{e}_z$) ist gegeben. Berechnen Sie den erforderlichen Druck p_e am Eintritt.

e) Welche Leistung P muss einer verlustfreie Pumpe zugeführt werden, damit diese den Volumenstrom $\dot{V}$ durch den Brunnen pumpen kann?

Geg.: $p_0 = 0$, $R = 0,525$ m, $\varrho_G = 2970$ kg/m^3, $\varrho_W = 1000$ kg/m^3, $b = 0,9866$ m, $d = 2 \times 10^{-2}$ m, $a = 4 \times 10^{-4}$ m, $u_e = 3,95$ m/s, $g = 9,81$ m/s^2, $F_z = -17637$ N.

Lösung auf Seite 173

Aufgabe 2.3. Blutströmung in Aorta

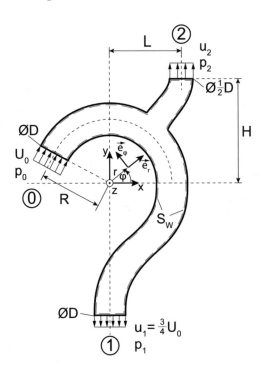

Zur Untersuchung der Auswirkung der menschlichen Blutströmung auf das Herz-Kreislauf-System ist ein Nachbau einer Hauptschlagader (Aorta) gezeigt. Das Modell wird dabei mit Flüssigkeit konstanter Dichte ϱ stationär durchströmt. Das Fluid strömt an der Stelle ⓪ in Umfangsrichtung in den Aortenbogen (mittlerer Radius R) ein. Die Geschwindigkeit ist dort U_0 und der Druck p_0. In der absteigenden Aorta (Stelle ①) tritt die Strömung in negative y-Richtung mit der Geschwindigkeit $u_1 = \frac{3}{4}U_0$ und dem unbekannten Druck p_1 aus. Zur Nachbildung der Halsschlagader ist an der Stelle ② ebenfalls ein Auslass mit noch unbekannter Geschwindigkeit u_2 in y-Richtung und gegebenem Druck p_2. Die Ein- und Austrittsflächen sind jeweils kreisrund mit den Durchmessern $d_0 = d_1 = D$ und $d_2 = D/2$. Die Wandinnenfläche des Aortenmodells sei S_W. Die Geschwindigkeiten und Drücke über den Ein- und Austrittsquerschnitten können näherungsweise als konstant angenommen werden. Volumenkräfte sind zu vernachlässigen. Die Strömung ist stationär.

a) Berechnen Sie die Geschwindigkeit u_2.

b) Berechnen Sie das Moment $\vec{M}_{FL \to S_W}$ von der Flüssigkeit auf die Wandinnenfläche des Aortenmodells.

Geg.: $\varrho, p_0, p_2, U_0, D, d, R$.

Lösung auf Seite 174

Aufgabe 2.4. Wasserwerfer

Seitenansicht

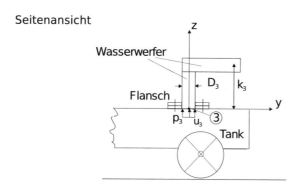

Draufsicht Wasserwerfer

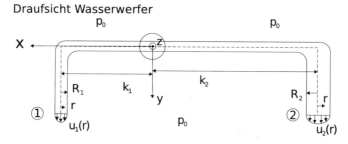

Der skizzierte Wasserwerfer ist über eine Schraubverbindung an den Tank im Heckbereich eines Fahrzeugs angeflanscht. Das Wasser (Dichte $\varrho = $ konst.) tritt aus dem Tank in den Wasserwerfer ein (Eintrittsquerschnitt ③, Rohrinnendurchmesser D_3). Über den Eintrittsquerschnitt ist die Geschwindigkeit u_3 konstant und der Druck gleich p_3. Der Umgebungsdruck ist $p_0 = 0$ zu setzen. Die Geschwindigkeitsprofile am Rand der Rohraustritte ① und ② mit den Radien R_1 und R_2 werden durch die Gleichungen

$$u_1(r) = U_{max_1}\left(1 - \frac{r^2}{R_1^2}\right), \quad u_2(r) = U_{max_2}\left(1 - \frac{r^2}{R_2^2}\right) \tag{2.40}$$

beschrieben. Die Strömung ist stationär. Volumenkräfte sind vernachlässigbar.

a) Bestimmen Sie die Massenströme $\dot{m}_1$ an der Stelle ① und $\dot{m}_2$ an der Stelle ②, sowie den gesamten Massenstrom $\dot{m}_{ges}$.

b) Berechnen Sie die Kräfte die von der Strömung auf den Wasserwerfer in x-, y- und z-Richtung ausgeübt werden.

c) Berechnen Sie das resultierende Moment in z-Richtung M_z, das auf den Flansch wirkt.

Geg.: $\varrho, k_1, k_2, k_3, R_1, R_2, U_{max_1}, U_{max_2}, p_0 = 0, p_3, u_3, D_3$.

Lösung auf Seite 176

Aufgabe 2.5. Kolbenbewegung in Zylinder

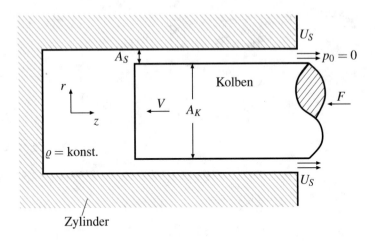

In dem dargestellten Zylinder befindet sich reibungsfreie Flüssigkeit konstanter Dichte ϱ. Der Kolben wird mit der Kraft $\vec{F} = -F\vec{e}_z$ belastet. Er bewegt sich hierdurch mit der Geschwindigkeit $\vec{u} = -V\vec{e}_z$ in den Zylinder und verdrängt die im Zylinder befindliche Flüssigkeit welche durch den Ringspalt mit A_S austritt. Die Kraft F und die sich einstellende unbekannte Geschwindigkeit V sind konstant. Volumenkräfte treten nicht auf, Wärmeleitung ist zu vernachlässigen. Die innere Energie ist in inkompressibler reibungsfreier Flüssigkeit konstant.

a) Geben Sie den Zusammenhang zwischen der Kolbengeschwindigkeit V und der Austrittsgeschwindigkeit U_S an.

b) Zeigen Sie mit der Energiegleichung, dass die Änderung der kinetischen Energie (DK/Dt) der Flüssigkeit im Zylinder gleich der Leistung ist, die der Kolben der Flüssigkeit zuführt.

c) Da die Ringspaltfläche A_S sehr klein gegen die Kolbenfläche A_K ($A_S \ll A_K$) ist, kann die lokale zeitliche Änderung der kinetischen Energie vernachlässigt werden:

$$\frac{\partial}{\partial t} \iiint\limits_V \varrho \frac{\vec{u} \cdot \vec{u}}{2} \, dV \approx 0. \tag{2.41}$$

Berechnen Sie mit Hilfe des Reynoldsschen Transporttheorems die Änderung der kinetischen Energie der Flüssigkeit im Zylinder als Funktion der Kolbengeschwindigkeit V.

d) Bestimmen Sie die Geschwindigkeit V des Kolbens infolge der Kraft F aus der Bilanz der Energie.

Geg.: ϱ, $p_0 = 0$, A_K, A_S, F.   Lösung auf Seite 178

Aufgabe 2.6. Rotierender Zerstäuber

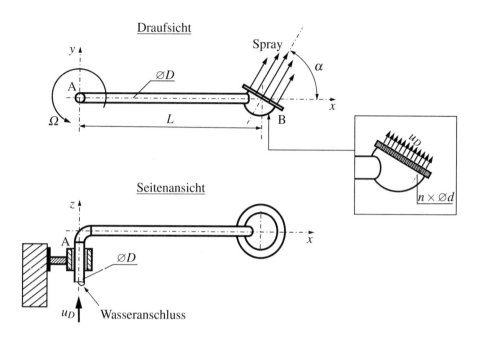

Ein industrielles Kühlsystem besteht aus einem horizontalen Rohr und aus einem Zerstäuber (B) (siehe oberen Ausschnitt). Das Rohr hat die Länge L, den inneren Durchmesser D und ist im Punkt A drehbar gelagert. Der Zerstäuber beinhaltet eine Platte mit n Bohrungen des Durchmessers d. Das gesamte System kann sich im Lager A in der horizontalen Ebene drehen. Das Wasser (Dichte ϱ) durchströmt das Rohr mit konstanter Geschwindigkeit u_D und tritt durch den Zerstäuber nach außen. Die Strömung ist reibungsfrei. Volumenkräfte sind zu vernachlässigen. Der Umgebungsdruck ist $p_0 = 0$.

a) Wie groß ist die Geschwindigkeit u_d des Wassers in jedem Strahl, der durch die Bohrungen im Zerstäuber ausgestoßen wird.

b) Berechnen Sie die Kraft die die Strömung auf das Kühlsystem (Rohr + Zerstäuber) in der (x, y) - Ebene ausübt, wenn das System sich nicht dreht.

c) An irgendeinem Zeitpunkt wird das System freigegeben, so dass es sich in der (x, y) - Ebene drehen kann. Das Moment M der Reibungskräfte im Lager A ist gerade so groß, dass sich das System mit konstanter Winkelgeschwindigkeit Ω dreht. Berechnen Sie diese Winkelgeschwindigkeit Ω. Hinweis: L ist sehr viel größer als die Abmessungen des Zerstäubers, so dass bei der Auswertung der Integrale über die Flächen mit den mittleren Größen gerechnet werden kann.

Geg.: ϱ, $p_0 = 0$, D, u_D, L, d, n, M, α.

Lösung auf Seite 179

Aufgabe 2.7. Flügelgrenzschichtbeeinflussung durch Plasma-Aktuator

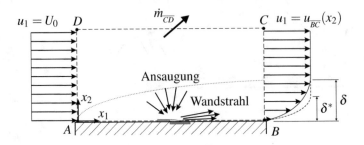

Die Dichte ϱ der Luftströmung ist konstant. Außer der Aktuatorkraft $\vec{F}_{Ak \to L}$ sind Volumenkräfte vernachlässigbar. Die Strömung soll als eben betrachtet werden.

Zunächst soll die unbeeinflusste Strömung (**ohne Aktuator**) untersucht werden. Infolge der Reibung stellt sich auf der Abströmseite des Kontrollvolumens (Fläche $\overline{BC}$) für die u_1-Komponente des Geschwindigkeitsfeldes folgendes Geschwindigkeitsprofil ein:

$$u_{\overline{BC}}(x_2) = \begin{cases} U_0 & \text{für } x_2 > \delta \\ U_0 \left[1 - \left(\frac{x_2}{\delta} - 1\right)^2\right] & \text{für } 0 \leq x_2 \leq \delta \end{cases} \tag{2.42}$$

a) Wie groß ist der Massenstrom $\dot{m}_{\overline{CD}}$ pro Tiefeneinheit, der das Kontrollvolumen über die Fläche $\overline{CD}$ verlässt?

b) Bestimmen Sie die Reibungskraft, d.h. die x_1-Komponente ($F_{1_{L \to P}}$) der Kraft $\vec{F}_{L \to P}$, die von der Luft auf die Platte wirkt.

Zur Grenzschichtstabilisierung wird nun ein **Plasma-Aktuator** verwendet, der Luft aus der Umgebung ansaugt und in Form eines wandparallelen Strahl wieder abgibt. Durch den Aktuator wirkt nun zusätzlich eine Volumenkraft $\vec{F}_{Ak \to L}$ auf die Luft im Kontrollvolumen. Die Reibungskraft von der Luft auf die Platte hat sich durch die erhöhte Scherrate verdoppelt zu $F_{1_{L \to P}}^* = 2F_{1_{L \to P}}$. Der Massenstrom über die Fläche $\overline{CD}$ halbiert sich zu $\dot{m}_{\overline{CD}}^* = \frac{1}{2}\dot{m}_{\overline{CD}}$. Im gegebenen Geschwindigkeitsprofil ist δ durch δ^* zu ersetzen.

c) Bestimmen Sie nun die neue Dicke δ^* der Grenzschicht.

d) Welche Kraft in x_1-Richtung wurde vom Aktuator auf die Strömung ausgeübt?

Hinweis: Es gilt: $\iiint\limits_{(V)} \varrho \vec{k} dV = \vec{F}_{Ak \to L}$

Geg.: $p_0, \varrho, U_0, \delta$.

Lösung auf Seite 181

Aufgabe 2.8. Strömung durch unendliches Gitter

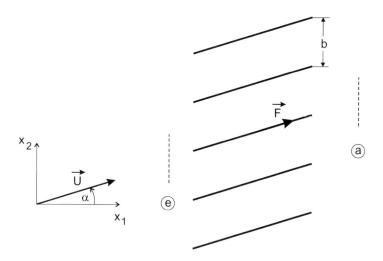

Ein in die x_2-Richtung unendlich ausgedehntes Gitter wird parallel zu seinen Schaufeln mit der Geschwindigkeit $\vec{U}$ von Flüssigkeit konstanter Dichte ϱ durchströmt. Die Schaufeln des Gitters bilden mit der x_1-Richtung den Winkel α und können als unendlich dünn angenommen werden. Die Strömung ist eben, stationär, reibungsbehaftet und bezüglich der Gitterteilung b periodisch.

In einiger Entfernung vom Gitter sind Zuströmung $\vec{u}_e = \vec{U}$ (Stelle e in obiger Skizze) und Abströmung $\vec{u}_a$ (Stelle a) als konstant anzusehen.

Es wird angenommen, dass die Kraft auf eine Schaufel durch $\vec{F} = |\vec{F}|(\cos\alpha\,\vec{e}_1 + \sin\alpha\,\vec{e}_2)$ pro Tiefeneinheit (senkrecht zur Zeichenebene) gegeben ist. Der Druck p_e der Zuströmung ist ebenfalls bekannt.

a) Berechnen Sie die Geschwindigkeitskomponente u_{1_a} der Abströmung in die x_1-Richtung.

b) i) Berechnen Sie für die gegebene Kraft $\vec{F}$ den Druck p_a der Abströmung.

  ii) Berechnen Sie die Differenz $u_{2_e} - u_{2_a}$ der Geschwindigkeitskomponenten in die x_2-Richtung zwischen Zu- und Abströmung. Wie verändert sich die Abströmrichtung gegenüber der Anströmrichtung?

c) Berechnen Sie den Abströmwinkel β (Winkel zwischen der Abströmrichtung und der x_1-Richtung) für die gegebenen Grössen.

Geg.: ϱ, p_e, b, α, $U = |\vec{U}|$, $F = |\vec{F}|$.

Lösung auf Seite 182

2.7 Aufgaben zu Turbomaschinen

Aufgabe 2.9. Einzelnes Pumpenlaufrad

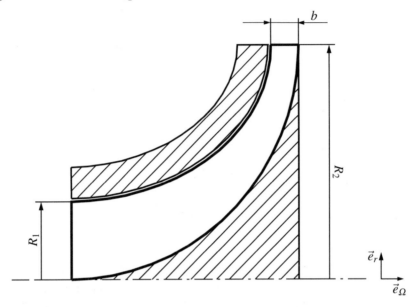

Das Laufrad einer Pumpe fördert den konstanten Volumenstrom $\dot{V}$ ($\varrho =$ konst.). Die hierfür erforderliche Winkelgeschwindigkeit $\vec{\Omega}$ und die der Flüssigkeit zugeführte Leistung P sind bekannt. Die Zuströmung des Laufrades ist rein axial, stoßfrei und über dem Eintrittsquerschnitt konstant. Die Abströmung am Austrittsquerschnitt ist drallbehaftet und konstant. Die Strömung kann insgesamt als verlustfrei betrachtet werden.

a) Geben Sie die Anströmgeschwindigkeit $\vec{c}_1$ an.

b) Skizzieren Sie das Geschwindigkeitsdreieck am Schaufeleintritt.
   Hier kann die Änderung der Umfangsgeschwindigkeit der Schaufel über die Schaufelhöhe am Schaufeleintritt nicht vernachlässigt werden. Wenn die Strömung am Eintritt stoßfrei bleiben soll muß sich der Schaufelwinkel β_1 (Winkel zwischen Relativgeschwindigkeit und axialer Richtung) über die Schaufelhöhe ändern. Geben Sie den Schaufelwinkel β_1 am Laufradeintritt in Abhängigkeit von r an.

c) Bestimmen Sie die Komponenten der Geschwindigkeit $\vec{c}_2$ des Fluides am Laufradaustritt bei gegebener zugeführter Leistung P.

d) Skizzieren Sie das Geschwindigkeitsdreieck am Schaufelaustritt.
   Berechnen Sie den Schaufelwinkel β_2 (Winkel zwischen Relativgeschwindigkeit und radialer Richtung) am Laufradaustritt für die angegebenen Größen.

Geg.: $\varrho, R_1, R_2, b, \dot{V}, \vec{\Omega}, P$.   Lösung auf Seite 183

Aufgabe 2.10. Einfache Axialpumpe mit Leit- und Laufrad

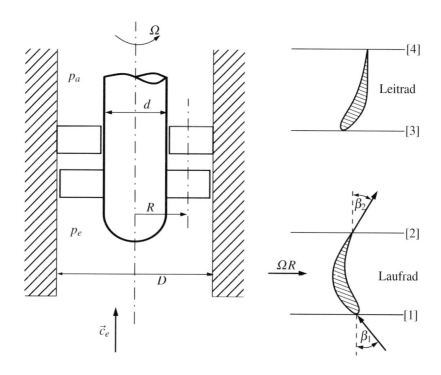

Eine Axialpumpe fördert Kühlwasser konstanter Dichte ϱ. Der Volumenstrom beträgt $\dot{V}$. Die Zuströmung zur Pumpe ist drallfrei und erfolgt unter dem Druck p_e. Am Austritt liegt der Druck p_a vor, die Abströmung ist ebenfalls drallfrei.

Die Axialpumpe besteht aus einem Laufrad, dass mit der Winkelgeschwindigkeit Ω rotiert und einem nachgeschalteten Leitrad. Die Strömung in der Pumpe ist stoßfrei.

Die Schaufelhöhen sind klein im Vergleich zum mittleren Radius R und die Schaufeln können somit über den Umfang abgewickelt betrachtet werden.

Die Strömungsgrößen können auf den Querschnitten als konstant angenommen werden und es wird keine Wärme zu- oder abgeführt. Volumenkräfte und Reibungsspannungen können vernachlässigt werden. Die Änderung der inneren Energie ist Null.

a) Skizzieren Sie die Geschwindigkeitsdreiecke für Lauf- und Leitrad.
b) Bestimmen Sie den Schaufelwinkel β_1 des Laufrades.
c) Ermitteln Sie den Schaufelwinkel α_3 mit dem das Leitrad angeströmt wird.
d) Berechnen Sie mit Hilfe der Energiegleichung die Leistung die die Pumpe dem Kühlwasser zuführen muß, damit der Volumenstrom $\dot{V}$ gefördert wird und am Austritt der Druck p_a vorliegt.

Geg.: ϱ, $\dot{V}$, p_e, p_a, D, d, R, β_2, Ω. Lösung auf Seite 185

Aufgabe 2.11. Axialverdichter eines Flugtriebwerks

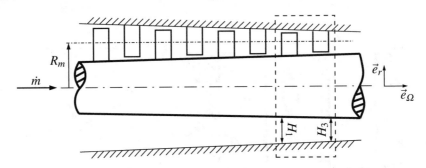

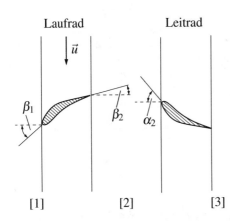

Der Axialverdichter eines Flugtriebwerkes wird von Luft (ideales Gas) durchströmt. Die Schaufelhöhen sind klein gegenüber dem mittleren Schaufelradius R_m, so dass die Strömungsgrößen über die Strömungsquerschnitte konstant sind und die Geometrie des Gitters abgewickelt werden kann. Der sich verengende Strömungskanal ist so auszulegen, dass die Axialkomponente c_{ax} der Absolutgeschwindigkeit $\vec{c} = c_{ax}\vec{e}_\Omega + c_u\vec{e}_\varphi$ über die gesamte Länge des Verdichters konstant bleibt.

Betrachtet wird die skizzierte Stufe des Verdichters. Druck und Temperatur am Laufradeintritt [1] (p_1, T_1) sowie am Leitradaustritt [3] (p_3, T_3) sind vorgegeben. Die Winkelgeschwindigkeit des Laufrades ist Ω, der Massenstrom ist $\dot{m}$. Die Höhe H_1, die Schaufelwinkel β_1, β_2 am Laufrad und der mittlere Schaufelradius R_m sind gegeben.

a) Berechnen Sie die Axialgeschwindigkeit c_{ax}.

b) Wie muß das Höhenverhältnis H_1/H_3 sein, damit die Bedingung konstanter Axialgeschwindigkeit erfüllt ist? (H_3 ist die Höhe am Leitradaustritt [3]).

c) Skizzieren Sie qualitativ die Geschwindigkeitsdreiecke am Laufrad und Leitrad mit den jeweilig dazu gehörenden Winkeln.

d) Ermitteln Sie die Umfangskomponenten c_{u1}, c_{u2} am Laufrad und berechnen Sie die Leistung P, die der Luft durch die betrachtete Verdichterstufe zugeführt wird.

e) Berechnen Sie den Zuströmwinkel am Leitrad, damit dieses stoßfrei angeströmt wird.

Geg.: R_L Gaskonstante für Luft, R_m, H_1, $\dot{m}$, $\vec{\Omega} = \Omega\,\vec{e}_\Omega$, p_1, T_1, p_3, T_3, β_1, β_2.

Hinweis: Es gilt $\varrho = \dfrac{p}{R_L T}$ für ideales Gas

Lösung auf Seite 187

Aufgabe 2.12. Einstufige Turbine

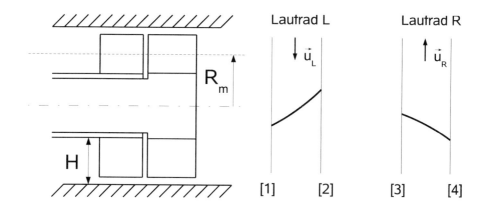

Um auf möglichst engem Raum einer inkompressiblen Strömung Energie zu entziehen, soll bei einer 1-stufigen Turbine das Leitrad durch ein Laufrad ersetzt werden, welches sich aber gegenläufig ($\vec{\Omega}_L = \Omega_L \vec{e}_\Omega$) zum schon vorher vorhandenen Laufrad ($\vec{\Omega}_R = -\Omega_R \vec{e}_\Omega$) dreht. Der Strömungskanal ist so ausgelegt, dass die Axialgeschwindigkeit c_{ax} über die beiden Laufräder konstant bleibt. Die Schaufeln können über den Umfang abgewickelt werden.

Beide Laufräder werden stoßfrei angeströmt. Die Zu- und Abströmung der Stufe soll drallfrei erfolgen.

a) Skizzieren Sie die Geschwindigkeitsdreiecke an den Laufrädern.
b) Berechnen Sie den Massenstrom $\dot{m}$. Wie groß ist der Schaufelwinkel β_1? Berechnen Sie das Moment $\vec{M}_L$ vom linken Laufrad auf die Flüssigkeit (Eulerschen Turbinengleichung).
c) Berechnen Sie den Winkel β_3 zwischen Axialrichtung und Relativgeschwindigkeit sowie das vom rechten Laufrad auf die Flüssigkeit ausgeübte Moment $\vec{M}_R$.
d) Was ergibt sich daraus für das resultierende Drehmoment $\vec{M}_{ges}$ der gesamten Stufe und die Gesamtleistung P_{ges}, die der Strömung durch die beiden Laufräder entzogen werden kann?

Geg.: R_m, $\vec{\Omega}_L = \Omega_L \vec{e}_\Omega$, $\vec{\Omega}_R = -\Omega_R \vec{e}_\Omega$, c_{ax}, β_2, H, ϱ.

Lösung auf Seite 188

Aufgabe 2.13. Axialturbine

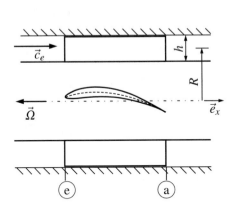
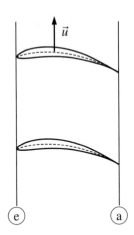

Die skizzierte Axialturbine wird von Flüssigkeit konstanter Dichte ϱ mit einem Massenstrom $\dot{m}$ durchströmt. Das sich mit der Winkelgeschwindigkeit $\vec{\Omega} = -\Omega\,\vec{e}_x$ drehende Lauf-
rad wird mit der Absolutgeschwindigkeit $\vec{c}_e$ ($c_e = |\vec{c}_e|$) unter dem Winkel α_e angeströmt.
Wegen $h/R \ll 1$ sind die Strömungsgrößen über die Kanalhöhe h als konstant anzunehmen
und das Schaufelgitter kann abgewickelt werden (rechtes Bild). Die Zu- und Abströmung
an der Vorder- (e) und Hinterkante (a) des Gitter erfolgt stoßfrei und drallbehaftet. Stoßfrei bedeutet: Die Relativgeschwindigkeiten $\vec{w}$ verlaufen tangential zur Schaufelskelettlinie dabei schließen die Relativgeschwindikgeit und Axialrichtung den Winkel β ein.

a) Skizzieren Sie wie im rechten Bild eine Laufradschaufel. Tragen Sie qualitativ an
   der Vorder- und Hinterkante des Profils die Geschwindigkeitsdreiecke mit den dazu-
   gehörenden Winkeln α, β und Bezeichnungen ein.
b) Wie groß sind die Axialgeschwindigkeiten w_{xe}, c_{xe} am Eintritt (e)?
c) Wie muss der Schaufelwinkel β_e gewählt werden, damit die Strömung stoßfrei an der
   Vorderkante (e) eintritt.
d) Berechnen Sie die Leistung P_T, die an der Turbine abgenommen wird.
e) Welche Eigenschaft muss die Strömung an der Hinterkante besitzen, wenn die maximale Leistung abgenommen werden soll. Berechnen Sie für diesen Fall β_a.

Geg.: $\dot{m}$, ϱ, α_e, β_a, $\Omega > 0$, h, R.

Lösung auf Seite 190

Aufgabe 2.14. Drehmomentenwandler

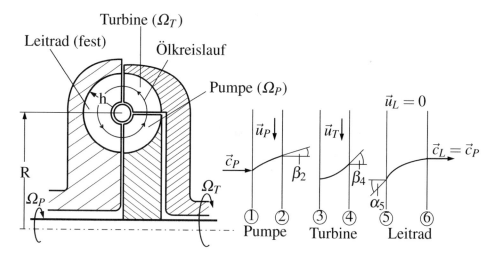

Das linke Bild zeigt den Radialschnitt durch einen Drehmmomentenwandler. Pumpe, Turbine und feststehendes Leitrad liegen in einem geschlossenen Ölkreislauf mit dem Massenstrom $\dot{m}$. Die Schaufelhöhen sind für alle Schaufeln gleich h. Wegen $R \gg h$ kann an jeder Schaufel näherungsweise angenommen werden, dass für die Eintritt- und Austrittsradien $r_e = r_a = R$ gilt. Die Skelettlinien der Schaufelgitter sind im rechten Bild gezeigt. Die Zuströmung $\vec{c}_P$ des Öles am Pumpeneintritt ① erfolgt drallfrei. Die Abströmung $\vec{c}_L$ vom Leitrad ⑥ ist ebenfalls drallfrei, es gilt $\vec{c}_L = \vec{c}_P$. Die Relativgeschwindigkeiten sind tangential (stoßfrei) zu den Skelettlinien. Die Strömung im Ölkreislauf ist verlustfrei und über die Schaufelein- und -austrittsflächen ausgeglichen. An der Pumpe wird das Drehmoment M_P aufgebracht. An der Turbine wird das Drehmoment M_T abgenommen. Beide Momente sind vorgegeben.

a) Wie groß ist für das gegebene Pumpenmoment M_P die Umfangskomponente c_{u_2} der Absolutgeschwindigkeit am Austritt ② der Pumpe?

b) Bestimmen Sie für den gegebenen Massenstrom $\dot{m}$ den Betrag $|\vec{w}_4|$ der Relativgeschwindigkeit am Austritt ④ der Turbine?

c) Wie groß ist die Umfangskomponente c_{u_4} der Absolutgeschwindigkeit am Austritt der Turbine? Mit welcher Winkelgeschwindigkeit Ω_T dreht die Turbine?

d) Bestimmen Sie den Schaufelwinkel α_5 so, dass die Strömung tangential (stoßfrei) zur Schaufelskelettlinie in das Leitrad eintritt.

e) Zeigen Sie, dass für das Stützmoment M_L am Leitrad die Gleichung $M_L = M_T - M_P$ gilt.

Geg.: $M_P, M_T, \dot{m}, \varrho, h, R, \beta_4$.

Lösung auf Seite 191

Aufgabe 2.15. Mehrstufiger Axialverdichter

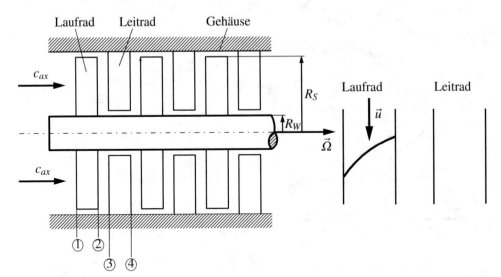

Der skizzierte mehrstufige Axialverdichter soll den Massenstrom $\dot{m}$ fördern. Eine Stufe besteht aus einem Laufrad und einem Leitrad. Die Welle der Laufräder dreht sich mit der Winkelgeschwindigkeit Ω, ihr Antrieb benötigt dazu die Leistung P. Der Wellenradius ist mit R_W und Laufradaußenradius mit R_S bezeichnet. Das Verhältnis der Kanalhöhe $R_S - R_W$ zum mittleren Radius $(R_S + R_W)/2$ ist hier nicht mehr klein gegen 1. Die Geschwindigkeit des Laufrades kann deshalb nicht als konstant über den Strömungsquerschnitt angesehen werden. Für eine stoßfreie (tangentiale) Anströmung der Schaufeln müssen daher die Schaufelwinkel über dem Strömungsquerschnitt eine Funktion von r sein: $\beta = \beta(r)$.
*Für die Berechnungen genügt es, eine Stufe zu betrachten (siehe Abbildung). Die Anströmung zu jeder Stufe ist rein axial (drallfrei). Vereinfachend wird angenommen, dass die Axialgeschwindigkeit innerhalb einer Stufe konstant sei: $c_{ax1} = c_{ax2} = c_{ax3} = c_{ax4} \neq f(r)$, ebenso die Dichte $\varrho =$konst. Die Laufradschaufeln sind so konstruiert, dass der Drall am Laufradaustritt ② über dem Strömungsquerschnitt konstant ist: $rc_u(r) =$ konst..

a) In der rechten Abbildung ist die Schaufelform des Laufrades für ein festes r vorgegeben. Skizzieren Sie die Geschwindigkeitsdreiecke und Winkel an die Laufradschaufel und dann die Form des Leitrades mit den zugehörigen Geschwindigkeiten.

b) Berechnen Sie die Axialgeschwindigkeit c_{ax} in der Stufe (der Spalt zwischen Gehäuse und Laufradaußenradius ist vernachlässigbar).

c) Bestimmen Sie den Winkel β_1 in Abhängigkeit von r am Laufradeintritt.

d) Ermitteln Sie durch Auswertung des Drallsatzes und der vorgegebenen Leistung P die Umfangsgeschwindigkeit am Laufradaustritt c_{u2} in Abhängigkeit von r.

e) Bestimmen Sie den Laufradaustrittswinkel $\beta_2 = \beta_2(r)$.

Geg: $\varrho, \dot{m}, P, R_s, R_w, \Omega$.   Lösung auf Seite 193

Aufgabe 2.16. Axial-Radial Verdichter

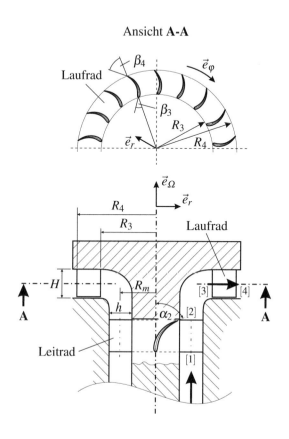

Ansicht **A-A**

Die skizzierte Turbine besteht aus einem mit dem Gehäuse verbundenen Leitrad und einem rotierenden Laufrad. Das Laufrad dreht sich mit der festen Winkelgeschwindigkeit Ω und entnimmt dabei der Flüssigkeit die Leistung P_T. Die Flüssigkeit hat die konstante Dichte ϱ und tritt rein axial mit der Geschwindigkeit c_1 in die Turbine ein [1]. Die Reibung zwischen Leitradaustritt [2] und Laufradeintritt [3] kann vernachlässigt werden. Die Flüssigkeit verlässt die Turbine an der Stelle [4] erneut drallfrei. Die An- und Abströmung an den Schaufeln erfolgt tangential (stoßfrei). Die Geschwindigkeitsverteilungen an den Kontrollflächen [1] bis [4] können als homogen angesehen werden. Volumenkräfte sind zu vernachlässigen. Die Berechnungen an den Stellen [1] und [2] können mit dem mittleren Radius R_m durchgeführt werden, da $h/R_m \ll 1$.

a) Wie groß ist der Massenstrom $\dot{m}$ durch die Turbine?

b) Bestimmen Sie die Geschwindigkeitskomponenten c_{ax2}, c_{r3} und c_{r4}.

c) Bestimmen Sie mit Hilfe der Eulerschen Turbinengleichung das Gesamtmoment M_{Ges} zwischen den Stellen [1] und [4].

d) Wie groß ist das Moment M_{LA}, welches das Laufrad auf die Strömung ausübt?

e) Welches Moment M_{LE} übt das Leitrad auf die Strömung aus? Bestimmen Sie daraus die Umfangskomponente der Geschwindigkeit c_{u2} und den Winkel α_2.

f) Ermitteln Sie die Umfangskomponenten c_{u4} und c_{u3} der Geschwindigkeiten an den Stellen [4] und [3]. Bestimmen Sie die Schaufelwinkel β_4 und β_3 an den Stellen [4] und [3].

Geg.: H, h, R_3, R_4, R_m, Ω, c_1, P_T, ϱ.

Lösung auf Seite 194

Kapitel 3
Materialgleichungen

Die Bewegung einer Flüssigkeit entsteht durch das Einwirken äußerer Kräfte, die Spannungen in der Flüssigkeit erzeugen. Zur Beschreibung der Bewegung der Flüssigkeit durch die Bilanzgleichungen sind Materialgleichungen erforderlich, die den Zusammenhang zwischen den Spannungen und der Deformation in der Flüssigkeit herstellt.

Wir verwenden hier das lineare Materialgesetz der Newtonschen Flüssigkeit, das einen linearen Zusammenhang zwischen dem Spannungstensor τ_{ij} und dem Deformationsgeschwindigkeitstensor e_{ij} (1.17) herstellt:

$$\tau_{ij} = -p\delta_{ij} + \left(\eta_D - \frac{2}{3}\eta \right) e_{kk}\delta_{ij} + 2\eta e_{ij}. \tag{3.1}$$

p bezeichnet den Druck in der Flüssigkeit. η_D und η sind Materialgrößen. Die Druckzähigkeit η_D setzen wir nach der Stokesschen Hypothese $\eta_D = 0$ (vergl. Spurk (2004)). η bezeichnen wir als die dynamische Zähigkeit bzw. als dynamische Viskosität.

In ruhender Flüssigkeit gilt $e_{ij} = 0$ und der Spannungstensor nimmt die kugelsymmetrische Form an

$$\tau_{ij} = -p\delta_{ij}. \tag{3.2}$$

Es folgt

$$t_i = \tau_{ji}n_j = -p\delta_{ij}n_j = -pn_i \quad \text{bzw.} \quad \vec{t} = -p\vec{n} \tag{3.3}$$

für den Spannungsvektor. Aufgrund dieser Tatsache wird der Spannungstensor oft in

$$\tau_{ij} = -p\delta_{ij} + P_{ij} \tag{3.4}$$

aufgespalten, wobei der Anteil

$$P_{ij} = \left(\eta_D - \frac{2}{3}\eta \right) e_{kk}\delta_{ij} + 2\eta e_{ij} \tag{3.5}$$

© Springer-Verlag GmbH Deutschland, ein Teil von Springer Nature 2018
H. Marschall, *Aufgabensammlung zur technischen Strömungslehre*,
https://doi.org/10.1007/978-3-662-56379-3_3

als Tensor der Reibungsspannungen bezeichnet wird. In diesem Buch beschränken wir uns hauptsächlich auf inkompressible Strömungen für die $e_{kk} = 0$ gilt, dadurch vereinfacht sich der Spannungstensor (3.1) zu

$$\tau_{ij} = -p\delta_{ij} + 2\eta e_{ij}, \tag{3.6}$$

$$P_{ij} = 2\eta e_{ij}. \tag{3.7}$$

Zur Deutung der Komponenten τ_{ij} des Spannungstensors betrachten wir ein quaderförmiges Flüssigkeitsvolumen (3.1) und darin exemplarisch die Fläche in der (x_2, x_1)-Ebene mit dem Normalenvektor in die x_1-Richtung $\vec{n} = \vec{e}_1$. Der Spannungsvektor $\vec{t}$ in seine Kompo-

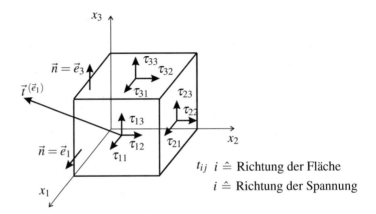

Abb. 3.1: Zum Spannungstensor

nenten zerlegt lautet auf dieser Fläche

$$\vec{t}^{(\vec{e}_1)} = t_1^{(\vec{e}_1)}\vec{e}_1 + t_2^{(\vec{e}_1)}\vec{e}_2 + t_3^{(\vec{e}_1)}\vec{e}_3.$$

Benutzt man andererseits die Darstellung

$$\vec{t} = \vec{n} \cdot \mathbf{T}(\vec{x}, t) \quad \text{bzw.} \quad t_i = n_j \tau_{ji}(x_k, t),$$

so lauten die Komponenten

$$t_1^{(\vec{e}_1)} = n_1\tau_{11} + n_2\tau_{21} + n_3\tau_{31},$$
$$t_2^{(\vec{e}_1)} = n_1\tau_{12} + n_2\tau_{22} + n_3\tau_{32},$$
$$t_3^{(\vec{e}_1)} = n_1\tau_{13} + n_2\tau_{23} + n_3\tau_{33}.$$

Für die Fläche mit $\vec{n} = \vec{e}_1$ (also $n_1 = 1, n_2 = 0, n_3 = 0$) erhält man so $t_1 = \tau_{11}, t_2 = \tau_{12}$ und $t_3 = \tau_{13}$ (entsprechendes gilt für die Flächen der anderen Raumrichtungen).

Das heißt τ_{ji} ist die i.-Komponente des Spannungsvektors auf der Koordinatenfläche mit dem Normalenvektor in die j.-Richtung.

In der Matrixschreibweise

$$\tau_{ij} \triangleq \begin{pmatrix} \tau_{11} & \tau_{12} & \tau_{13} \\ \tau_{21} & \tau_{22} & \tau_{23} \\ \tau_{31} & \tau_{32} & \tau_{33} \end{pmatrix}$$

stellen die Hauptdiagonalelemente $\tau_{11}, \tau_{22}, \tau_{33}$ die Normalspannungen und die Nichtdiagonalelemente τ_{ij} für $i \neq j$ die Schubspannungen dar.

Mit Kenntnis des Materialgesetzes für den Reibungsspannungstensor P_{ij} und den Komponenten des Deformationsgeschwindigkeitstensor e_{ij} aus (1.17) können die Reibungsverluste in Form der Dissipationsfunktion Φ für inkompressible Strömung explizit berechnet werden

$$\Phi = P_{ij} e_{ij} = 2\eta e_{ij} e_{ij}. \tag{3.8}$$

Die Dissipationsfunktion stellt die pro Zeit- und Volumenarbeit irreversibel in Wärme umgewandelte Deformationsarbeit dar.

Für den in der Energiegleichung 2.35 benötigten Wärmestromvektor $\vec{q}$ verwenden wir als lineares Materialgesetz das Fouriersche Wärmeleitungsgesetz

$$\vec{q} = -\lambda \nabla T \quad \text{bzw.} \quad q_i = -\lambda \frac{\partial T}{\partial x_i} \tag{3.9}$$

mit λ als Wärmeleitungskoeffizient und ∇T als Temperaturgradient. Liegt eine kompressible Strömung vor, so wird für den Zusammenhang zwischen Druck p, Dichte ϱ und Temperatur T die thermische Zustandsgleichung

$$p = \varrho R T \tag{3.10}$$

gebraucht. Ferner sind, für die vollständige Lösung des Problems, die kalorischen Zustandsgleichungen für die innere Energie e oder die Enthalpie h erforderlich

$$e = c_v T, \quad h = c_p T, \quad \left(h = e + \frac{p}{\varrho} \right), \tag{3.11}$$

wobei R die spezifische Gaskonstante ist. c_v und c_p sind die spezifischen Wärmekapazitäten bei konstantem Volumen bzw. konstantem Druck.

Kapitel 4
Bewegungsgleichungen für Newtonsche Flüssigkeiten

4.1 Reibungsbehaftete Strömungen

4.1.1 Navier-Stokessche Gleichungen

Wird in den Cauchyschen Bewegungsgleichungen (2.13) das Materialgesetz (3.6) für die Newtonsche Flüssigkeit eingesetzt, so erhält man die Navier-Stokeschen Gleichungen:

$$\varrho\frac{\mathrm{D}u_i}{\mathrm{D}t} = \varrho k_i + \frac{\partial}{\partial x_i}\left[-p+(\eta_D-\frac{2}{3}\eta)\,\frac{\partial u_k}{\partial x_k}\right] + \frac{\partial}{\partial x_j}\left[\eta\left(\frac{\partial u_i}{\partial x_j}+\frac{\partial u_j}{\partial x_i}\right)\right]. \qquad (4.1)$$

Für die inkompressible Strömung $(\partial u_k/\partial x_k = 0)$ ohne Volumenkräfte und $\eta = $ konst. folgt:

$$\varrho\frac{\mathrm{D}\vec{u}}{\mathrm{D}t} = -\nabla p + \eta\Delta\vec{u} \quad \text{bzw.} \quad \varrho\frac{\mathrm{D}u_i}{\mathrm{D}t} = -\frac{\partial p}{\partial x_i}+\eta\,\frac{\partial^2 u_i}{\partial x_j\partial x_j} \qquad (4.2)$$

mit der materiellen Ableitung

$$\frac{\mathrm{D}\vec{u}}{\mathrm{D}t} = \frac{\partial\vec{u}}{\partial t}+\vec{u}\cdot\nabla\vec{u} \quad \text{bzw.} \quad \frac{\mathrm{D}u_i}{\mathrm{D}} = \frac{\partial u_i}{\partial t}+u_j\frac{\partial u_i}{\partial x_j}.$$

Die linke Seite von (4.2) stellt den Beschleunigungsterm (Trägheitskräfte) dar: $\partial\vec{u}/\partial t$ die lokale Beschleunigung am Ort $\vec{x}$, für stationäre Strömungen ist $\partial\vec{u}/\partial t = 0$. $\vec{u}\cdot\nabla\vec{u}$ ist der nichtlineare konvektive Anteil der Beschleunigung.

Auf der rechten Seite von (4.2) steht die Divergenz des Spannungstensors, aufgespalten in den Druckgradienten und die Divergenz der Reibungsspannungen (Zähigkeitskräfte). Gelegentlich ist es von Nutzen den Laplace-Operator aufzuspalten

$$\Delta\vec{u} = \nabla(\nabla\cdot\vec{u}) - \nabla\times(\nabla\times\vec{u}) \qquad (4.3)$$

© Springer-Verlag GmbH Deutschland, ein Teil von Springer Nature 2018
H. Marschall, *Aufgabensammlung zur technischen Strömungslehre*,
https://doi.org/10.1007/978-3-662-56379-3_4

und man erkennt, dass in inkompressibler (div $\vec{u} = \nabla \cdot \vec{u} = 0$) und rotationsfreier (rot $\vec{u} = \nabla \times \vec{u} = 0$) Strömung die Divergenz der Reibungsspannungen verschwinden. Sie liefern somit keinen Beitrag zur Beschleunigung (Verzögerung) der Flüssigkeitsteilchen.

Die Energiegleichung (2.39) nutzen wir unter Verwendung des Fourierschen Gesetztes (3.9)

$$\varrho \frac{De}{Dt} - \frac{p}{\varrho} \frac{D\varrho}{Dt} = \Phi + \frac{\partial}{\partial x_i} \left(\lambda \frac{\partial T}{\partial x_i} \right) \tag{4.4}$$

bzw. mit der Enthalpie $h = e + p/\varrho$ in der Form

$$\varrho \frac{Dh}{Dt} - \frac{Dp}{Dt} = \Phi + \frac{\partial}{\partial x_i} \left(\lambda \frac{\partial T}{\partial x_i} \right). \tag{4.5}$$

Die Kontinuitätsgleichung enthält kein Materialgesetz und bleibt deshalb unverändert:

$$\frac{\partial \varrho}{\partial t} + \frac{\partial}{\partial x_i} (\varrho u_i) = 0. \tag{4.6}$$

4.1.2 Die Reynoldszahl

Eine der wichtigsten dimensionslosen Zahlen in der Strömungsmechanik ist die Reynoldszahl

$$\mathrm{Re} = \frac{\varrho U L}{\eta}, \tag{4.7}$$

wobei U die typische Geschwindigkeit, L die typische Länge und ϱ, η die Stoffgrößen der Flüssigkeit des betrachteten Problems sind. Die Reynoldszahl kann, bei Verwendung der typischen Größen, als das Verhältnis der Trägheitskraft zur Zähigkeitskraft in den Navier-Stokesschen Gleichungen angesehen werden. Betrachtet man zum Beispiel die Umströmung eines Körpers mit der typischen Länge L (bei einer Kugel ist das der Durchmesser d). Die Anströmgeschwindigkeit in die x_1-Richtung sei U und die Stoffgrößen ϱ, η der Flüssigkeit sind konstant. So erhält man

$$\text{als typisches Trägheitsglied} \quad \varrho u_1 \frac{\partial u_1}{\partial x_1} \sim \varrho U \frac{U}{L}$$

$$\text{als typisches Zähigkeitsglied} \quad \eta \frac{\partial^2 u_1}{\partial x_1^2} \sim \eta \frac{U}{L^2}$$

und damit

$$\Rightarrow \quad \frac{\varrho u_1 \frac{\partial u_1}{\partial x_1}}{\eta \frac{\partial^2 u_1}{\partial x_1^2}} \sim \frac{\varrho U \frac{U}{L}}{\eta \frac{U}{L^2}} = \frac{\varrho U L}{\eta} = \mathrm{Re}.$$

Die Reynoldszahl läßt nun folgende Interpretation zu: Für große Reynoldszahlen, z.B. durch $\eta \to 0$, können die Zähigkeitskräfte in den Navier-Stokesschen Gleichungen gegenüber den Trägheitskräften vernachlässigt werden und man gelangt so zu den Eulerschen Gleichungen, die die reibungsfreie Strömungen beschreiben (siehe Abschnitt 4.2, Seite 50). Wenn Reibungskräfte vernachlässigbar klein gegenüber Druckkräften sind, lassen sich in der Tat viele Umströmungsprobleme für große Reynoldszahlen im Rahmen der reibungsfreien Strömung näherungsweise beschreiben. Allerdings existiert immer eine körpernahe Grenzschicht in der die Strömung reibungsbehaftet ist. Diese Grenzschicht wird zwar mit zunehmender Reynoldszahl immer dünner, berechnet man jedoch die Widerstandskraft des Körpers, ohne die Reibung an der Körperoberfläche zu berücksichtigen, so führt das im allgemeinen zu völlig falschen Ergebnissen.

Bemerkung: Geht man von einer vorhandenen (analytischen) Lösung der Gleichung (4.2) für ein reibungsbehaftetes Umströmungsproblem aus, z.B. die Umströmung einer Kugel, und vollzieht nachträglich den Grenzübergang $\eta \to 0$. So stimmt diese Lösung im allgemeinen nicht mit der Lösung überein, die man erhalten hätte, wenn das Problem von vornherein reibungsfrei $\eta = 0$ mit Gleichung (4.2) gelöst worden wäre. Der Grund hierfür liegt in der Änderung der Ordnung der Bewegungsgleichung.

Eine weitere große Bedeutung hat die Reynoldszahl in der Modelltheoie. Hier stellt sich z.B. die Frage nach der Übertragbarkeit von an Modellen gewonnen Versuchsergebnissen auf die Strömungskonfiguration des Originals. Für inkompressible Strömungen in denen nur Trägheits- und Zähigkeitskräfte auftreten beantwortet dies das Reynoldsschen Ähnlichkeitsgesetz (Mechanische Ähnlichkeit): Wird beim Übergang vom Modell zum Original geometrisch ähnlicher Körper die Reynoldszahl konstant gehalten, indem die typischen Größen ϱ, U, L, η im Versuch angepasst werden, so lässt sich auch die Lösung des Strömungsproblem vom Modell auf das Original übertragen.

Der Widerstandsbeiwert einer Kugel vom Durchmesser d ist

$$c_W = \frac{W}{\frac{\varrho}{2}U^2 \frac{\pi}{4}d^2} \qquad (W \text{ bezeichnet die Widerstandskraft}). \qquad (4.8)$$

Mit dimensionsanalytischen Methoden läßt sich andererseits zeigen, dass der Widerstandsbeiwert als dimensionslose Größe nur von der dimensionslosen Reynoldszahl abhängt

$$c_W = c_W(\mathrm{Re}). \qquad (4.9)$$

Dieser Sachverhalt ist in der Abb. 4.1 dargestellt. Der Widerstandsbeiwert c_W aller Kugeln liegt für alle Variationen von U, d, ϱ, η als Funtion der Reynoldszahl auf genau einer Kurve. Diese Kurve kann in dem angegebenen Reynoldszahlbereich durch folgende Funktion angenähert werden

$$c_W = 0,4 + \frac{24}{\mathrm{Re}} + \frac{6}{1 + \sqrt{\mathrm{Re}}}. \qquad (4.10)$$

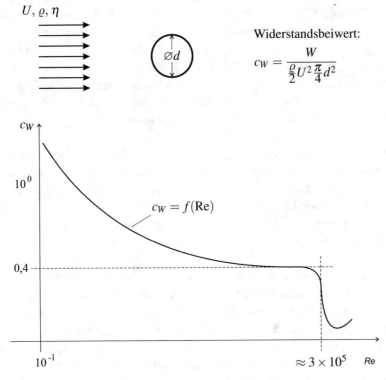

Abb. 4.1: Widerstandsbeiwert der Kugel

4.2 Reibungsfreie Strömungen

4.2.1 Eulersche Gleichung

Unter der Annahme reibungsfreier Flüssigkeit ($\eta = 0$) erhalten wir als Materialgesetz aus (3.7)

$$\tau_{ij} = -p\delta_{ij} \quad \Rightarrow \quad \frac{\partial \tau_{ij}}{\partial x_i} = -\frac{\partial p}{\partial x_j}. \qquad (4.11)$$

Eingesetzt in (2.13) ergibt die Eulersche Bewegungsgleichung für reibungsfreie Strömungen

$$\varrho \frac{\mathrm{D}\vec{u}}{\mathrm{D}t} = \varrho \vec{k} - \nabla p \quad \text{bzw.} \quad \varrho \frac{\mathrm{D}u_i}{\mathrm{D}t} = \varrho k_i - \frac{\partial p}{\partial x_i}. \tag{4.12}$$

4.2.2 Bernoullische Gleichung

Unter der Annahme, dass die Massenkraft $\vec{k}$ ein Potential ($\vec{k} = -\nabla \psi$) und ϱ eine eindeutige Funktion des Druckes p ist ($\varrho = \varrho(p)$), barotrope Strömung) kann man aus der Eulerschen Gleichung (4.12) für reibungsfreie Strömungen die Bernoullische Gleichung ableiten. Zu diesem Zweck wird die Gleichung (4.12) mit der Geschwindigkeit u_i multipliziert und anschließend längs einer Stromlinie s integriert (siehe (Spurk, 2004, Kapitel 4.2.2)). Man erhält so die Bernoullische Gleichung gültig längs einer Stromlinie

$$\int \frac{\partial u}{\partial t} \, \mathrm{d}s + \frac{u^2}{2} + \int \frac{\mathrm{d}p}{\varrho(p)} + \psi = C. \tag{4.13}$$

Die Integrationskonstante C ist auf jeder Stromlinie verschieden und $u = |\vec{u}| = (u_i u_i)^{1/2}$. Ist die Dichte $\varrho =$ konst. und ψ das Potential der Massenkraft der Schwere ($\psi = gx_3$) so lautet die Bernoulligleichung zwischen zwei Punkten auf derselben Stromlinie mit $x_3 = z$ gesetzt

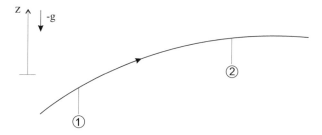

Abb. 4.2: Stromlinie

$$\varrho \int_1^2 \frac{\partial u}{\partial t} \, \mathrm{d}s + \frac{\varrho}{2}u_2^2 + p_2 + \varrho g z_2 = \frac{\varrho}{2}u_1^2 + p_1 + \varrho g z_1. \tag{4.14}$$

4.2.3 Bernoullische Gleichung für Potentialströmungen

Liegt eine Potentialströmung vor, d.h. rot $\vec{u} = 0$, so lässt sich mit

$$\frac{\partial u_i}{\partial x_j} = \frac{\partial u_j}{\partial x_i} \Leftrightarrow \operatorname{rot} \vec{u} = 0$$

die Eulersche Gleichung (4.12) umschreiben zu

$$\frac{\partial u_i}{\partial t} + \frac{\partial}{\partial x_i}\left[\frac{u_j u_j}{2}\right] + \frac{1}{\varrho}\frac{\partial p}{\partial x_i} + \frac{\partial \psi}{\partial x_i} = 0. \tag{4.15}$$

Unter Verwendung des Geschwindigkeitspotentials Φ ($u_i = \partial \Phi / \partial x_i$), der Annahme von Barotropie ($\frac{1}{\varrho}\frac{\partial p}{\partial x_i}\, dx_i = \frac{dp}{\varrho}$ ist ein totales Differential) und der Annahme, dass die Schwerkraft die einzige Massenkraft ist ($\psi = gx_3$) folgt durch Integration von (4.15) die Bernoullische Gleichung für Potentialströmungen

$$\frac{\partial \Phi}{\partial t} + \frac{1}{2}\frac{\partial \Phi}{\partial x_j}\frac{\partial \Phi}{\partial x_j} + \frac{p}{\varrho} + gx_3 = C(t). \tag{4.16}$$

Multiplikation von (4.15) mit dx_i bildet ein totales Differential, so dass die Integration von (4.15) vom Weg unabhängig ist. Gleichung (4.16) gilt daher nicht nur auf einer Stromlinie, sondern zwischen zwei beliebigen Punkten im Strömungsfeld. Die Funktion $C(t)$ ist im ganzen Feld gleich.

4.2.4 Bernoullische Gleichung im rotierenden Bezugssystem

Die Bernoullische Gleichung wird in Strömungsmaschinen benötigt, in denen Bezugssysteme verwendet werden, die mit gleichmäßiger Winkelgeschwindigkeit $\vec{\Omega}$ rotieren. Im Folgenden wird die Herleitung der Bernoullischen Gleichung für diese Systeme skizziert. Ausgehend von der Cauchyschen Bewegungsgleichung im beschleunigten System (2.21) und den Voraussetzungen

- $\varrho = \text{konst.}$ inkompressible Strömung
- $\nabla \cdot T = -\nabla p$ reibungsfreie Flüssigkeit
- $\vec{a} = 0$ keine Führungsbeschleunigung des Bezugssystems
- $D\vec{\Omega}/Dt = 0$ konstante Winkelgeschwindigkeit des Bezugssystems
- $\vec{k} = -\nabla \psi$ Massenkraft $\vec{k}$ besitzt ein Potential ψ

erhält man zunächst

$$\left[\frac{D\vec{w}}{Dt}\right]_B = \vec{k} - \frac{\nabla p}{\varrho} - \left[2\vec{\Omega} \times \vec{w} + \vec{\Omega} \times (\vec{\Omega} \times \vec{x})\right]. \tag{4.17}$$

Ersetzt man in (4.17) die materielle Ableitung und die Zentrifugalkraft durch die Identitäten

$$\left[\frac{D\vec{w}}{Dt}\right]_B = \left\{\frac{\partial \vec{w}}{\partial t} - \vec{w} \times (\nabla \times \vec{w}) + \nabla\left[\frac{\vec{w} \cdot \vec{w}}{2}\right]\right\} \tag{4.18}$$

$$\vec{\Omega} \times (\vec{\Omega} \times \vec{x}) = -\nabla \left[\frac{1}{2} \left(\vec{\Omega} \times \vec{x} \right)^2 \right] \tag{4.19}$$

und integriert die entstehende Gleichung längs einer Stromlinie mit dem Wegelement $d\vec{x}$ ($|d\vec{x}| = ds$) im rotierenden Bezugssystem. So wird man unter Berücksichtigung folgender Eigenschaften der Strömung

- $\dfrac{d\vec{x}}{ds} = \dfrac{\vec{w}}{|\vec{w}|}$ DGL. der Stromlinie im rotierenden Bezugssystem
-        d.h. $d\vec{x} \parallel \vec{w}$ im rotierenden Bezugssystem
- $[\vec{w} \times (\nabla \times \vec{w})] \cdot d\vec{x} = 0$ da $d\vec{x} \parallel \vec{w}$ ist, gilt $d\vec{x} \perp [\vec{w} \times (\nabla \times \vec{w})]$
- $\left[2\vec{\Omega} \times \vec{w} \right] \cdot d\vec{x} = 0$ Corioliskraft liefert keinen Beitrag in Stromlinienrichtung

zunächst auf folgende Gleichung geführt

$$\int \frac{\partial \vec{w}}{\partial t} \cdot d\vec{x} + \int \underbrace{\left\{ \nabla \left[\frac{\vec{w} \cdot \vec{w}}{2} - \frac{1}{2} \left(\vec{\Omega} \times \vec{x} \right)^2 + \psi \right] + \frac{1}{\varrho} \nabla p \right\} \cdot d\vec{x}}_{= \nabla f \cdot d\vec{x} = df} = 0. \tag{4.20}$$

Im zweiten Integral von (4.20) steht das totale Differential einer Funktion f, das Integral liefert also die Funktion f selbst. Mit der Beziehung

$$\frac{\partial \vec{w}}{\partial t} \cdot d\vec{x} = \frac{\partial \vec{w}}{\partial t} \cdot \frac{\vec{w}}{|\vec{w}|} ds = \frac{\partial}{\partial t} \left(\frac{w^2}{2} \right) \frac{ds}{|\vec{w}|} = \frac{\partial w}{\partial t} \cdot ds \tag{4.21}$$

(mit $w = |\vec{w}|$ als Betrag der Relativgeschwindigkeit und s als Bahnparameter)

führt die Integration von (4.20) längs einer Stromlinie auf die Bernoullische Gleichung im rotierenden Bezugssystem

$$\int \frac{\partial w}{\partial t} ds + \frac{\vec{w} \cdot \vec{w}}{2} - \left(\frac{1}{2} \vec{\Omega} \times \vec{x} \right)^2 + \frac{p}{\varrho} + \psi = C(t). \tag{4.22}$$

Spezialisiert man (4.22) für ein Bezugssystem indem $\vec{\Omega} \parallel \vec{e}_z$, $\vec{k} = -g\vec{e}_z \Rightarrow \psi = gz$ und $\vec{x} = r\vec{e}_r + z\vec{e}_z$ mit $r^2 = x^2 + y^2$ ist,
so ergibt sich die Bernoulligleichung im rotierenden System zu

$$\varrho \int \frac{\partial w}{\partial t} ds + \frac{\varrho}{2} w^2 + p + \varrho g z - \frac{1}{2} \Omega^2 r^2 = C(t). \tag{4.23}$$

Zwischen zwei Punkten auf ein und derselben Stromlinie gilt

$$\varrho \int_1^2 \frac{\partial w}{\partial t} ds + \frac{\varrho}{2} w_2^2 + p_2 + \varrho g z_2 - \frac{\varrho}{2} \Omega^2 r_2^2$$

$$= \frac{\varrho}{2} w_1^2 + p_1 + \varrho g z_1 - \frac{\varrho}{2} \Omega^2 r_1^2. \tag{4.24}$$

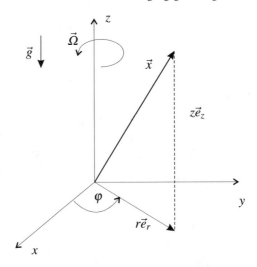

Abb. 4.3: Rotierendes Bezugssystem

4.2.5 Wirbelsätze

Die Wirbelsätze ergeben sich durch Integration der Eulerschen Gleichung und sind daher, wie die Bernoullische Gleichung, Erhaltungssätze. Für eine geschlossene materielle Linie $C(t)$, die sich in einem Strömungsfeld bewegen kann, lautet die Definition der Zirkulation

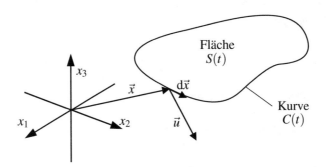

Abb. 4.4: Definition der Zirkulation

Γ dieser Linie

$$\Gamma = \oint_{C(t)} \vec{u} \cdot \mathrm{d}\vec{x}. \tag{4.25}$$

Bilden wir die zeitliche Änderung von (4.25)

$$\frac{D\Gamma}{Dt} = \oint_{C(t)} \frac{D\vec{u}}{Dt} \cdot d\vec{x} + \underbrace{\oint_{C(t)} \vec{u} \cdot d\vec{u}}_{=0} \tag{4.26}$$

und setzen die Eulersche Gleichung (4.12) ein, so ergibt sich unter folgenden Voraussetzungen der Thomsonsche Wirbelsatz (Kelvinsches Zirkulationstheorem):
„In barotropen, reibungsfreien Strömungen bleibt die Zirkulation einer materiellen Linie für alle Zeiten konstant, wenn die Massenkraft ein Potential hat", d.h.

$$\frac{D\Gamma}{Dt} = 0. \tag{4.27}$$

Dieser Satz ist Ausgangspunkt für die Formulierung der Helmholtzschen Wirbelsätze über Wirbelröhren. In wirbelbehafteter Strömung wird rot $\vec{u}$ als Wirbelvektor bezeichnet. Die Integralkurven an die Wirbelvektoren bilden die Wirbellinien. Ist $C(t)$ eine doppelpunktfreie geschlossene materielle Linie, mit nicht verschwindender Zirkulation so bilden die durch diese Linie laufenden Wirbellinien die Mantelfläche einer Wirbelröhre.

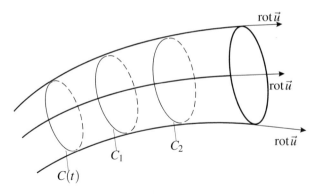

Abb. 4.5: Wirbelröhre

Erster Helmholtzscher Wirbelsatz:

„Die Zirkulation einer Wirbelröhre ist längs dieser Röhre konstant."

D.h. alle Kurven, die die Mantelfläche im gleichen Umlaufsinn durchlaufen haben die gleiche Zirkulation (siehe Abb. 4.5)

$$\Gamma = \oint_{C_1} \vec{u} \cdot dx = \oint_{C_2} \vec{u} \cdot d\vec{x}. \tag{4.28}$$

Die Zirkulation Γ läßt sich nach dem Stokesschen Satz auch durch ein Flächenintegral ausdrücken. Sei C eine geschlossene Kurve die die Fläche A entgegen dem Uhrzeigersinn umrandet, dann gilt:

$$\Gamma = \oint_C \vec{u} \cdot \mathrm{d}x = \iint_A \mathrm{rot}\,\vec{u} \cdot \vec{n}\;\mathrm{d}S. \tag{4.29}$$

Mit (4.29) können wir den zweiten Helmholtzschen Wirbelsatz beweisen:

„Eine Wirbelröhre besteht immer aus denselben Flüssigkeitsteilchen."

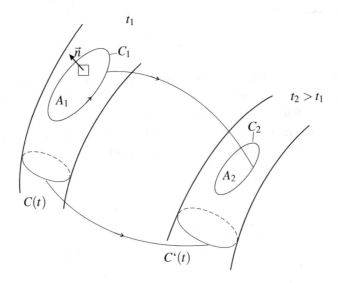

Abb. 4.6: Zum zweiten Helmholtzschen Satz

Wir betrachten in Abb. 4.6 die materielle Kurve $C_1(t)$ (umschließt die Fläche A_1), die zur Zeit t_1 auf der Mantelfläche der Wirbelröhre liegt. Es gilt

$$\Gamma_1 = \oint_{C_1(t)} \vec{u} \cdot \mathrm{d}\vec{x} = \iint_{A_1} \underbrace{\mathrm{rot}\,\vec{u} \cdot \vec{n}}_{=0\,\text{da}\,\vec{n}\,\perp\,\mathrm{rot}\,\vec{u}}\;\mathrm{d}S = 0.$$

$C_1(t)$ geht zur Zeit $t_2 > t_1$ in die materielle Kurve $C_2(t)$ über. Nach Kelvin $\mathrm{D}\Gamma/\mathrm{D}t = 0$ folgt daher auch

$$\Gamma = \oint_{C_2(t)} \vec{u} \cdot \mathrm{d}\vec{x} = \iint_{A_2} \mathrm{rot}\,\vec{u} \cdot \vec{n}\;\mathrm{d}S \overset{!}{=} 0$$

Da $C_1(t)$ und damit auch A_2 beliebig ist, folgt $\mathrm{rot}\,\vec{u} \cdot \vec{n} = 0$, d.h. $\mathrm{rot}\,\vec{u} \perp \vec{n}$ für alle möglichen Flächen A_2. Das bedeutet $\mathrm{rot}\,\vec{u}$ tangiert die Mantelfläche einer Wirbelröhre.

Dritter Helmholtzsche Wirbelsatz:

„Die Zirkulation einer Wirbelröhre bleibt zeitlich konstant."

Die die Wirbelröhre in Abb. 4.6 umschließende materielle Kurve $C(t)$ geht zur Zeit t_2 in die Kurve $C'(t)$ über. Wendet man hierauf den zweiten Helmholtzschen und den Kelvinschen (Thompsonschen) Satz an, so ergibt sich die Aussage unmittelbar.

4.2.6 Wirbelfaden

Unter einem Wirbelfaden versteht man das idealisierte Bild einer Wirbelröhre mit infinitesimal kleiner Querschnittsfläche ΔS. Nach dem ersten Helmholtzschen Satz und (4.29) gilt dann näherungsweise $\mathrm{rot}\,\vec{u} \cdot \vec{n}\,\Delta S = \mathrm{konst.}$, d.h. bei Verkleinerung der Querschnittsfläche wächst die Wirbelstärke $\mathrm{rot}\,\vec{u}$ (siehe Abb. 4.7).

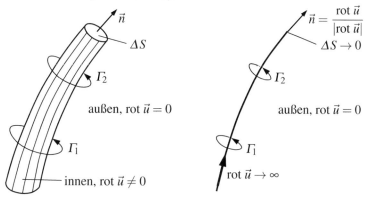

Abb. 4.7: Wirbelröhre (links) und Wirbelfaden (rechts)

Ist der Wirbelfaden alleinige Ursache für ein Strömungsfeld, so induziert er an einem Ort $P(\vec{x})$ außerhalb des Fadens das Geschwindigkeitsfeld $\vec{u}(\vec{x})$ nach dem Biot Savartschen Gesetz (4.30)

$$\vec{u}(\vec{x}) = \frac{\Gamma}{4\pi} \int\limits_C \frac{\mathrm{d}\vec{x'} \times \vec{r}}{|\vec{r}|^3} . \tag{4.30}$$

Die Integration von (4.30) für einen geraden Wirbelfadens liefert folgende Ergebnisse

- Endlich langer, gerader Wirbelfaden ($a = |\vec{a}|$):

$$|\vec{u}| = \frac{\Gamma}{4\pi a}\left(\cos\varphi_1 - \cos\varphi_2\right) \tag{4.31}$$

- Halbunendlich langer, gerader Wirbelfaden (für $\varphi_1 = 0$ und $\varphi_2 = \pi/2$):

$$|\vec{u_R}| = \frac{\Gamma}{4\pi a} \tag{4.32}$$

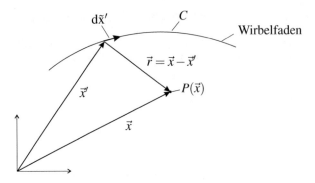

Abb. 4.8: Wirbelfaden

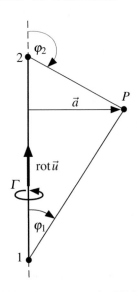

Abb. 4.9: Endlich langer, gerader Wirbelfaden

- Unendlich langer, gerader Wirbelfaden (für $\varphi_1 = 0$ und $\varphi_2 = \pi$):

$$|\vec{u_R}| = \frac{\Gamma}{2\pi a} \tag{4.33}$$

Die Richtung $\vec{u}/|\vec{u}|$ der induzierten Geschwindigkeit ist

$$\frac{\vec{u}}{|\vec{u}|} = \frac{\text{rot } \vec{u}}{|\text{rot } \vec{u}|} \times \frac{\vec{a}}{|\vec{a}|}, \tag{4.34}$$

wobei rot $\vec{u}/|\text{rot } \vec{u}|$ die Richtung des Wirbelfadens ist.

Superposition: Befinden sich mehrere unendlich lange, gerade Wirbelfäden in einer Flüssigkeit, so erhält man die Geschwindigkeit in einem Punkt an dem sich kein Wirbel befindet,

durch Summation aller in diesem Punkt durch die Einzelwirbel induzierten Geschwindigkeiten (Superpositionsprinzip). Bei der Ermittlung der Geschwindigkeit an einem Ort an
dem sich ein Wirbel befindet, bleibt dieser Wirbel in der Summation unberücksichtigt. Der
unendlich lange gerade Wirbelfaden induziert keine Geschwindigkeit auf sich selbst!
Spiegelungsprinzip: Ein einzelner Wirbel (Γ_1) in einer unendlich ausgedehnten Flüssigkeit
bleibt in Ruhe, ein gerader Wirbel erzeugt auf sich selbst keine Geschwindigkeit. In einem
beliebigen Punkt P induziert er die Geschwindigkeit $\vec{u}_1 = \vec{u}_{1_p} + \vec{u}_{1_n}$ (s. Abb. 4.10 links
Bild). Befindet er sich jedoch in der Nähe einer festen Wand, so bewegt er sich parallel zu
dieser Wand.

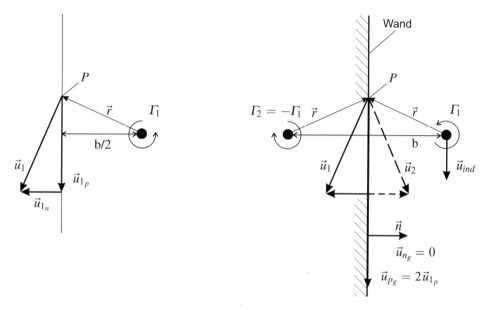

Abb. 4.10: Spiegelungsprinzip. Die induzierte Geschwindigkeit des Wirbels Γ_1 im Punkt
P, links ohne Wand und rechts bei vorhandener Wand.

Die Bewegung des Wirbels läßt sich mit dem Spiegelungsprinzip erklären (s. Abb. 4.10
rechtes Bild): An der festen Wand muss das Geschwindigkeitsfeld in jedem belieben Punkt
P die kinematische Randbedingung $\vec{u} \cdot \vec{n}|_{\text{Wand}} = 0$ erfüllen, d.h. die Wand wird nicht durchströmt. Dieses wird erreicht, indem der Wirbel Γ_1 mit gleicher Stärke und entgegengesetz-
ter Drehrichtung an der Wand gespiegelt wird. Dadurch erhält man einen zweiten Wirbel $\Gamma_2 = -\Gamma_1$ der ein Geschwindigkeitsfeld induziert, in dem sich beide wand-normalen
Geschwindigkeitskomponenten aufheben, $\vec{u}_{n_g}|_{\text{Wand}} = 0$. Die wand-parallele Geschwindig-
keitskomponente verdoppelt sich dabei zu $\vec{u}_{p_g}|_{\text{Wand}} = 2\vec{u}_{1_p}$ mit dem Betrag

$$|\vec{u}_{p_g}| = \frac{2\Gamma_1}{\pi b}.$$

In diesem Modell bewegen sich beide Wirbel mit gleicher Geschwindigkeit $\vec{u}_{ind}$ parallel zur Wand

$$|\vec{u}_{ind}| = \frac{\Gamma_1}{2\pi b}, \quad b \,\hat{=}\, \text{Abstand der Wirbel von einander.}$$

4.3 Aufgaben für Newtonsche Flüssigkeiten

Aufgabe 4.1. Filmströmung an Wand

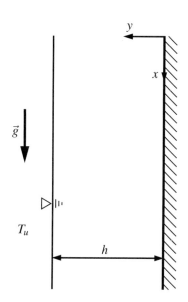

An einer in x- und z-Richtung unendlich ausgedehnten Wand strömt eine Newtonsche Flüssigkeit (mit ϱ, η =konst.) herunter. Die Strömung
ist stationär, laminar und eben. Der Flüssigkeitsfilm habe die konstante Dicke h. Die Reibungsspannungen zwischen Flüssigkeit und Umgebung
($y = h$) können vernachlässigt werden. Die Temperatur der Umgebung ist T_u. Die Wand ($y = 0$) ist
adiabat und die Änderung der inneren Energie der
inkompressiblen Flüssigkeit ist vernachlässigbar.
Die u Komponente in x-Richtung des Geschwindigkeitsfeldes ist:

$$u(y) = \frac{\varrho g h^2}{2\eta} \left(2 - \frac{y}{h}\right) \frac{y}{h}$$

a) Berechnen Sie die v Komponente des Geschwindigkeitsfeldes.
b) Berechnen Sie den Volumenstrom $\dot{V}$ pro Tiefeneinheit der Flüssigkeit.
c) Berechnen Sie die Dissipationsfunktion Φ, sowie die pro Längen- und Tiefeneinheit
   dissipierte Leistung P.
d) Berechnen Sie die Temperaturverteilung $T(y)$ in der Flüssigkeit.
e) Zeigen Sie, dass die durch Gravitation verrichtete Leistung der Dissipationsleistung
   entspricht.

Geg.: $\varrho, h, \eta, \lambda, \vec{g} = g\vec{e}_x, T_u$.

Lösung auf Seite 195

Aufgabe 4.2. Strömung um eine mit Öl geschmierte Welle

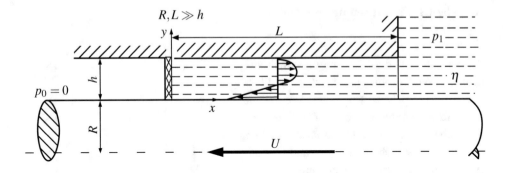

Eine Welle (Radius R) wird mit konstanter Geschwindigkeit U aus einem mit Öl (Viskosität η) gefüllten Maschinengehäuse gezogen. An der Stelle $x = 0$ der Wellenbohrung verhindert eine Dichtung Ölverlust. Links von der Dichtung herrscht der Umgebungsdruck $p_0 = 0$. Die Abmessung des ölgefüllten Ringspaltes zwischen Welle und Bohrung in x–Richtung (Tiefe L) ist sehr viel größer als die in y–Richtung (Spalthöhe h). Daher kann die Strömung im Ringspalt auf der ganzen Länge L ($0 \leq x \leq L$) näherungsweise als stationäre Schichtenströmung behandelt werden. Wegen $h \ll R$ kann der Ringspalt abgewickelt werden und die Strömung als ebene Strömung in der (x, y)-Ebene betrachtet werden: $u = u(y)$. Die Abmessung des Spaltes in z-Richtung (senkrecht zur Zeichenebene) beträgt dann $2\pi R$.

a) Wie groß ist $u(0)$ und $u(h)$?
b) Wie lauten die vereinfachten Navier-Stokesschen Gleichungen im abgewickelten Ringspalt?
c) Berechnen Sie die Geschwindigkeitsverteilung für zunächst als bekannt angenommenen Druckgradienten $\mathrm{d}p/\mathrm{d}x$.
d) Es fließt kein Öl an der Dichtung vorbei, d.h. der Leckvolumenstrom ist Null. Bestimmen Sie damit den Druckgradienten $\mathrm{d}p/\mathrm{d}x$.
e) Welcher Druck herrscht unmittelbar rechts von der Dichtung, wenn für $x \geq L$ der Druck konstant p_i ist.
f) Welche Kraft F_x in x-Richtung wirkt auf die Dichtung?

Geg.: $U, \eta, h, R, L, p_i, p_0 = 0$.

Lösung auf Seite 196

Aufgabe 4.3. Strömung in porösem Kanal

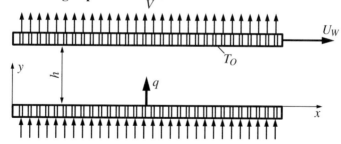

Betrachtet wird ein in x- und z-Richtung unendlich ausgedehnter Kanal der Höhe h, in dem sich eine Newtonsche Flüssigkeit befindet. Die obere Kanalwand bewegt sich mit konstanter Geschwindigkeit U_W in die positive x-Richtung. Die untere Kanalwand ist fest. Über die porösen Begrenzungswände des Kanals wird oben Flüssigkeit mit konstanter Geschwindigkeit V abgesaugt, die unten nachfließen kann. Der Druck im Kanal ist konstant, p=konst. Wegen der in x- und z-Richtung unendlichen Ausdehnung des Kanals ist das Geschwindigkeits- und Temperaturfeld nur eine Funktion von y. Die Strömung kann als ebene Strömung in der (x,y)-Ebene behandelt werden. Die Strömung ist stationär, die Dichte ϱ und die Viskosität η sind konstant, Volumenkräfte sind zu vernachlässigen.
Über die untere Wand wird der Flüssigkeit der Wärmestrom q zugeführt. Die obere Wand hat die Temperatur T_O. Die Wärmeerzeugung durch Dissipation kann in der Energiegleichung vernachlässigt werden.

a) Berechnen Sie aus der Kontinuitätsgleichung die Geschwindigkeitskomponente v in y-Richtung.

b) Geben Sie die vereinfachten x- und y-Komponenten der Navier-Stokesschen Gleichungen für diese Strömung an.

c) Berechnen Sie die Geschwindigkeitskomponente $u(y)$.

d) Die Energiegleichung lautet:

$$\varrho \frac{\mathrm{D}e}{\mathrm{D}t} - \frac{p}{\varrho} \frac{\mathrm{D}\varrho}{\mathrm{D}t} = \Phi + \frac{\partial}{\partial x} \left(\lambda \frac{\partial T}{\partial x} \right) + \frac{\partial}{\partial y} \left(\lambda \frac{\partial T}{\partial y} \right),$$

mit $e = cT$, wobei c die spezifische Wärmekapazität der Flüssigkeit ist. Vereinfachen Sie die Energiegleichung für diese Strömung unter der zusätzlichen Voraussetzung, dass die Wärmeleitfähigkeit durch die Funktion $\lambda = \lambda_0 + \varrho c V y$ gegeben ist.

e) Berechnen Sie die Temperaturverteilung im Kanal.

Geg.: $\varrho, \eta, \Rightarrow v = \eta/\varrho, V, U_W, c, \lambda_0, q, T_O$.

Lösung auf Seite 197

Aufgabe 4.4. Luftströmungen durch Erdrotation

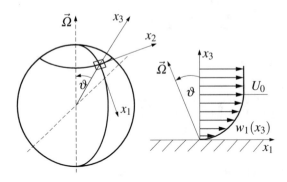

Auf der Nordhalbkugel soll der Einfluss der Erdrotation (Winkelgeschwindigkeit $\vec{\Omega}$ = konst.) auf die Luftströmung im eingezeichneten erdfesten, also beschleunigten Koordinatensystem berechnet werden. Nahe der Erdoberfläche macht sich die Haftbedingung bemerkbar, die Strömung ist hier reibungsbehaftet.

Vom Geschwindigkeitsfeld ist bekannt, dass es eben ist und nur von x_3 abhängt: $w_1(x_3) \neq 0$, $w_2(x_3) \neq 0$, $w_3 = 0$. Die Dichte ϱ und die Viskosität η der Luft können als konstant angesehen werden. Volumenkräfte sind zu vernachlässigen. Die Änderung der Relativgeschwindigkeit in der Cauchyschen Bewegungsgleichung ist im rotierenden Koordinatensystem $[\mathrm{D}\vec{w}/\mathrm{D}t]_B = 0$, so dass sich die Divergenz des Spannungstensors und die Corioliskraft im Gleichgewicht befinden:

$$0 = \nabla \cdot \mathbf{T} - 2\varrho\,\vec{\Omega} \times \vec{w}, \quad \text{bzw. in Indexnotation} \quad 0 = \frac{\partial \tau_{ji}}{\partial x_j} - 2\varrho\,\varepsilon_{ijk}\,\Omega_j w_k;$$

mit $\tau_{ji} = -p\,\delta_{ji} + 2\eta\,e_{ji}$ als Materialgesetz.

a) Zerlegen sie die Rotation $\vec{\Omega}$ für einen beliebigen Punkt im beschleunigten Koordinatensystem in seine Komponenten Ω_i, $i = 1,2,3$, wobei $\Omega = |\vec{\Omega}|$ der Betrag der Winkelgeschwindigkeit ist.

b) Wie lauten die x_1- und x_2-Komponenten der Corioliskraft (pro Volumeneinheit)?

c) Wie lauten die Komponenten des Dehnungsgeschwindigkeitstensors e_{ij}?

d) Vereinfachen Sie mit den gegebenen Eigenschaften des Geschwindigkeitsfeldes die erste und zweite Komponente ($i = 1$ und $i = 2$) der Cauchyschen Bewegungsgleichung, wenn zusätzlich $\partial p/\partial x_1 = 0$ gilt.

e) Berechnen Sie $w_2(x_3)$ und $\partial p/\partial x_2$, wenn die Geschwindigkeitskomponente (rechtes Bild)

$$w_1(x_3) = U_0 \left[1 - \exp(-\frac{x_3}{a})\cos\left(\frac{x_3}{a}\right)\right], \quad \text{mit } a = \left(\frac{\eta}{\varrho\,\Omega_3}\right)^{1/2}$$

gegeben ist.

Geg.: ϑ, $\Omega = |\vec{\Omega}|$, ϱ, η, U_0.

Lösung auf Seite 199

Aufgabe 4.5. Strömung auf geneigtem Transportband

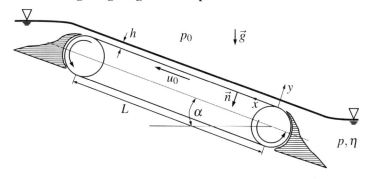

Die abgebildete Konstruktion dient zur Förderung von Öl (Newtonsche Flüssigkeit, Dichte ϱ, dynamische Zähigkeit η). Das um den Winkel α geneigte Transportband wird von 2 Walzen angetrieben, so dass es sich mit der konstanten Geschwindigkeit u_0 bewegt. Das Band hat die Breite b. Da die Länge des Bandes sehr viel größer ist als der Radius der Walzen ist, kann der gekrümmte Teil der Förderstrecke vernachlässigt und für die Berechnungen nur die Strecke L berücksichtigt werden. Vereinfachend wird angenommen, dass auf der Strecke L eine ebene, laminare, stationäre Schichtenströmung konstanter Dicke h vorliegt. Die Strömungsgrößen sind nur Funktionen von y. Gegeben ist das Geschwindigkeits- und das Druckfeld in der Form

$$u(y) = \frac{\varrho}{2\eta} g \sin\alpha \, y^2 + C_1 y + C_2$$
$$v = 0$$
$$w = 0$$
$$p(y) = -\varrho g \cos\alpha \, y + C$$

gegeben. C_1, C_2 und C sind noch zu bestimmende Integrationskonstanten. Reibung zwischen Flüssigkeit und Umgebungsluft kann vernachlässigt werden.

a) Wie lauten die Randbedingungen für das Geschwindigkeitsfeld $u(y)$ und für das Druckfeld $p(y)$. Bestimmen Sie damit die Integrationskonstanten.

b) Wie groß muss u_0 mindestens sein, damit überhaupt Öl nach oben transportiert wird?

c) Bestimmen Sie für den Grenzfall in dem kein Öl transportiert $\dot{V} = 0$ wird, die sich einstellende Schichtdicke h. Wie groß ist in diesem Fall die Geschwindigkeit an der freien Oberfläche ($y = h$). Zeichnen Sie qualitativ das Geschwindigkeitsprofil.

d) Wie lautet die x-Komponente t_x des Spannungsvektors $\vec{t}$ auf der Transportbandfläche, wenn der Normalenvektor aus der Flüssigkeit heraus zeigt.
   Berechnen Sie damit die notwendige Leistung, um im Grenzfall $\dot{V} = 0$ das Band mit der Geschwindigkeit u_0 zu bewegen.

Geg.: ϱ, η, p_0, L, b, h, u_0, g, α.

Lösung auf Seite 201

Aufgabe 4.6. Flüssigkeitsfilm an Draht

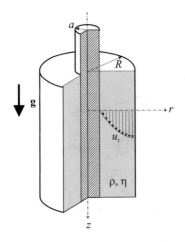

Ein langer vertikaler Draht mit dem Radius a wird von einem Flüssigkeitsfilm mit dem Radius R benetzt. Die Dichte ϱ und die dynamische Zähigkeit η der Newtonschen Flüssigkeit sind konstant. Der Film fließt unter der Wirkung der Schwerkraft nach unten. Außerhalb des Flüssigkeitsfilms kann der Umgebungsdruck zu $p_0 = 0$ gesetzt werden. Die Reibung zwischen Flüssigkeit und Umgebungsluft ist ebenfalls zu vernachlässigen ($\eta_{Luft} = 0$).

Im betrachteten Bereich konstanter (!) Filmschichtdicke stellt sich eine stationäre, achsensymmetrische Schichtenströmung ($\partial/\partial\varphi = 0$, $u_\varphi = 0$) ein. Die Geschwindigkeitskomponenten sind keine Funktionen der z-Koordinate. Es sind Zylinderkoordinaten zu verwenden.

a) Wie lauten die Randbedingungen zur Bestimmung des Geschwindigkeitsfeldes?

b) Bestimmen Sie die u_r-Komponente des Geschwindigkeitsfeldes durch Vereinfachung der Kontinuitätsgleichung.

c) Ermitteln Sie aus der r-Komponente der Navier-Stokesschen Gleichungen die Druckverteilung im Flüssigkeitsfilm.

d) Bestimmen Sie die Geschwindigkeitskomponente u_z aus der z-Komponente der Navier-Stokesschen Gleichungen und den Randbedingungen aus a).

Hinweis, es gilt folgende Identität:

$$\frac{\partial^2 u_z}{\partial r^2} + \frac{1}{r}\frac{\partial u_z}{\partial r} = \frac{1}{r}\frac{\partial}{\partial r}\left(r\frac{\partial u_z}{\partial r}\right).$$

Geg.: ϱ, η, a, R, $k_r = 0$, $k_\varphi = 0$, $\vec{k} = g\vec{e}_z$.

Lösung auf Seite 202

Aufgabe 4.7. Kühlung eines Flugkörpers

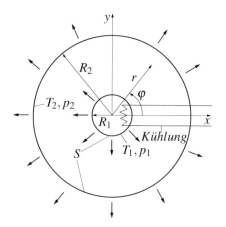

Die zylindrische Außenhaut $r = R_2$ eines Flugkörpers wird durch Luftkühlung auf konstanter Temperatur T_2 gehalten. Die Zylinderwände sind senkrecht zur Zeichenebene unendlich ausgedehnt, sie sind durchlässig (porös) und als unendlich dünn anzusehen. Der innere Zylinder wird durch Kühlung (Wärmeabfuhr) auf der niedrigeren Temperatur T_1 gehalten.

Luft mit dem Volumenstrom $\dot{V}$ (pro Tiefeneinheit) strömt radial vom inneren zum äußeren Zylinder. Die Strömung zwischen den Zylinderflächen ist eben und stationär. Die Dichte ϱ ist konstant. Volumenkräfte treten nicht auf. Das Geschwindigkeits- und das Temperaturfeld hängt nur von der r-Koordinate ab. Die Geschwindigkeitskomponenten $u_\varphi = 0$ und $u_z = 0$ sind gegeben.

a) Berechnen Sie mit Hilfe der Kontinuitätsgleichung die Geschwindigkeitskomponente $u_r(r)$ zwischen den Zylindern. Der Volumenstrom $\dot{V}$ ist gegeben.

b) Vereinfachen Sie die r-Komponente der Navier-Stokesschen Gleichungen und berechnen Sie die Druckverteilung $p(r)$ zwischen den Zylindern und die Druckdifferenz $p_2 - p_1$.

c) Die Erwärmung der Luft durch Reibungsspannungen kann vernachlässigt werden, damit vereinfacht sich die Energiegleichung zur Bestimmung der Temperaturverteilung $T(r)$ zu

$$\varrho\, c_v\, u_r \frac{\mathrm{d}T}{\mathrm{d}r} = \frac{\lambda}{r} \frac{\mathrm{d}}{\mathrm{d}r}\left(r \frac{\mathrm{d}T}{\mathrm{d}r} \right) .$$

Ermitteln Sie den Temperaturgradienten auf den beiden Zylinderoberflächen. Die Integrationskonstante kann hierbei unbestimmt bleiben. Berechnen Sie die über die gesamte Oberfläche S dem Zwischenraum zu- bzw. abgeführte Wärmemenge pro Zeit- und Tiefeneinheit:

$$\dot{Q} = - \iint\limits_S \vec{q} \cdot \vec{n}\, \mathrm{d}S .$$

Geg: $\dot{V}$, ϱ, R_1, R_2, p_1, T_1, T_2, λ, c_v.

Lösung auf Seite 203

Aufgabe 4.8. Kunststoffrohrherstellung in Schleudervorrichtung

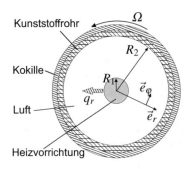

Eine Schleudervorrichtung zur Herstellung von Kunststoffrohren besteht aus einer rotierenden Kokille und einer feststehenden Heizvorrichtung. Das Kunststoffrohr rotiert zusammen mit der Kokille mit einer Winkelgeschwindigkeit Ω. Die Heizvorrichtung (Radius R_1) führt den konstanten Wärmestrom q_{R_1} zu.

Es wird das Geschwindigkeitsfeld der Luft, die sich zwischen Heizvorrichtung und Kunststoffrohr befindet, betrachtet:

$$u_r = 0, \quad u_\varphi = A\,r + \frac{B}{r}, \quad u_z = 0\,.$$

Die absoluten Konstanten A und B sollen für die Aufgabenteile a), b) und c) als bekannt angenommen werden. Volumenkräfte können vernachlässigt werden. Die Strömung ist stationär, eben und rotationssymmetrisch. Bei der Luft handelt es sich um ein Newtonsche Fluid. Das Problem ist in Zylinderkoordinaten zu behandeln.

a) Bestimmen Sie die Konstanten A und B des Geschwindigkeitsfeldes.
b) Berechnen Sie die einzige von Null verschiedene Komponente $e_{r\varphi}$ des Deformationsgeschwindigkeitstensors.
c) Wie lautet die Dissipationsfunktion Φ.
d) Ermitteln Sie die Funktion des Temperaturgradienten

$$\frac{\partial T}{\partial r}(r)$$

zwischen R_1 und R_2, mit der Energiegleichung für die vorliegende Schichtenströmung in Zylinderkoordinaten:

$$0 = \Phi + \frac{\lambda}{r}\left[\frac{\partial}{\partial r}\left(r\frac{\partial T}{\partial r}\right)\right]\,.$$

Bestimmen Sie die auftretende Integrationskonstante mit dem Fourierschen Wärmeleitungsgesetz:

$$q_r = -\lambda\,\frac{\partial T}{\partial r}\,.$$

Geg.: $R_1, R_2, \Omega, q_{R_1}, \lambda, \eta$.

Lösung auf Seite 205

Aufgabe 4.9. Spin-coating

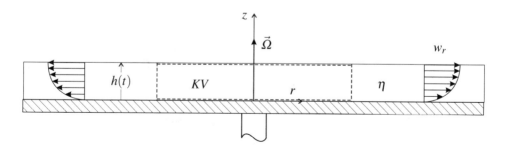

Auf einer mit konstanter Winkelgeschwindigkeit $\vec{\Omega} = \Omega\,\vec{e}_z$ rotierenden Scheibe befindet sich ein sehr zäher, inkompressibler Flüssigkeitsfilm (η, ϱ = konst.). Die Flüssigkeit rotiert mit der Scheibe. Im mitrotierenden System wirkt auf die Flüssigkeit die Scheinkraft $\varrho\vec{f} = -\varrho[2\vec{\Omega} \times \vec{w} + \vec{\Omega} \times (\vec{\Omega} \times \vec{x})]$. Hier soll es sich um eine „schleichende Bewegung" handeln, das heißt in den Navier-Stokesschen Gleichungen können die Beschleunigungsterme (linke Seite) näherungsweise gegen die Zähigkeitsterme vernachlässigt werden. Die Strömung ist rotationssymmetrisch $\partial/\partial\varphi = 0$, für den Druckgradienten gilt $\partial p/\partial r = 0$. Die vereinfachte r-Komponente im mitrotierenden System lautet somit

$$0 = \varrho\vec{f} \cdot \vec{e}_r + \eta \left\{ \frac{\partial^2 w_r}{\partial r^2} + \frac{1}{r}\frac{\partial w_r}{\partial r} - \frac{w_r}{r^2} + \frac{\partial^2 w_r}{\partial z^2} \right\}.$$

Die Filmdicke auf der Scheibe ist nur eine Funktion der Zeit $h = h(t)$. Von den Komponenten der Relativgeschwindigkeit $\vec{w}$ ist folgendes bekannt:

$$w_r = g(r)\left(2 - \frac{z}{h}\right)\frac{z}{h}, \quad g(r) \text{ unbestimmt}$$

$$w_\varphi = 0$$

$$w_z = w_z(z) \quad \text{unbestimmt}$$

a) Bestimmen Sie die Funktion $g(r)$ und damit w_r durch Anwendung der Kontinuitätsgleichung in integraler Form auf das eingezeichnete Kontrollvolumen. Hierfür ist $h(t)$ und $dh/dt = w_z(h)$ zunächst als gegeben anzunehmen.
b) Bestimmen Sie die r-Komponente der Scheinkräfte $\varrho\vec{f} \cdot \vec{e}_r$.
c) Leiten Sie aus der r-Komponente der Navier-Stokesschen Gleichungen eine gewöhnliche Differentialgleichung für $h(t)$ her.
d) Bestimmen Sie die Filmdicke $h(t)$ mit der Anfangsbedingung $h(t = 0) = h_0$.

Geg.: Ω, η, ϱ, h_0.

Lösung auf Seite 206

Aufgabe 4.10. Wasserfilm auf Hausdach

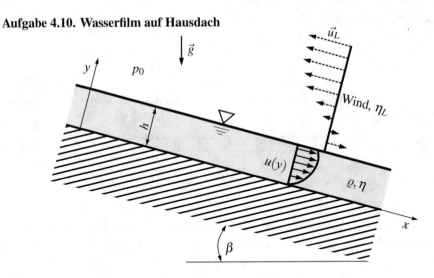

Auf dem unter einem Winkel β angestellten Dach eines Hauses strömt Regenwasser konstanter Dichte ϱ und konstanter dynamischer Viskosität η unter dem Einfluss der Schwerkraft. Das Dach ist in die x- und z-Richtung als unendlich ausgedehnt zu betrachten, so dass alle Strömungsgrößen nur eine Funktion von y sind. Die Schichtdicke h des Regenwasserfilms ist konstant. Parallel zur Filmströmung existiert eine laminare Luftströmung in die negative x-Richtung mit der Geschwindigkeit $\vec{u}_L$. Die dynamische Viskosität der Luft ist η_L. Die Schubspannungen zwischen Luft und Wasser können nicht vernachlässigt werden, so dass das Wasser durch die Luftströmung verlangsamt wird. Die Dichte der Luft kann vernachlässigt werden. Der Druck der Umgebungsluft ist p_0 und der Geschwindigkeitsgradient der <u>Luft</u> an der Oberfläche $y = h$ ist mit $\mathrm{d}u_L/\mathrm{d}y|_{y=h} = -a$ bekannt. $a > 0$ ist eine dimensionsbehaftete Konstante.

a) Wie lautet der Vektor der Volumenkraft der Schwere $\varrho\vec{k} = \varrho\vec{g}$ in dem angegebenen Koordinatensystem?

b) Bestimmen Sie die v-Komponente der Geschwindigkeit in der Regenwasserschicht.

c) Ermitteln Sie die Druckverteilung in der Flüssigkeitsschicht. Hinweis: Benutzen Sie die y-Komponente der Navier-Stokesschen Gleichungen.

d) Bestimmen Sie aus der dynamischen Randbedingung $n_j\tau_{ji(L)} = n_j\tau_{ji(W)}$ an der Trennfläche $y = h$: $\mathrm{d}u/\mathrm{d}y|_{y=h}$.

e) Vereinfachen Sie die x-Komponente der Navier-Stokesschen Gleichungen für den vorliegenden Fall und bestimmen Sie die Geschwindigkeitskomponente $u(y)$ in der Flüssigkeitsschicht.

f) Bestimmen Sie die Geschwindigkeit u_L der Luft an der freien Oberfläche des Wassers.

Geg: ϱ, η, η_L, g, β, h, a, p_0.

Lösung auf Seite 207

Aufgabe 4.11. Farbe auf einer Wand

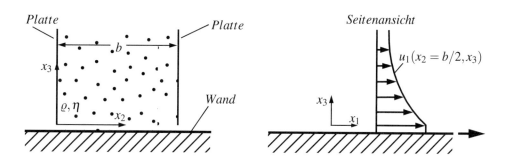

Bei dem oben skizzierten Beschichtungsvorgang wird Farbe auf eine Wand aufgetragen. Die Farbe befindet sich zwischen zwei ruhenden senkrechten Platten (linkes Bild). Die Platten sind in die x_1- und x_3-Richtung unendlich ausgedehnt. Unterhalb der Platten befindet sich in einem zu vernachlässigendem Abstand die Wand, die mit konstanter Geschwindigkeit in die x_1-Richtung bewegt wird (rechtes Bild). Hierdurch bildet sich zwischen den Platten ein Geschwindigkeitsfeld aus, von dem folgende Komponenten gegeben sind

$$u_1(x_2, x_3) = U \exp\left(-\pi \frac{x_3}{b}\right) \sin\left(\pi \frac{x_2}{b}\right)$$

$$u_2 = 0$$

im Gebiet
$$\begin{cases} -\infty < x_1 < \infty, \\[6pt] 0 \le x_2 < b, \\[6pt] 0 \le x_3 < \infty. \end{cases}$$

Die Farbe soll hier als Newtonsche Flüssigkeit betrachtet werden. Die Dichte ϱ und die Zähigkeit η sind konstant. Volumenkräfte werden nicht berücksichtigt. Seitlicher Fluß nach außen zwischen Platten und Wand tritt nicht auf. Es soll nur die Strömung im Gebiet $-\infty < x_1 < \infty$, $0 \le x_2 \le b$, $0 \le x_3 < \infty$ betrachtet werden. Alle Strömungsgrößen sind von der x_1 Koordinate unabhängig. Der Druck p ist im ganzen Feld konstant.

a) Berechnen Sie die Komponente u_3 des Geschwindigkeitsfeldes, wenn $u_3(x_3 = 0) = 0$ gilt.
b) Wie groß ist der Volumenstrom $\dot{V}$, der zwischen den zwei Platten transportiert wird.
c) Berechnen Sie die Kraft in x_1-Richtung auf die Fläche $x_3 = 0$ mit Normalenvektor $\vec{n} = -\vec{e}_3$. Die Kraft ist pro Längeneinheit in der x_1-Richtung zu berechnen.
d) Wie groß ist die Summe der Kraft pro Längenheinheit der Flüssigkeit auf beide Platten in x_1-Richtung?
   Hinweis: Verwenden Sie den Impulssatz in Integralform

Geg.: ϱ, η, U, b.   Lösung auf Seite 209

Aufgabe 4.12. Bewegung eines Wirbelfadens

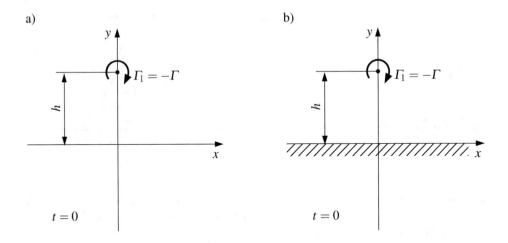

a)

b)

Bild a): Ein gerader, in z-Richtung unendlich langer Wirbelfaden mit der Zirkulation Γ befindet sich zur Zeit $t = 0$ an der Stelle $\vec{x}_{w_1}(t = 0) = h\,\vec{e}_y$. Der Wirbelfaden induziert ein Geschwindigkeitsfeld. Die Strömung ist reibungsfrei, Volumenkräfte treten nicht auf.

a) Bestimmen Sie mit Hilfe des Biot-Savartschen Gesetzes für den unendlichen langen, geraden Wirbelfaden die induzierte Geschwindigkeit $\vec{u}(x, y)$ in einem beliebigen Punkt x, y im Feld. Beachten Sie die Drehrichtung des Wirbelfadens.

Im **Bild b)** befindet sich an der Stelle $y = 0$ eine Wand. Durch den Effekt der Wand bewegt sich der Wirbel.

b) Erfüllen Sie zeichnerisch die kinematische Randbedingung $(\vec{u} \cdot \vec{n})|_{y=0} = 0$ an der Wand.
c) Wie lautet nun das resultierende Geschwindigkcitsfeld $\vec{u}(x,y)$ in einem beliebigen Punkt $(x, y > 0)$ zum Zeitpunkt $t = 0$?
d) Wie lauten die Geschwindigkeitskomponenten auf der x-Achse?
e) Welche Geschwindigkeit $\vec{u}(x_{w_1}, y_{w_1})$ wird auf den oberen Wirbel induziert, d.h. wie lauten seine Geschwindigkeitskomponenten $\dot{x}_{w_1}, \dot{y}_{w_1}$?
f) Bestimmen Sie die Bahnlinie des Wirbelfadens und skizzieren Sie den Bahnverlauf.

Geg.: Γ, h.

Lösung auf Seite 211

Aufgabe 4.13. Widerstandsbeiwert einer Kugel

Für eine umströmte Kugel mit dem Durchmesser d ist der Widerstandsbeiwert $c_w(Re)$ (dimensionsloser Widerstand) nur eine Funktion der Reynoldszahl. Bei gleicher Reynoldszahl $Re_W = Re_L$ wird die dimensionsbehaftete Widerstandskraft W auf die Kugel einmal in Wasser (W_W, ν_W, ϱ_W, U_W) und einmal in Luft (W_L, ν_L, ϱ_L, U_L) gemessen. U_W, U_L sind die Anströmgeschwindigkeiten. Das Verhältnis der kinematischen Zähigkeiten ist $\nu_L/\nu_W = 15$, das der Dichten ist $\varrho_L/\varrho_W = 10^{-3}$.

1. Wie lautet die Formel für den Widerstandsbeiwert der Kugel?
2. Berechnen Sie das zu erwartende Verhältnis der Widerstandskräfte W_L/W_W.

Geg.: ϱ_L/ϱ_W, $\nu_L \nu_W$.

Lösung auf Seite 212

Kapitel 5
Hydrostatik

5.1 Druckverteilung in einer ruhenden Flüssigkeit

In einer ruhenden Flüssigkeit ($\vec{u} \equiv 0$) treten keine Reibungsspannungen sonder nur Druckkräfte auf. Aus den Erhaltungssätzen für Masse (2.5) und Impuls (2.13) erhält man die Gleichungen

$$\frac{\partial \varrho}{\partial t} = 0 \tag{5.1}$$

und

$$\nabla p = \varrho \vec{k}. \tag{5.2}$$

Hat die Massenkraft $\vec{k}$ ein Potential, so liegt ein hydrostatisches Gleichgewicht (5.2) dann vor, wenn

$$\underbrace{\nabla \times \nabla p}_{=0} = \nabla \varrho \times \vec{k} + \varrho \underbrace{\left(\nabla \times \vec{k} \right)}_{=0} \overset{!}{=} 0$$

erfüllt ist also der Dichtegradient $\nabla \varrho$ parallel zur Massenkraft $\vec{k}$ ist. Tritt als Massenkraft nur die Schwerkraft auf $\vec{k} = -g\vec{e}_z$ (positive z-Richtung vertikal von der Erdoberfläche nach oben gerichtet), so liefert die Integration von (5.2) für $\varrho = $ konst. die hydrostatische Druckverteilung

$$p(x, y, z) = C - \varrho g z. \tag{5.3}$$

C bezeichnet die Integrationskonstante.

Bemerkungen:

1. Befindet sich die ruhende Flüssigkeit in einem mit der Winkelgeschwindigkeit $\vec{\Omega} = \Omega \vec{e}_z$ rotierenden Behälter mit der Massenkraft

$$\vec{k} = -g\vec{e}_z - \frac{1}{2}\vec{\Omega} \times \left(\vec{\Omega} \times \vec{x} \right), \quad \vec{x} = r\vec{e}_r + z\vec{e}_z \tag{5.4}$$

© Springer Verlag GmbH Deutschland, ein Teil von Springer Nature 2018
H. Marschall, *Aufgabensammlung zur technischen Strömungslehre*,
https://doi.org/10.1007/978-3-662-56379-3_5

so erhält man, in Übereinstimmung mit (4.23) für $w \equiv 0$,

$$p(x, y, z) = C - \varrho g z + \frac{\varrho}{2} \Omega^2 r^2.$$ (5.5)

2. Der Druck p in einem Punkt auf einer Fläche in einer ruhenden Flüssigkeit hängt nicht von der Orientierung des Flächenelementes ab, auf das er wirkt.
3. Ist $\varrho \neq$ konst., so ist bei der Integration von (5.2) der entsprechende Zusammenhang für $\varrho = \varrho(p)$ einzusetzen.

5.2 Kraft auf Flächen

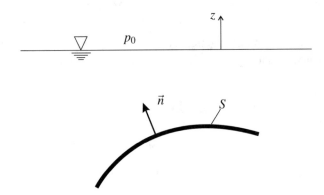

Abb. 5.1: Eingetauchte Fläche

In ruhenden Flüssigkeiten hat der Spannungsvektor an einer Fläche S die Form $\vec{t} = -p\vec{n}$, wobei $\vec{n}$ der Normalenvektor der Fläche ist. Damit erhält man die Kraft der Flüssigkeit auf die Fläche S ganz allgemein durch Integration zu

$$\vec{F} = \iint_S \vec{t} \, dS = - \iint_S p\vec{n} \, dS.$$ (5.6)

5.2.1 Kraft und Moment auf die ebene Fläche

Wir betrachten eine ebene eingetauchte Fläche A (Abb.: 5.2) und verwenden zwei Koordinatensysteme. Das (x, y, z)-System an der Flüssigkeitsoberfläche und das $(x', y'z')$-System, welches seinen Ursprung im Flächenschwerpunkt S der Fläche A hat. Mit Hilfe des Druckes im Schwerpunkt $p_S = p_0 + \varrho g h_S$ kann die Druckverteilung $p(z)$ auf der eingetauchten Fläche aus Gleichung (5.3)

$$p(-h_S) = C + \varrho g h_S \Rightarrow C = p_S - \varrho g h_S \quad \text{zu} \quad p(z) = p_S - \varrho g(h_S + z) \qquad (5.7)$$

bestimmt werden. Da $\vec{g}$ keine Komponente in y-Richtung hat, gilt diese Gleichung für alle y!

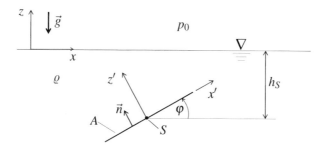

Abb. 5.2: Flächenkoordinaten an einer eingetauchten ebenen Fläche

Mit den in Abb. 5.2 eingeführten Flächenkoordinaten lautet die Druckverteilung auf der Fläche A: ($z' = 0$, y' beliebig, $z = -h_S - x' \sin \varphi$)

$$p(x', y', z') = p_S - \varrho g x' \sin \varphi. \qquad (5.8)$$

Die Integration von (5.8)

$$\vec{F} = -\vec{n} \iint\limits_A \left(p_S - \varrho g x' \sin \varphi \right) \mathrm{d}A \qquad (5.9)$$

ergibt die Kraft auf die Fläche A zu

$$\vec{F} = -p_S A \, \vec{n}. \qquad (5.10)$$

Der zweite Term im Integral (5.9) liefert keinen Beitrag, da das Integral

$$\iint\limits_A x' \, \mathrm{d}A = A x_S \qquad (5.11)$$

die Schwerpunktskoordinate x_S der Fläche A bestimmt, im vorliegenden Fall $x_S = 0$.

Das Moment der Flüssigkeit bezüglich eines beliebigen Punktes P auf der Fläche A ist gegeben durch die Integration von (siehe Abb.: 5.3)

$$\mathrm{d}\vec{M}_P = \left(\vec{x}' - \vec{x}'_P \right) \times (-p\vec{n}) \, \mathrm{d}A, \quad \vec{n} = \vec{e}_{z'}$$

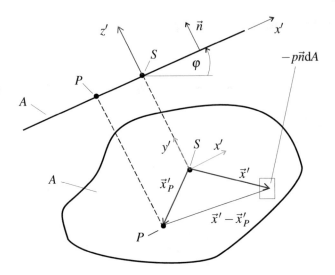

Abb. 5.3: Moment im Punkt P durch $-p\vec{n}\mathrm{d}A$

zu

$$\vec{M}_P = -\iint\limits_A \left(\vec{x}' - \vec{x}'_P\right) \times p(\vec{x}')\vec{e}_{z'} \,\mathrm{d}A \,. \tag{5.12}$$

Setzt man die Druckverteilung (5.8) für $p(\vec{x}')$ ein und führt die Integration aus, so ergibt sich das Moment im Punkt P zu

$$\vec{M}_P = \left[\varrho g \sin\varphi\, I_{x'y'} + y'_P\, p_S A\right] \vec{e}_{x'} - \left[\varrho g \sin\varphi\, I_{y'} + x'_P\, p_S A\right] \vec{e}_{y'} \,. \tag{5.13}$$

Hierin bezeichnen

$$I_{x'y'} = \iint\limits_A x'y' \,\mathrm{d}A \tag{5.14}$$

das gemischte Flächenträgheitsmoment und

$$I_{y'} = \iint\limits_A x'^2 \,\mathrm{d}A \tag{5.15}$$

das Flächenträgheitsmoment bezüglich der y'-Achse. Aufgrund der linearen Druckverteilung greift die resultierende Flüssigkeitskraft $\vec{F}$ nicht im Schwerpunkt S sondern im Druckmittelpunkt D an. Dieser befindet sich im Punkt (x'_d, y'_d) unterhalb des Schwerpunktes S.

Die Kraft im Druckmittelpunkt übt kein Moment $\vec{M}$ auf die Fläche A aus. Seine Koordinaten folgen für $\vec{M}_P = 0$ aus (5.13) zu

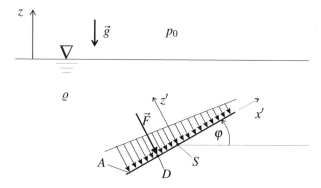

Abb. 5.4: Lage des Druckmittelpunktes

$$x'_d = -\frac{\varrho g I_{y'} \sin \varphi}{p_S A}, \tag{5.16}$$

$$y'_d = -\frac{\varrho g I_{x'y'} \sin \varphi}{p_S A}. \tag{5.17}$$

5.2.2 Auftrieb

Wird ein Körper in Flüssigkeit eingetaucht, so erfährt dieser durch die Flüssigkeitsver-
drängung eine Auftriebskraft (Archimedes). Die Kraft der Flüssigkeit auf den eingetauch-

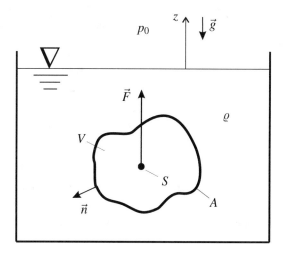

Abb. 5.5: Auftrieb eines eingetauchten Körpers

ten Körper kann mit Hilfe des Gaußschen Satzes berechnet werden:

$$\vec{F} = -\iint\limits_{A} p\vec{n}\, \mathrm{d}A = -\iiint\limits_{V} \nabla p\, \mathrm{d}V\,,$$

wobei mit $\nabla p = -\varrho g\vec{e}_z$ folgt

$$\vec{F} = \varrho g V \vec{e}_z\,. \tag{5.18}$$

(5.18) stellt den Auftrieb des eingetauchten Körpers dar (in $\vec{e}_z$-Richtung). ϱ ist die Flüssig-keitsdichte, V ist das vom Körper verdrängte Flüssigkeitsvolumen.

5.2.3 Kraft auf gekrümmte Flächen, Ersatzkörper

Oft kann die Kraft auf gekrümmte Wände unter Verwendung eines Ersatzkörpermodells berechnet werden. Man benötigt dann die explizite Druckverteilung auf der Fläche nicht. Die Berechnung der Kraft auf die eingetauchte Fläche S_F (siehe Abb. 5.6) zwischen den

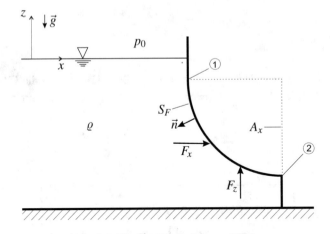

Abb. 5.6: Kraft auf gekrümmte Flächen

Punkten ① und ② lässt sich dadurch vereinfachen, dass man die Fläche S_F durch ebene Flächen (A_x, M_R, A_z, M_L) zu einem geschlossenen Körper (Ersatzkörper) ergänzt. Um die Eintauchtiefe der Fläche zu berücksichtigen, muss das Lot von den Punkten ① und ② auf die Oberfläche der Flüssigkeit gefällt werden (siehe Abb. 5.7).

$$\vec{F} = -\iint\limits_{S_F} p\vec{n}\, \mathrm{d}S = -\left[\iint\limits_{S_F} p\vec{n}\, \mathrm{d}S + \iint\limits_{A_x+M_R+A_z+M_L} p\vec{n}\, \mathrm{d}S\right] + \iint\limits_{A_x+M_R+A_z+M_L} p\vec{n}\, \mathrm{d}S$$

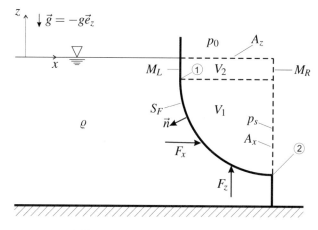

Abb. 5.7: Ersatzkörper $V = V_1 + V_2$

Mit dem Gaußschen Satz folgt nun:

$$\vec{F} = \varrho g(V_1 + V_2)\vec{e}_z + \iint\limits_{A_x+M_R+A_z+M_L} p\vec{n}\,\mathrm{d}S. \tag{5.19}$$

Hieraus erhält man die z-Komponente $F_z = \vec{F} \cdot \vec{e}_z$ zu

$$F_z = \varrho gV + p_0 A_z, \tag{5.20}$$

wobei $V = V_1 + V_2$ das Gesamtvolumen des Ersatzkörpers. Die x-Komponente $F_x = \vec{F} \cdot \vec{e}_x$ ergibt sich zu

$$F_x = p_S A_x, \tag{5.21}$$

wobei A_x die in x-Richtung projizierte Fläche von S_F und p_S der Druck im Schwerpunkt von A_x sind. Findet auf S_F ein Vorzeichenwechsel von $\vec{n} \cdot \vec{e}_x$ statt, so ist S_F in die entsprechenden Flächenelemente aufzuteilen.

Die Auftriebskraft $F_A = \varrho gV$ geht durch den Schwerpunkt S des Ersatzkörpers (siehe Abb. 5.8). Bei bekannter Lage des Schwerpunktes S kann die Wirkungslinie von F_z aus dem Momentengleichgewicht $p_0 A_z a = F_z b$ bestimmt werden. $p_0 A_z$ greift im Schwerpunkt der Fläche A_z an.

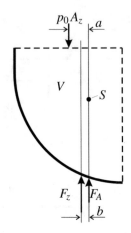

Abb. 5.8: Wirkungslinie von F_z

5.2.4 Freie Oberflächen

Grenzflächen zwischen zwei unvermischbaren Flüssigkeiten unterliegen der Oberflächenspannung (Kapillarspannung) σ. Sie hat das Bestreben die Größe einer freien Oberfläche zu minimieren.

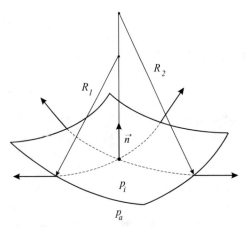

Abb. 5.9: Gekrümmte Grenzfläche

Über gekrümmte Grenzflächen tritt ein Drucksprung $\Delta p = p_i - p_a$ auf. Bei vorausgesetztem thermodynamischen Gleichgewicht, lässt sich diese Druckdifferenz durch die Laplacesche Gleichung

$$p_i - p_a = \sigma \left(\frac{1}{R_1} + \frac{1}{R_2} \right) \qquad (5.22)$$

ausdrücken. Wobei der Druck p_i auf der konkaven Seite größer als der Druck p_a auf der konvexen Seite der Grenzfläche ist. R_1 und R_2 bezeichnen die Hauptkrümmungsradien im betrachteten Punkt der Fläche.

An festen Wänden bildet sich im stationären Fall infolge des Kräftegleichgewichts in Wandrichtung ein Randwinkel (Kontaktwinkel) α aus. α genügt der Youngschen Gleichung

$$\sigma_{23} = \sigma_{13} + \sigma_{12} \cos \alpha. \qquad (5.23)$$

Der Wert der Kapillarspannungen σ hängt von der Materialpaarung ab:

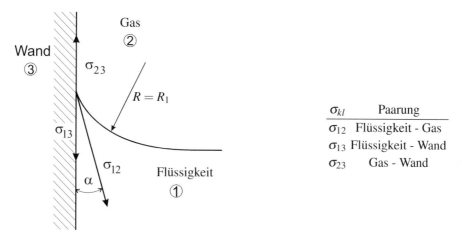

σ_{kl}	Paarung
σ_{12}	Flüssigkeit - Gas
σ_{13}	Flüssigkeit - Wand
σ_{23}	Gas - Wand

Abb. 5.10: Kontaktwinkel

Ist die skizzierte Wand eben (und senkrecht zur Zeichenebene) und damit die Flüssigkeitsoberfläche nur in eine Richtung gekrümmt, so gilt für den Drucksprung in der Nähe der Wand gemäß (5.22):

$$\Delta p = \frac{\sigma_{12}}{R}, \tag{5.24}$$

wobei $R = R_1$ der Krümmungsradius der Flüssigkeit in Nähe der Wand ist und $R_2 \to \infty$ senkrecht zur Zeichenebene gilt. Weit entfernt von der Wand gilt auch $R_1 \to \infty \Rightarrow \Delta p = 0$! In dünnen Rohren ist der Einfluss der Oberflächenspannung nicht mehr zu vernachlässigen, wenn der Rohrdurchmesser $2r$ in der Größenordnung der Laplaceschen Länge a liegt.

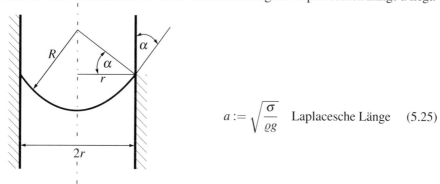

$$a := \sqrt{\frac{\sigma}{\varrho g}} \quad \text{Laplacesche Länge} \tag{5.25}$$

Abb. 5.11: Kapillareffekt

Unter der Annahme, dass die Flüssigkeitsoberfläche näherungsweise eine Kugelkalotte mit Krümmungsradius R bildet, gilt für den Drucksprung über die freie Oberfläche innerhalb eines dünnen Röhrchens

$$\Delta p = \frac{2\sigma}{R} \text{ mit } R = \frac{r}{\cos\alpha}.$$

(5.26)

Bei einer Seifenblase existieren zwei Oberflächen. Der Innenradius R_i kann näherungsweise gleich dem Außenradius R_a gesetzt werden ($R_i \approx R_a \approx R$), so dass für den Drucksprung zwischen dem Inneren einer Seifenblase und ihrer Umgebung gilt:

$$p_i - p_a = \frac{4\sigma}{R}.$$

(5.27)

5.3 Aufgaben zur Hydrostatik

Aufgabe 5.1. Dichtemessung

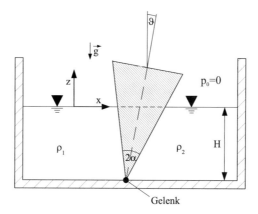

Zur Dichtemessung einer Flüssigkeit soll die oben skizzierte Konstruktion benutzt werden, bei der ein drehbar gelagerter, masseloser Keil einen Behälter in zwei getrennte Becken teilt. Die Dichte der Referenzflüssigkeit auf der linken Seite sei ϱ_1, der Umgebungsdruck kann zu $p_u = 0$ gesetzt werden. Zur Vereinfachung sollen die Wasserstandshöhen beider Flüssigkeiten als H angenommen werden. Die Winkeländerung des Keils aus der Vertikalen ist ϑ. Das Problem kann als eben betrachtet werden (alle Kraft- und Momentberechnungen sind pro Tiefeneinheit senkrecht zur Zeichenebene auszuführen).

a) Gegen welche Druckdifferenz am Behälterboden muss das Gelenk abgedichtet sein?
b) Welche Kraft in x-Richtung wirkt auf das Gelenk?
c) Welche Kraft muss das Gelenk in z-Richtung aufnehmen?
d) Stellen sie den Zusammenhang zwischen dem Dichteverhältnis der Flüssigkeiten und dem Neigungswinkel ϑ im Gleichgewichtszustand auf.

Hinweis: Die Flächenträgheitsmomente (pro Tiefeneinheit) für ein Koordinatensystem im Flächenschwerpunkt der eingetauchten Flächen lauten

$$I_{x'y'} = 0; \quad I_{y'} = \frac{1}{12}\left[\frac{H}{\cos(\vartheta \pm \alpha)}\right]^3 .$$

Geg.: H, g, ϱ_1, ϱ_2, $p_0 = 0$, α, ϑ.

Lösung auf Seite 213

Aufgabe 5.2. Überdruckbehälter

Die Skizze zeigt einen Behälter, der mit Flüssigkeit konstanter Dichte ϱ bis zur Höhe h
gefüllt ist. Über der Flüssigkeitsoberfläche herrscht ein Druck von $p_B > p_0$. Der Behälter
wird an der Unterseite durch eine zylinderförmige Schale mittels einer Schraubverbindung
abgeschlossen.

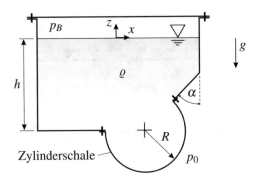

Abb. 5.12: Überdruckbehälter

a) Berechnen Sie die Komponente F_x der resultierenden Kraft $\vec{F}$ (pro Tiefeneinheit) auf
   die Zylinderschale.
b) Berechnen Sie die Komponente F_z der resultierenden Kraft $\vec{F}$ (pro Tiefeneinheit) auf
   die Zylinderschale.

Geg.: $R, h, \alpha = \frac{\pi}{4}, \varrho, p_0, p_B > p_0$.

Lösung auf Seite 214

Aufgabe 5.3. Schleusenanlage

Betrachtet wird eine Schleusenanlage, die in einem Fluss dazu dient, dass Schiffe über einen Höhenunterschied transportiert werden können. Die Schleuse besteht aus einer Schleusenkammer, die durch zwei Tore vom Ober- und Unterwasser getrennt werden kann. Die Tore schließen unter dem Winkel α, so dass sie durch den Wasserdruck geschlossen gehalten werden. In beiden Toren befinden sich jeweils zwei Klappen, über die Wasser in die Schleusenkammer eingeleitet bzw. abgelassen werden kann. Wenn diese Schleusenklappen vollständig geöffnet sind, kann die Strömung über den Klappenquerschnitt als konstant betrachtet werden. Es soll der Senkvorgang betrachtet werden, so dass zum Zeitpunkt t_0 alle Tore und Klappen geschlossen sind und der Wasserpegel in der Schleusenkammer dem des Oberwassers, H_1, entspricht.

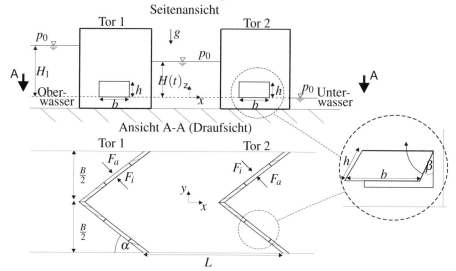

a) Berechnen Sie die Kräfte, die zum Zeitpunkt t_0 auf jeweils eine Torhälfte der Tore 1 und 2 wirken. Wie groß ist die Kraft, die Tor 2 zuhält.

b) Skizzieren Sie den Kraftverlauf und -angriffspunkt für eine Schleusenklappe in Tor 2 zum Zeitpunkt t_0. Berechnen Sie das Moment, das notwendig ist, um diese Schleusenklappe aus ihrer geschlossenen Position ($\beta = 0°$) zu öffnen.

c) Stellen Sie für den quasistationären Fall den Zusammenhang zwischen der Sinkgeschwindigkeit $u_s(t)$ des Wasserpegels in der Schleuse, und der Austrittsgeschwindigkeit $u_a(t)$ an den Schleusenklappen her, wenn die beiden Klappen in Tor 2 vollständig geöffnet sind.

d) Wie groß sind $u_a(t)$ und der austretende Volumenstrom $\dot{V}(t)$ in Abhängigkeit von $H(t)$ für diesen Fall?

Geg.: ϱ, H_1, $H(t)$, B, L, b, h, $I_{y'} = \dfrac{bh^3}{12}$, α, β, g.   Lösung auf Seite 215

Aufgabe 5.4. Reservoir

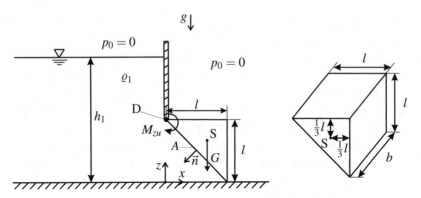

Ein Körper mit einem rechtwinkligen Dreiecksquerschnitt und der Tiefe b versperrt den Ausfluss eines Reservoirs. Der Körper ist im Punkt D drehbar gelagert. Da die Gewichtskraft G des Körpers nicht ausreicht, den Durchfluss zu verschließen, muss ein von außen wirkendes Moment M_{zu} aufgebracht werden.

Geg.: $p_0 = 0$, ϱ_1, h_1, l, b, G, g, h_2, $I_{y'} = \frac{bh^3}{12}$

a) Bestimmen Sie die von der Flüssigkeit auf die schräge Fläche A des Körpers wirkende Kraft $\vec{F}$.

b) Berechnen Sie den Hebelarm der Kraft $\vec{F}$ aus Aufgabenteil a) zum Drehpunkt D?

c) Berechnen Sie das Moment M_{zu}, durch welches der Ausfluss gerade noch geschlossen gehalten wird.

d) Jetzt wird die rechte Seite des Reservoirs mit einer unbekannten Flüssigkeit bis zur Höhe h_2 aufgefüllt (h_2 is gegeben).

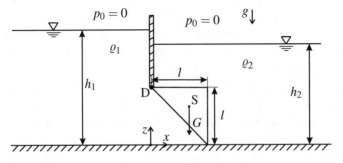

Bestimmen Sie die Dichte ϱ_2 der unbekannten Flüssigkeit, wenn das in c) berechnete Moment M_{zu} nun vollständig von der unbekannten Flüssigkeit aufgebracht wird.

Lösung auf Seite 217

Aufgabe 5.5. Sammelbecken einer Kläranlage

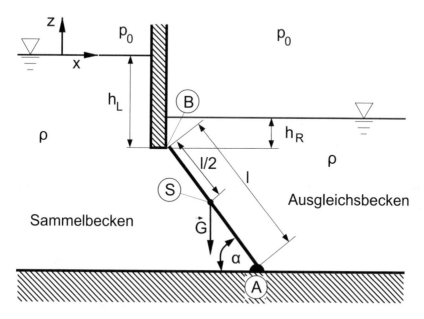

Um Schwankungen im Zufluß einer Kläranlage auszugleichen, besteht zwischen einem Sammelbecken und einem Ausgleichsbecken eine Verbindung, die je nach Höhendifferenz der Flüssigkeitsspiegel $h_R - h_L$ durch eine Platte geöffnet oder verschlossen wird. Die Platte (Länge l, Breite b, Gewicht $\vec{G} = -G\vec{e}_z$) ist im Punkt A drehbar gelagert und liegt im geschlossenen Zustand am Punkt B auf. Platte und Boden des Beckens schließen den Winkel α ein. Das Flächenträgheitsmoment der rechteckigen Platte bezüglich der y'-Achse ist durch $I_{y'} = bl^3/12$ gegeben. Die y'-Achse geht senkrecht zur Zeichenebene durch den Schwerpunkt S der Platte.

a) Berechnen Sie den Betrag der Kraft $|\vec{F}_L|$, die die Flüssigkeit im Sammelbecken auf die Platte ausübt und berechnen Sie den Betrag der Kraft $|\vec{F}_R|$, die die Flüssigkeit im Ausgleichsbecken auf die Platte ausübt.

b) Berechnen Sie die Abstände der Kraftangriffspunkte der beiden Kräfte $\vec{F}_L$ und $\vec{F}_R$ vom Punkt A .

c) Bei welcher Höhendifferenz $h_L - h_R$ der beiden Flüssigkeitsspiegel öffnet die Platte die Verbindung zwischen Sammelbecken und Ausgleichsbecken.

Geg.: $p_0 = 0$, ϱ, g, G, l, b, α.

Lösung auf Seite 219

Aufgabe 5.6. Gekrümmte Wehrmauer

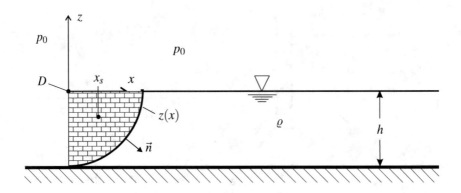

Die skizzierte Wehrmauer hat eine in Wasser (Dichte ϱ) gewölbte Kontur und die Breite b (senkrecht zur Zeichenebene). Der von Wasser benetzte Teil der Kontur hat in der (x,z)-Ebene die Gleichung $z(x) = -\sqrt{h^2 - x^2}$. Der Umgebungsdruck ist p_0.

a) Bestimmen Sie die Kraftkomponenten F_x und F_z, die das Wasser auf das Wehr ausübt.
b) Bestimmen Sie die Wirkungslinien dieser Kräfte. Die x-Koordinate des Flächenschwerpunktes der Mauer ist: $x_s = 4h/3\pi$
c) Berechnen Sie das Moment $\vec{M}_D$ um den Punkt D, dass das Wasser auf die Kontur ausübt.

Geg.: p_0, ϱ, h, Flächenträgheitsmoment $I_{y'} = \frac{bh^3}{12}$ einer rechteckigen Fläche bezüglich der y'-Achse durch den Schwerpunkt S dieser Fläche:

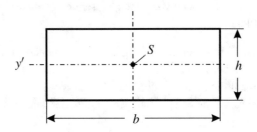

Lösung auf Seite 221

Aufgabe 5.7. Kolben und Klappe in Rohrsystem

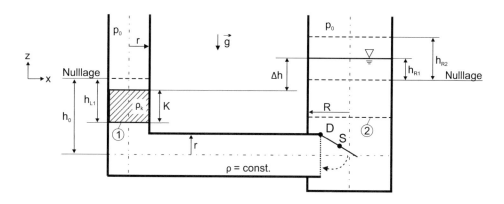

Die beiden skizzierten Zylinder (Zylinder links: Radius r, Zylinder rechts: Radius R) sind durch ein horizontales Rohr (Radius r) miteinander verbunden und mit Flüssigkeit (Dichte ϱ) gefüllt (Nulllage). In den linken Zylinder wird nun ein Kolben (Radius r, Höhe K) der Dichte $\varrho_k > \varrho$ geführt. Daraufhin stellt sich ein neues Gleichgewicht ein. Im Punkt D befindet sich eine kreisrunde Klappe, mit welcher der rechte Zylinder verschlossen werden kann. Diese Klappe ist zunächst offen.

a) Wie lautet der Zusammenhang zwischen h_{R1} und h_{L1} nachdem sich das neue Gleichgewicht eingestellt hat.

b) Berechnen Sie die Höhe h_{R1}, für die sich das Gleichgewicht einstellt.

c) Bestimmen Sie die Höhendifferenz Δh in Abhängigkeit der Kolbenhöhe K.

d) Nun wird die Klappe geschlossen. Der rechte Zylinder wird bis zur Höhe $h_{R2} = \varepsilon\, h_{R1}$ ($\varepsilon > 1$) gegenüber der Nulllage weiter befüllt.
   Berechnen Sie die Kräfte auf die Klappe, sowie die Hebelarme der Kräfte bzgl. des Drehpunktes D.
   Das Flächenträgheitsmoment der kreisförmigen Klappe ist $I_{y'} = \left(\frac{\pi}{4}\right) r^4$. Die y'-Ebene geht senkrecht in die Zeichenebene durch den Schwerpunkt.

e) Bestimmen Sie das auftretende Moment um die y-Achse im Punkt D, wenn gilt: $h_0 = 5\, h_{R1}$ und $\varepsilon = 3$.

Geg.: $g, h_0, K, p_0, r, R, \varrho, \varrho_K, \varepsilon$.

Lösung auf Seite 222

Aufgabe 5.8. Wehr mit zylindrischer Walze

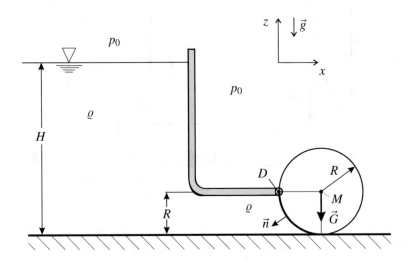

Eine zylindrische Walze (Radius R, Gewicht G) verschließt eine Wehrmauer. Die Walze hat die Breite b (senkrecht zur Zeichenebene) und ist im Punkt D reibungsfrei drehbar gelagert. Das Wehr ist bis zur Höhe H mit Wasser (Dichte ϱ) gefüllt. Der Umgebungsdruck ist p_0.

a) Bestimmen Sie die Komponente F_x der Kraft $\vec{F} = F_x \vec{e}_x + F_z \vec{e}_z$ des Wassers auf die Walze.

b) Bestimmen Sie den Druckpunkt (Angriffspunkt) von F_x. Wie lautet der Druckpunkt für $H \to R$?

c) Bestimmen Sie die Komponente F_z der Kraft des Wassers auf die Walze.

d) Bei einer Wasserhöhe von $H = 3{,}5R$ beginnt die Walze das Wehr zu öffnen. Welche Beziehung gilt dann zwischen F_z und G? Bestimmen Sie für diesen Fall den Hebelarm von F_z.

Geg.: p_0, ϱ, $\vec{g} = -g\vec{e}_z$, R, H, b, $\vec{G} = -G\vec{e}_z$, Flächenträgheitsmoment $I_{y'} = bh^3/12$ einer rechteckigen Fläche bezüglich der y'-Achse durch den Schwerpunkt S dieser Fläche:

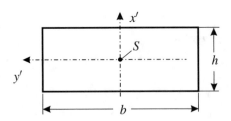

Lösung auf Seite 223

Aufgabe 5.9. Kontaktwinkel

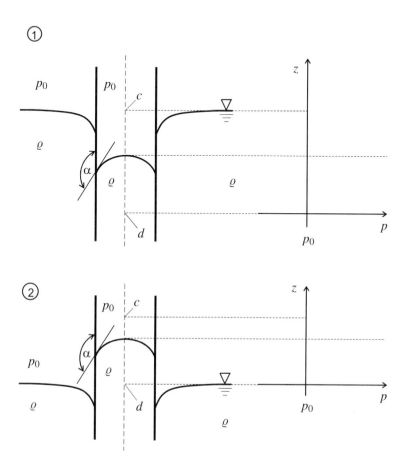

Ein dünnes Röhrchen wird in Flüssigkeit (Dichte ϱ) eingetaucht (Randwinkel $\alpha > \pi/2$). Dargestellt sind die Fälle ① und ②. Einer dieser Fälle ist physikalisch nicht möglich. Skizzieren Sie qualitativ die Druckverläufe in den Röhrchen zwischen den Punkten c und d. Verwenden Sie dafür das vorbereitete Koordinatensystem. Entscheiden Sie dann welcher Druckverlauf physikalisch möglich ist und kreuzen Sie die richtige Antwort an.

◯ Fall ① ist nicht möglich

◯ Fall ② ist nicht möglich

Lösung auf Seite 225

Kapitel 6
Laminare Schichtenströmung

Für besonders einfache Geometrien lassen sich exakte Lösungen der Bewegungsgleichungen angeben. Der Grund hierfür liegt im Verschwinden der nichtlinearen Terme, die das Auffinden exakter Lösungen wesentlich erschweren. Eine Schichtenströmung liegt dann vor, wenn sich die Strömungsgeschwindigkeit nur senkrecht zur Ausbreitungsrichtung ändert. Das heißt man kann immer ein Koordinatensystem finden, in dem nur eine Geschwindigkeitskomponente von null verschieden ist.

6.1 Stationäre Schichtenströmung

Als einfachstes Beispiel einer Schichtenströmung geben wir die Couette-Strömung und ihre Herleitung an: Zwischen zwei in die x_1- und x_2-Richtung unendlich ausgedehnten Platten befindet sich eine Newtonsche Flüssigkeit mit konstanten Stoffgrößen ($\varrho, \eta, \lambda =$ konst.), siehe Abb. 6.1. Die untere Platte ruht ($\vec{u} = 0$) und ist wärmeisoliert ($\vec{q} = 0$). Die obere im Abstand h gehaltene Platte bewegt sich mit konstanter Geschwindigkeit U in die x_1-Richtung und erzeugt so eine Strömung zwischen den Platten. Der Druck $p(\vec{x})$ im Kanal ist konstant. Die obere Platte besitzt die Temperatur T_0. Gesucht ist das Geschwindigkeits- $\vec{u}(\vec{x}, t)$ und Temperaturfeld $T(\vec{x}, t)$ im Kanal.

Geschwindigkeit $\vec{u}(\vec{x}), t$:

Es handelt sich um ein stationäres ($\partial/\partial t = 0$), ebenes ($\partial/\partial x_3 = 0$, $u_3 = 0$) Problem. Volumenkräfte spielen keine Rolle. Aus der unendlichen Ausdehnung in die x_1-Richtung folgt $\vec{u} \neq f(x_1)$ mit der Kontinuitätsgleichung.

© Springer-Verlag GmbH Deutschland, ein Teil von Springer Nature 2018
H. Marschall, *Aufgabensammlung zur technischen Strömungslehre*,
https://doi.org/10.1007/978-3-662-56379-3_6

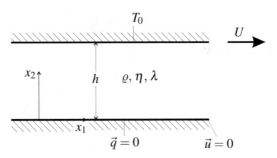

Abb. 6.1: Couette-Strömung infolge bewegter Kanalwand

$$\frac{\partial u_1}{\partial x_1} + \frac{\partial u_2}{\partial x_2} = 0 \qquad\qquad \text{und} \quad \frac{\partial u_1}{\partial x_1} = 0 \quad \Rightarrow \quad \frac{\partial u_2}{\partial x_2} = 0$$

$$\Rightarrow \quad u_2(x_2) = c = \text{konst.} \qquad \text{in} \quad 0 \leq x_2 \leq h, \ -\infty < x_1 < \infty .$$

Mit der Randbedingung $u_2(x_1, 0) = 0$ für $-\infty < x_1 < \infty$ folgt: $u_2 \equiv 0$.

Um die Geschwindigkeitskomponente $u_1(\vec{x}, t)$ zu bestimmen werden die Navier-Stokesschen Gleichungen herangezogen. Da $u_2 \equiv 0$ und $p =$ konst. gilt, bleibt nur die erste Komponente von Gleichung (4.2) übrig:

$$\varrho \left\{ \underbrace{\frac{\partial u_1}{\partial t}}_{=0} + \underbrace{u_1 \frac{\partial u_1}{\partial x_1}}_{=0} + \underbrace{u_2 \frac{\partial u_1}{\partial x_2}}_{=0} \right\} = - \underbrace{\frac{\partial p}{\partial x_1}}_{=0} + \eta \left\{ \underbrace{\frac{\partial^2 u_1}{\partial x_1^2}}_{=0} + \frac{\partial^2 u_1}{\partial x_2^2} \right\} \qquad (6.1)$$

$$\Rightarrow \quad 0 = \eta \frac{\partial^2 u_1}{\partial x_2^2}$$

$$\Rightarrow \quad u_1(x_2) = c_1 x_1 + c_2$$

Die Haftbedingungen liefern die Lösung:

$$u_1(0) = 0 \quad \Rightarrow \quad c_2 = 0$$
$$u_1(h) = 0 \quad \Rightarrow \quad c_1 = U/h$$
$$u_1(x_2) = U \frac{x_2}{h}. \qquad (6.2)$$

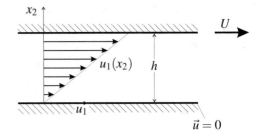

Abb. 6.2: Couette-Strömung

Temperaturverteilung $T(\vec{x})$**:**

Zur Berechnung der Temperaturverteilung gehen wir von der Energiegleichung (4.4) aus

$$\varrho \frac{\mathrm{D}e}{\mathrm{D}t} - \frac{p}{\varrho}\frac{\mathrm{D}\varrho}{\mathrm{D}t} = \phi + \frac{\partial}{\partial x_i}\left(\lambda \frac{\partial T}{\partial x_i}\right)$$

und vereinfachen die linke Seite für inkompressible Strömung mit $\frac{\mathrm{D}\varrho}{\mathrm{D}t} = 0$ und $e = cT$ zu:

$$\Rightarrow \quad \frac{\mathrm{D}e}{\mathrm{D}t} = c\left(\underbrace{\frac{\partial T}{\partial t}}_{=0} + u_1\underbrace{\frac{\partial T}{\partial x_1}}_{=0} + \underbrace{u_2}_{=0}\frac{\partial T}{\partial x_2}\right) = 0. \tag{6.3}$$

Die Temperatur $T(x_1, h)$ auf der oberen Platte ändert sich für $-\infty < x_1 < \infty$ nicht:
$\Rightarrow T \neq f(x_1)$. Für die Dissipationsfunktion der Newtonschen Flüssigkeit

$$\Phi = 2\eta e_{ij}e_{ij} \tag{6.4}$$

ergibt sich:

$$e_{ij} = \frac{1}{2}\left(\frac{\partial u_i}{\partial x_j} + \frac{\partial u_j}{\partial x_i}\right) \qquad \Rightarrow \quad e_{12} = e_{21} = \frac{1}{2}\frac{U}{h}, \; e_{11} = e_{22} = 0$$

$$\Phi = 2\eta(e_{12}e_{12} + e_{21}e_{21}) \qquad \Rightarrow \quad \Phi = \eta\frac{U^2}{h^2}.$$

Da $\lambda = $ konst. ist, reduziert sich die Energiegleichung auf

$$0 = \eta\frac{U^2}{h^2} + \lambda\left(\underbrace{\frac{\partial^2 T}{\partial x_1^2}}_{=0} + \frac{\partial^2 T}{\partial x_2^2}\right).$$

Mit $\partial^2 T/\partial x_2^2 = \mathrm{d}^2 T/\mathrm{d}x_2^2$ erhält man die gewöhnliche Differentialgleichung für die Temperaturverteilung $T(x_2)$:

$$\frac{\mathrm{d}^2 T}{\mathrm{d}x_2^2} = -\frac{\eta}{\lambda}\frac{U^2}{h^2}$$

$$\Rightarrow T(x_2) = -\frac{\eta}{2\lambda}\frac{U^2}{h^2}x_2^2 + c_1 x_2 + c_2.$$

Die Integrationskonstanten c_1 und c_2 werden über die Randbedingungen bestimmt. Die untere Platte ($x_2 = 0$) ist adiabat:

$$\vec{q}\Big|_{x_2=0} = 0 \quad \Rightarrow \quad q_2\Big|_{x_2=0} = -\lambda\frac{\mathrm{d}T}{\mathrm{d}x_2}\Big|_{x_2=0} = 0 \quad \Rightarrow \quad c_1 = 0.$$

An der oberen Wand ($x_2 = h$) gilt:

$$T(h) = T_0 = -\frac{\eta U^2}{2\lambda} + c_2 \quad \Rightarrow \quad T(x_2) = \frac{\eta U^2}{2\lambda}\left(1 - \frac{x_2^2}{h^2}\right) + T_0.$$

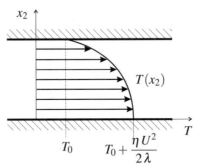

Abb. 6.3: Temperaturverteilung

Bemerkung: Wird in Gleichung (6.1) ein konstanter Druckgradient $\partial p/\partial x_1 = -K \neq 0$ zugelassen der die Strömung in die x_1-Richtung treibt, so erhält man je nach Randbedingung die Poiseuielle- bzw. die Couette-Poiseuille-Strömung als Lösung:

$$u(x_2) = \frac{K}{2\eta}h^2\left(\frac{x_2}{h} - \frac{x_2^2}{h^2}\right) + U\frac{x_2}{h}. \tag{6.5}$$

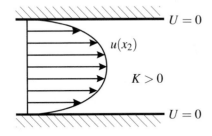
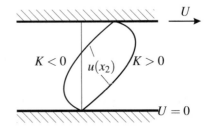

Abb. 6.4: Poiseuille-Strömung   Abb. 6.5: Couette-Poiseuille-Strömung

6.2 Hagen-Poiseuille-Strömung

Zu den technisch wichtigsten Schichtenströmungen zählt die Hagen-Poiseuille-Strömung. Hierbei handelt es sich um eine druckgetriebene, stationäre, reibungsbehaftete Strömung durch ein gerades Kreisrohr von konstantem Querschnitt. Der Druckgradient $\partial p/\partial z = -K$ und die Stoffwerte $\varrho, \eta =$ konst. sind konstant (Abb. 6.6). Es ist vorteilhaft eine sol-

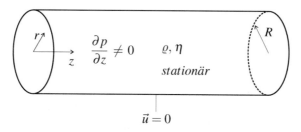

$$\vec{u} = 0$$

Abb. 6.6: Hagen-Poiseuille-Strömung

.che Strömung in Zylinderkoordinaten zu beschreiben, da die Randwerte auf Koordinatenflächen, z.B. $r = R$, gestellt werden können. Gesucht ist das Geschwindigkeitsfeld $\vec{u}(r, \varphi, z)$ und das Druckfeld $p(r, \varphi, z)$ unter folgenden Randbedingungen:

1. $\vec{u}\big|_R = 0$ d.h. $u_r = u_\varphi = u_z = 0$ für $r = R$

2. $\partial/\partial\varphi = 0$, alle Ableitungen in φ-Richtung verschwinden, die Strömung ist rotationssymmetrisch.

Abb. 6.7: Randbedingung zur Hagen-Poiseuille-Strömung

3. $\partial\vec{u}/\partial z = 0$, das Strömungsfeld ist in z-Richtung unendlich ausgedehnt $(-\infty < z < \infty)$.

Die Randbedingungen sind überall gleich, d.h. es können bei stationärer Strömung keine Geschwindigkeitsänderungen in z-Richtung auftreten. Mit Hilfe der Kontinuitätsgleichung für inkompressible Strömungen in differentieller Form erhält man nun:

$$\nabla \cdot \vec{u} = 0 \Leftrightarrow \frac{1}{r}\left[\frac{\partial(u_r r)}{\partial r} + \underbrace{\frac{\partial u_\varphi}{\partial \varphi}}_{=0} + \underbrace{\frac{\partial(u_z r)}{\partial z}}_{=0}\right] = 0 \Rightarrow \frac{\partial(u_r r)}{\partial r} = 0 \quad \Rightarrow \quad u_r r = \text{konst.}$$

mit $u_r\big|_{r=R} = \dfrac{\text{konst.}}{R} \overset{!}{=} 0 \quad \Rightarrow \quad u_r \equiv 0$.

Die Schlussfolgerung von $\partial u_\varphi/\partial\varphi = 0$ auf $u_\varphi \equiv 0$ ist nicht zwingend aber mit den übrigen Randbedingungen verträglich und liefert eine nicht triviale Lösung. Für die Bestimmung des Druckgradienten und der Geschwindigkeitskomponente u_z verwenden wir die Navier-Stokessche Gleichungen ohne Volumenkräfte!
Mit $u_r = 0$, $u_\varphi = 0$ folgt aus der r-Komponente

$$r: \quad 0 = -\frac{\partial p}{\partial r} \quad \Rightarrow \quad p = f(\varphi, z)$$

und aus der φ-Komponente

$$\varphi: \quad 0 = -\frac{1}{r}\frac{\partial p}{\partial \varphi} \quad \Rightarrow \quad p = f(z)$$

das der Druck nur eine Funktion von z sein kann.

Aus der z-Komponente der Navier-Stokesschen Gleichungen in Zylinderkoordinaten für inkompressible Strömungen (siehe Formelsammlung, Zylinderkoordinaten)

$$z: \quad \varrho\left[\frac{\partial u_z}{\partial t} + u_r\frac{\partial u_z}{\partial r} + u_z\frac{\partial u_z}{\partial z} + \frac{1}{r}u_\varphi\frac{\partial u_z}{\partial \varphi}\right] = \varrho k_z - \frac{\partial p}{\partial z} + \eta\Delta u_z, \tag{6.6}$$

und dem Laplaceoperator in Zylinderkoordiaten

$$\Delta u_z = \frac{\partial^2 u_z}{\partial r^2} + \frac{1}{r}\frac{\partial u_z}{\partial r} + \frac{1}{r^2}\frac{\partial^2 u_z}{\partial \varphi^2} + \frac{\partial^2 u_z}{\partial z^2}, \tag{6.7}$$

erhält man

$$\frac{1}{r}\frac{d}{dr}\left(r\frac{du_r}{dr}\right) = -\frac{K}{\eta} \Rightarrow \quad u_z(r) = -\frac{K}{4\eta}r^2 + c_1\ln r + c_2. \tag{6.8}$$

Die Geschwindigkeit $u_z(r)$ ist im ganzen Feld beschränkt, auch für $r = 0 \Rightarrow c_1 = 0$. Mit der Haftbedingung $u_z(R) = 0 \Rightarrow c_2 = KR^2/(4\eta)$. Die Lösung lautet somit

$$u_z(r) = \frac{KR^2}{4\eta}\left(1 - \frac{r^2}{R^2}\right). \tag{6.9}$$

Mit $u_z(0) = U_{max} = KR^2/(4\eta)$ schreibt man auch

$$u_z(r) = U_{max}\left(1 - \frac{r^2}{R^2}\right) \tag{6.10}$$

Der Volumenstrom ist

$$\dot{V} = \int_0^{2\pi}\int_0^R u_z(r)r\,dr\,d\varphi = \pi R^2\frac{U_{max}}{2} \tag{6.11}$$

und die mittlere Geschwindigkeit durch das Rohr lautet

$$\bar{U} = \frac{\dot{V}}{\pi R^2} = \frac{U_{max}}{2} = \frac{KR^2}{8\eta}. \tag{6.12}$$

Mit dem Geschwindigkeitsprofil (6.9) und der Komponente τ_{rz} des Spannungstensors läßt sich eine Beziehung zwischen der Wandschubspannung τ_W und dem Druckgradienten K angeben. In Zylinderkoordinaten haben wir

$$\tau_W = -\tau_{rz}|_{r=R} = -\eta \left(\underbrace{\frac{\partial u_r}{\partial z}}_{=0} + \frac{\partial u_z}{\partial r} \right)\Bigg|_{r=R} \quad \text{und mit} \quad \left(\frac{\partial u_z}{\partial r} \right)\Bigg|_{r=R} = -\frac{KR}{2\eta} \quad (6.13)$$

ergibt sich die Beziehung

$$\tau_W = \frac{KR}{2}. \tag{6.14}$$

Der Druckgradient im Rohr ist konstant $\partial p/\partial z = -K$. Damit ergibt sich für den Druck-abfall Δp auf der Länge l in Strömungsrichtung zwischen zwei Punkten im Rohr (Abb. 6.8)

$$K = \frac{p_1 - p_2}{l} = \frac{\Delta p}{l}. \tag{6.15}$$

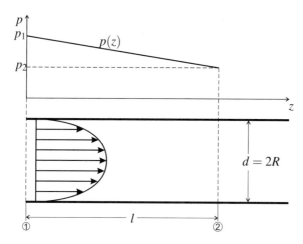

Abb. 6.8: Hagen-Poiseuille-Strömung

In dimensionsloser Form schreibt sich der Druckverlust als Verlustziffer zu

$$\zeta := \frac{2\Delta p}{\varrho \bar{U}^2}. \tag{6.16}$$

Mit der dimensionslosen Widerstanszahl

$$\lambda := \zeta \frac{d}{l} \tag{6.17}$$

hat der Druckverlust für laminare und turbulente Rohrströmung die Form

$$\Delta p = \lambda \frac{l}{d} \frac{\varrho}{2} \bar{U}^2. \tag{6.18}$$

Mit (6.11) und (6.15) sowie $R = d/2$ kann die Widerstandszahl

$$\lambda = \frac{d}{l}\frac{\Delta p}{\varrho \bar{U}}\frac{4\eta}{KR^2} = 64\frac{\eta}{\varrho \bar{U} d} \tag{6.19}$$

für die laminare Rohrströmung durch die Reynlodszahl der Rohrströmung

$$Re = \frac{\varrho \bar{U} d}{\eta} \tag{6.20}$$

ausgedrückt werden:

$$\lambda = \frac{64}{Re}. \tag{6.21}$$

Aus (6.18) folgt $K \sim \dot{V}$, d.h. in laminarer Rohrströmung ist der Druckverlust proportional zum Volumenstrom. In turbulenter Rohrströmung ist die Widerstandszahl λ eine Funktion der Reynoldszahl und der relativen Rohrrauheit k/d, $\lambda = \lambda(Re, k/d)$ (siehe Kapitel 7.2.4).

6.3 Aufgaben zur laminaren Schichtenströmung

Aufgabe 6.1. Strömung zwischen zwei Platten

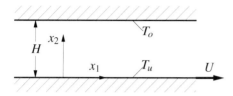

Zwischen zwei ebenen, in x_1- und x_3- Richtung unendlich ausgedehnten Platten mit dem Abstand H befindet sich Newtonsche Flüssigkeit konstanter Dichte. Die obere Platte steht fest und wird durch Heizung auf der Temperatur T_o gehalten.

Die untere Platte wird mit der Geschwindigkeit U gezogen und besitzt die Temperatur T_u. Durch die Heizung stellt sich zwischen den Platten eine lineare Temperaturverteilung ein, die die Viskosität der Flüssigkeit beeinflusst. Die Temperaturverteilung T und der Zusammenhang zwischen Viskosität η und Temperatur T lauten (mit $\Delta T = T_o - T_u$):

$$T(x_2) = T_u + \Delta T \frac{x_2}{H}, \qquad \eta(T) = \eta_u e^{-\alpha(T - T_u)}.$$

η_u ist die zu T_u gehörige Viskosität an der unteren Platte, α ist eine Konstante. Die Temperaturerhöhung infolge Dissipation kann vernachlässigt werden, ebenso die Temperaturabhängigkeit der Dichte. Es handelt sich um eine ebene, stationäre Schichtenströmung. Der Druck ist im ganzen Feld konstant, Volumenkräfte treten nicht auf.

a) Wie lauten die Randbedingungen an die Geschwindigkeitskomponenten u_1 und u_2?

b) Bestimmen Sie die Vertikalkomponente u_2 der Geschwindigkeit im Spalt.

c) Die Navier-Stokesschen Gleichungen ohne Volumenkräfte lauten bei nicht konstanter Viskosität η:

$$\varrho \left\{ \frac{\partial u_i}{\partial t} + u_j \frac{\partial u_i}{\partial x_j} \right\} = -\frac{\partial p}{\partial x_i} + \frac{\partial}{\partial x_j} \left\{ \eta \left[\frac{\partial u_i}{\partial x_j} + \frac{\partial u_j}{\partial x_i} \right] \right\}$$

Vereinfachen Sie die Gleichungen für die vorliegende Strömung. Gesucht sind die Komponenten für $i = 1$ und $i = 2$.

d) Berechnen Sie das Geschwindigkeitsfeld dieser Strömung.

Geg.: $U, H, T_u, T_o, \alpha, \eta_u, \Delta T = T_o - T_u$.

Lösung auf Seite 225

Aufgabe 6.2. Kreisrohr

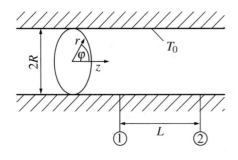

Durch ein gerades Kreisrohr (Radius R) wird der Volumenstrom $\dot{V}$ einer Newtonschen Flüssigkeit gefördert. Die Stoffwerte der Flüssigkeit Dichte ϱ, Zähigkeit η, Wärmeleitfähigkeit λ, spezifische Wärme c, sind konstant. Das Kreisrohr ist unendlich lang, die Schichtenströmung ist laminar, stationär und rotationssymmetrisch. Der Druckgradient in Strömungsrichtung ist konstant: $\partial p/\partial z = -K$. Volumenkräfte treten nicht auf. Die Temperatur der Rohrwand ist konstant.

a) Welcher Druckgradient K muß aufgebracht werden, um den gewünschten Volumenstrom $\dot{V}$ zu fördern? Mit welcher mittleren Geschwindigkeit $\bar{U}$ strömt die Flüssigkeit durch das Rohr?

b) Geben Sie für die folgenden Rechnungen das Geschwindigkeitsprofil $u_z(r)$ in Abhängigkeit von $\bar{U}$ an. Berechnen Sie die Dissipationsfunktion Φ.

c) Die Energiegleichung mit konstanten Stoffgrößen lautet:

$$\varrho c \frac{\mathrm{D}T}{\mathrm{D}t} - \frac{p}{\varrho} \frac{\mathrm{D}\varrho}{\mathrm{D}t} = \Phi + \lambda \, \Delta T .$$

Die materielle Ableitung und der Laplace-Operator in Zylinderkoordinaten lauten:

$$\frac{\mathrm{D}T}{\mathrm{D}t} = \frac{\partial T}{\partial t} + u_r \frac{\partial T}{\partial r} + u_\varphi \frac{1}{r} \frac{\partial T}{\partial \varphi} + u_z \frac{\partial T}{\partial z}$$

und

$$\Delta T = \frac{1}{r} \frac{\partial}{\partial r} \left[r \frac{\partial T}{\partial r} \right] + \frac{1}{r^2} \frac{\partial^2 T}{\partial \varphi^2} + \frac{\partial^2 T}{\partial z^2} .$$

Vereinfachen Sie die Energiegleichung für die vorliegende Strömung.

d) Berechnen Sie den Temperaturgradienten an der Rohrwand ($r = R$), wenn er in der Rohrmitte ($r = 0$) Null ist.

e) Zeigen Sie, dass die über ein Rohrstück der Länge L abgeführte Wärme $\dot{Q}$ gleich dem Volumenstrom $\dot{V}$ mal dem Druckabfall $p_1 - p_2$ auf dieser Länge ist: $|\dot{Q}| = \dot{V}(p_1 - p_2)$.

Geg.: $\dot{V}, R, \eta, \lambda, L, c, \varrho$.

Lösung auf Seite 227

Aufgabe 6.3. Plattenströmung

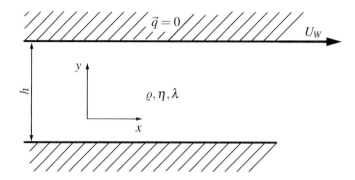

Zwischen zwei unendlich ausgedehnten Platten liegt eine Druck-Schlepp-Strömung vor. Die ebenen Platten haben den Abstand h. Die obere Wand bewegt sich mit der Geschwindigkeit U_W in die positive x-Richtung. Der Druckgradient in x-Richtung

$$\frac{\partial p}{\partial x} = -K \neq 0$$

ist konstant. Die obere Wand ist wärmeisoliert ($\vec{q} = 0$) und es soll angenommen werden, dass die Temperatur zwischen den Platten keine Funktion von x ist. Es handelt sich um eine Newtonsche Flüssigkeit. Die Dichte ϱ und die Zähigkeit η sind konstant.

a) Geben Sie das Geschwindigkeitsprofil $u(y)$ für diese laminare Schichtenströmung mit zunächst noch unbekanntem Druckgradienten $\partial p/\partial x$ in Abhängigkeit von K an.
b) Wie groß muß der Druckgradient sein, damit kein Volumenstrom durch den Kanal strömt? Geben Sie für diesen Fall das Geschwindigkeitsprofil $u(y)$ an und skizzieren Sie es qualitativ.
c) Bestimmen Sie für diesen Fall die Dissipationsfunktion Φ und stellen Sie die Differentialgleichung für die Temperaturverteilung $T = T(y)$ im Kanal auf.
d) Berechnen Sie die Komponente q_y des Wärmestromvektors an der unteren Wand.

Geg.: U_W, h, η, ϱ, λ.

Lösung auf Seite 228

Aufgabe 6.4. Gegenläufige Platten

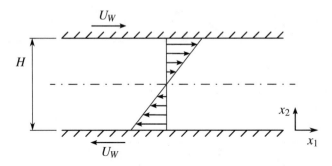

Abb. 6.9: Strömung zwischen zwei entgegengesetzt bewegten Platten

Zwei in x_1-Richtung unendlich weit ausgedehnte Platten werden jeweils mit der konstanten Geschwindigkeit U_W in entgegengesetzte Richtung bewegt. Zwischen den beiden Platten befindet sich eine Newton'sche Flüssigkeit konstanter Dichte, in der sich infolge der Plattenbewegungen ein ebener, stationärer Strömungszustand eingestellt hat. Volumenkräfte sind zu vernachlässigen.

a) Geben Sie die Komponenten u_1 und u_2 des Geschwindigkeitsfelds der Flüssigkeit an.
b) Handelt es sich bei der vorliegenden Strömung um eine Potentialströmung? Begründen Sie Ihre Antwort.
c) Bestimmen Sie die Dissipationsfunktion Φ.
d) Berechnen Sie den zugehörigen Schubspannungsverlauf und skizzieren Sie diesen.
e) Infolge von Reibung wird mechanische Energie in Wärme dissipiert. Die entstehende Wärme wird dabei in gleichem Maße über die obere und untere Platte abgeführt, wobei die untere Platte auf der konstanten Temperatur T_0 gehalten wird. Bestimmen Sie die Temperaturverteilung $T(x_2)$ in der Flüssigkeit.

Geg.: U_W, H, T_0, $\eta =$ konst., $\lambda =$ konst.

Lösung auf Seite 230

Aufgabe 6.5. Magnetisch getriebene Kanalströmung

Eine inkompressible Flüssigkeit wird durch einen in x- und z-Richtung unendlich ausgedehnten Kanal gefördert. Um die elektrisch leitende Flüssigkeit durch den Kanal zu transportieren, wird ihr durch ein Magnetfeld von außen eine Massenkraft $\vec{k}(y)$ aufgeprägt. Diese ist in x-Richtung im gesamten Kanal konstant. Es stellt sich eine laminare, ebene, stationäre Schichtenströmung ein, die in der (x, y)-Ebene behandelt werden kann. Der Druckgradient in x-Richtung verschwindet, die Massenkraft infolge der Erdanziehung kann vernachlässigt werden.

Die Massenkraftverteilung ist gegeben durch:

$$\vec{k} = k_x \vec{e}_x + k_y \vec{e}_y \quad \text{mit} \quad k_x(y) = k_0 \left(1 - \frac{y}{2b}\right), \quad k_y = 0.$$

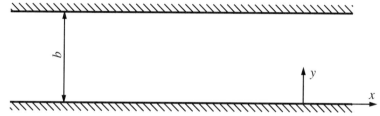

a) Berechnen Sie die Geschwindigkeitskomponente v.
b) Schreiben Sie die x-Komponente der Navier-Stokesschen Gleichungen für inkompressible Strömungen vollständig aus und vereinfachen Sie diese für das angegebene Problem.
c) Geben Sie die Randbedingungen für die vorliegende Differentialgleichung an und bestimmen Sie das Geschwindigkeitsprofil $u(y)$.
d) Wie groß ist der geförderte Volumenstrom pro Tiefeneinheit?
e) Berechnen Sie den Verlauf der Schubspannungen τ_{yx} über den Kanalquerschnitt und geben Sie die Schubspannung an der unteren Wand an.

Geg.: b, ϱ, η, k_0, $\dfrac{\partial p}{\partial x} = 0$.

Lösung auf Seite 232

Aufgabe 6.6. Strömung an Kabelummantelung

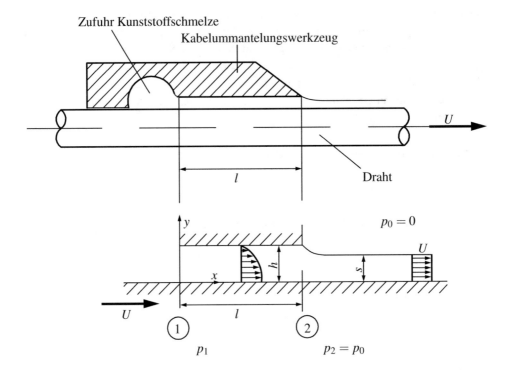

Obige Skizze zeigt das Prinzip einer Kabelummantelung (oberes Bild). Es besteht aus einem kreiszylindrischen feststehenden Kabelummantelungswerkzeug (von dem aufgrund der Symmetrie nur eine Hälfte gezeichnet ist) und einem Draht der mit der Geschwindigkeit U durch dieses Werkzeug gezogen wird. Die zugeführte Kunststoffschmelze fließt dabei durch den Ringspalt der Höhe h. Nach dem Verlassen des Werkzeugs gleicht sich die Geschwindigkeit über den Strömungsquerschnitt aus, der Ringspalt verringert sich auf die Beschichtungshöhe s. Die Schmelze hat dann über den ganzen Querschnitt die gleiche Geschwindigkeit U wie der gezogene Draht.

Der Drahtdurchmesser ist sehr groß gegenüber der Höhe h des Ringspaltes, so dass der Strömungsvorgang im abgewickelten System (siehe unteres Bild) betrachtet werden kann. Wegen $l \gg h$ kann dann die Strömung auch ab der Stelle ① näherungsweise als ebene, stationäre, inkompressible, reibungsbehaftete Schichtenströmung betrachtet werden. Die Kunststoffschmelze soll hier als Newtonsche Flüssigkeit konstanter Dichte behandelt werden. Der Druck an der Stelle ① ist p_1, der Druckgradient $\partial p / \partial x = -K$ zwischen ① und ② ist konstant. Volumenkräfte sind zu vernachlässigen.

a) Wie lautet die Differentialgleichung für das Geschwindigkeitsfeld $u(y)$ im Spalt zwischen den Stellen ① und ② ? Man erhält sie durch Vereinfachung der ersten Komponente der Navier-Stokesschen Gleichungen.

b) Geben Sie die Randbedingungen für das Geschwindigkeitsfeld an.

c) Berechnen Sie das Geschwindigkeitsfeld $u(y)$ zwischen ① und ② in Abhängigkeit vom noch unbekanntem Druckgradienten.

d) Wie groß muß der Druck p_1 sein, damit im betrachteten Strömungsbereich das Maximum der Geschwindigkeit für $y = 0$ vorliegt.
   Wie lautet die Druckverteilung $p(x)$ zwischen ① und ② ?

e) Berechnen Sie nun die x-Komponente der Kraft, die die untere Wand (Draht) auf die Flüssigkeit zwischen ① und ② ausübt.

f) Berechnen Sie die Beschichtungsdicke s, die die Schmelze nach dem Verlassen des Kabelummantelungswerkzeugs erzeugt.

Geg.: $h, l, U, \eta, p_2 = p_0 = 0$.

Lösung auf Seite 233

Kapitel 7
Stromfadentheorie

In vielen praktischen Fällen liegen Symmetrien in Strömungsfeldern vor, so dass man zu deren Beschreibungen nur eine Geschwindigkeitskomponente und eine Raumkoordinate benötigt. Die Berechnung derartiger Stömungen findet in sogenannten Stromröhren statt. Alle Stromlinien die durch eine geschlossene Kurve C verlaufen, bilden die Mantelfläche einer Stromröhre (siehe Abb. 7.1). Da die Geschwindigkeitsvektoren parallel zu den Stromlinien verlaufen, wirkt diese Mantelfläche wie eine Rohrwand, es kann keine Flüssigkeit hinein oder heraus fließen. Ändern sich die Strömungsgrößen über den Strömungsquerschnitten der Stromröhre nicht oder sind sie gegen die Änderungen in Strömungsrichtung vernachlässigbar klein, so kann die Strömung längs einer mittleren Stromlinie in Abhängigkeit vom Bahnparameter beschrieben werden. Diese mittlere Stromlinie bezeichnen wir als Stromfaden und die ganze Beschreibungsweise als Stromfadentheorie.

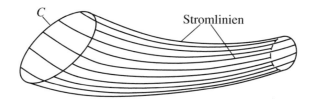

Abb. 7.1: Stromröhre

Technische Beispiele bei denen die Stromröhre durch feste Wände gebildet werden:

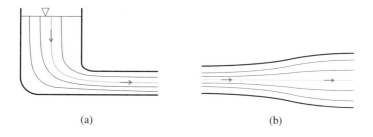

Abb. 7.2: a) Ausfluss und b) Diffusor

© Springer-Verlag GmbH Deutschland, ein Teil von Springer Nature 2018
H. Marschall, *Aufgabensammlung zur technischen Strömungslehre*,
https://doi.org/10.1007/978-3-662-56379-3_7

7.1 Die Bilanzgleichungen der Stromfadentheorie

Nachfolgend werden die vereinfachten Bilanzgleichungen für die Stromfadentheorie anhand einer Stromröhre angegeben. Die Integralformen der Feldtheorie reduzieren sich unter den gegebenen Voraussetzungen auf die algebraischen Formeln der Stromfadentheorie. Für die ausführlichen Ableitungen ist einschlägige Literatur heranzuziehen, z.B.Spurk (2004).

7.1.1 Die Kontinuitätsgleichung

Betrachtet wird eine Stromröhre der Länge L als Kontrollvolumen (KV):

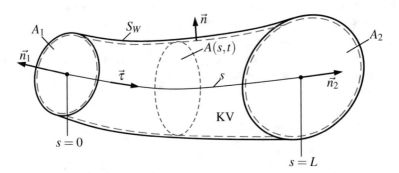

Abb. 7.3: Kontrollvolumen einer Stromröhre

Die Kontinuitätsgleichung lautet:

$$\iiint\limits_V \frac{\partial \varrho}{\partial t}\, \mathrm{d}V + \iint\limits_S \varrho \vec{u} \cdot \vec{n}\, \mathrm{d}S = 0$$

mit $S = A_1 + S_W + A_2$, $\mathrm{d}V = A(s,t)\,\mathrm{d}S$, s bezeichnet den Bahnparameter und $\vec{\tau}$ den Richtungsvektor der Stromlinie. Vereinfachend setzen wir hier noch voraus, dass ϱ, $\partial \varrho / \partial t$, und $\vec{u}$ auf jeder Querschnittsfläche $A(s,t)$ konstant sind. Damit folgt

$$\int\limits_0^L \frac{\partial \varrho}{\partial t} A(s,t)\,\mathrm{d}S - \varrho_1 u_1 A_1 + \varrho_2 u_2 A_2 + \iint\limits_{S_W} \varrho(\vec{u} \cdot \vec{n})\,\mathrm{d}S_W = 0 \qquad (7.1)$$

Ist die Querschnittsfläche zeitlich konstant $A(s,t) = A(s)$ also $\vec{u} \cdot \vec{n}|_{S_W} = 0$ und die Strömung stationär, so folgt

$$\int_0^L \underbrace{\frac{\partial \varrho}{\partial t}}_{=0} A(s,t)\, \mathrm{d}S - \varrho_1 u_1 A_1 + \varrho_2 u_2 A_2 + \iint_{S_W} \varrho \underbrace{(\vec{u} \cdot \vec{n})}_{=0}\, \mathrm{d}S_W = 0 \qquad (7.2)$$

$$\Rightarrow \varrho_1 u_1 A_1 = \varrho_2 u_2 A_2 \qquad (7.3)$$

Ist die Strömung inkompressibel so nimmt die Kontinuitätsgleichung die einfache Form

$$u_1 A_1 = u_2 A_2 \qquad (7.4)$$

an.

7.1.2 Der Impulssatz

Betrachten wir stationäre Strömungen ohne Einfluss von Volumenkräften und setzen die Annahmen der Stromfadentheorie voraus, so ergibt sich mit Hilfe der Abb. 7.3 aus der Intergralform (2.12) zunächst:

$$\varrho_2 u_2^2 A_2 \vec{n}_2 + \varrho_1 u_1^2 A_1 \vec{n}_1 + \iint_{S_W} \varrho \vec{u} \underbrace{(\vec{u} \cdot \vec{n})}_{=0}\, \mathrm{d}S_W = -p_1 A_1 \vec{n}_1 - p_2 A_2 \vec{n}_2 + \underbrace{\iint_{S_W} \vec{t}\, \mathrm{d}S_W}_{=\vec{F}_{W \to \mathrm{Fl}}}\ .$$

Für die Kraft der Flüssigkeit auf die Wand erhält man so:

$$\vec{F}_{\mathrm{Fl} \to W} = -\left(\varrho_1 u_1^2 A_1 \vec{n}_1 + \varrho_2 u_2^2 A_2 \vec{n}_2 + p_1 A_1 \vec{n}_1 + p_2 A_2 \vec{n}_2 \right). \qquad (7.5)$$

In der Regel liefert diese Form keinen Vorteil. Es empfiehlt sich einfach die Form (2.12) am konkreten Beispiel für die Stromfadentheorie auszuwerten.
Für eine inkompressible Strömung und einer Stromröhre mit $\vec{t} = \vec{n}_2 = -\vec{n}_1$ lautet die Kraft in Strömungsrichtung $\vec{t}$ auf S_W:

$$F = \varrho(u_1^2 A_1 - u_2^2 A_2) + p_1 A_1 - p_2 A_2. \qquad (7.6)$$

7.1.3 Die Energiegleichung

Wir nehmen die Abbildung 7.3 zur Hilfe und erweitern die Voraussetzungen zur Stromfadentheorie indem wir auf den Ein- und Austrittsflächen A_1 und A_2 thermodynamisches Gleichgewicht, also $\nabla T = 0 \Rightarrow \vec{q} = 0$, fordern. Außerdem lassen wir im Inneren der

Stromröhre bewegte Flächen S_f zu, z.B. Schaufeln einer Turbomaschine, durch die der Strömung Leistung zugeführt oder entzogen werden kann (siehe Abb. 7.4).

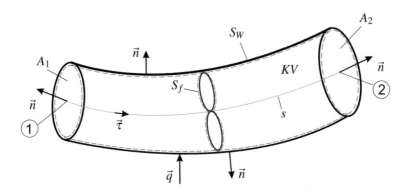

Abb. 7.4: Stromröhre zur Energiegleichung

Wir betrachten Strömungen bei denen die Leistung der Volumenkräfte keinen Beitrag liefern und die „im Mittel stationär" sind. Unter „im Mittel stationär" verstehen wir, dass die gesamte Energie im raumfesten Kontrollvolumen zeitlich konstant ist

$$\frac{\partial}{\partial t} \iiint\limits_{V} \left(\frac{\vec{u} \cdot \vec{u}}{2} + e \right) \varrho \, dV \overset{!}{=} 0 . \tag{7.7}$$

Die Energiegleichung (2.36) liefert dann unter den getroffenen Voraussetzungen der Stromfadentheorie

$$-\left(\frac{u_1^2}{2} + e_1 \right) \varrho_1 u_1 A_1 + \left(\frac{u_2^2}{2} + e_2 \right) \varrho_2 u_2 A_2 = p_1 u_1 A_1 - p_2 u_2 A_2$$

$$+ \underbrace{\iint\limits_{S_f} \vec{u} \cdot \vec{t} \, dS}_{=P} - \underbrace{\iint\limits_{S_W} \vec{q} \cdot \vec{n} \, dS}_{=\dot{Q}} . \tag{7.8}$$

P bezeichnet die der Flüssigkeit über die Flächen S_f zu- oder abgeführte Leistung. $\dot{Q}$ bezeichnet die über die Wandfläche S_W zu- oder abgeführte Wärme.

Mit der Kontinuitätsgleichung $\varrho_1 u_1 A_1 = \varrho_2 u_2 A_2$ ergibt sich die Energiegleichung für die stationäre kompressible Stromfadentheorie zu

$$\frac{u_2^2}{2} + e_2 + \frac{p_2}{\varrho_2} = \frac{u_1^2}{2} + e_1 + \frac{p_1}{\varrho_1} + \frac{P + \dot{Q}}{\varrho_1 u_1 A_1} . \tag{7.9}$$

Oft wird für die inkompressible Strömung ($\varrho_1 = \varrho_2 = \varrho$), ohne Wärmezufuhr ($\dot{Q} = 0$), bei konstanter innerer Energie ($e_1 = e_2$) und Volumenstrom $\dot{V} = u_1 A_1$ die zugeführte Leistung gesucht:

$$P = \dot{V}\left[p_2 - p_1 + \frac{\varrho}{2}\left(u_2^2 - u_1^2\right)\right]. \tag{7.10}$$

In kompressibler Stromfadentheorie begegnet man unter Verwendung der Enthalpie

$$h = e + \frac{p}{\varrho}, \tag{7.11}$$

und den Abkürzungen $w = P/(\varrho_1 u_1 A_1)$ und $q = \dot{Q}/(\varrho_1 u_1 A_1)$ der Energiegleichung in folgender Form:

$$\frac{u_2^2}{2} + h_2 = \frac{u_1^2}{2} + h_1 + w + q. \tag{7.12}$$

7.2 Verluste in der Stromfadentheorie

Die Strömungsverluste in der Stromfadentheorie werden nur phänomenologisch als Druckverluste Δp_v in der Bernoullischen Gleichung berücksichtigt.

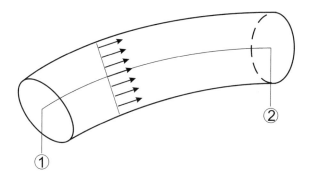

Abb. 7.5: Strömungsverluste

$$p_1 + \frac{\varrho}{2}u_1^2 + \varrho g z_1 = p_2 + \frac{\varrho}{2}u_2^2 + \varrho g z_2 + \Delta p_v. \tag{7.13}$$

Die Gesamtenergie pro Volumeneinheit: Druckenergie + kinetische Energie + potentielle Energie an der Stelle ① ist gleich der Gesamtenergie an der Stelle ② plus den auf dem Wege von ① nach ② auftretenden Verlusten! Die Geschwindigkeit u steht hier für die gemittelte Geschwindigkeit $\bar{U}$, $u \mathrel{\hat{=}} \bar{U}$.

Der Druckverlust $\Delta p_v = \zeta\frac{\varrho}{2}u_1^2$ wird auf die Geschwindigkeit bezogen bevor der Verlust auftritt, hier u_1. Die Verlustziffer ζ charakterisiert die Art der Verluste.

7.2.1 Verluste infolge Querschnittsveränderungen

Querschnittsverengung

In Düsen (inkompressible Strömung) findet eine Querschnittsverengung in Strömungsrichtung statt. Hierdurch fällt der Druck in Strömungsrichtung, so dass Druckverluste infolge

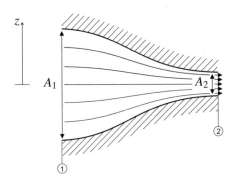

Abb. 7.6: Düse

z.B. von Reibung oft vernachlässigbar sind, d.h. es kann $\Delta p_v = 0$ gesetzt werden. Die Austrittsgeschwindigkeit u_2 ergibt sich dann aus der Bernoullischen Gleichung für den reibungsfreien Fall:

$$p_1 + \frac{\varrho}{2}u_1^2 + \varrho g z_1 = p_2 + \frac{\varrho}{2}u_2^2 + \varrho g z_2$$

$$\text{mit: } z_1 = z_2, \quad u_1 = u_2\frac{A_2}{A_1}, \quad \Delta p = p_1 - p_2 \quad \Rightarrow \quad u_2 = \sqrt{\frac{2\Delta p/\varrho}{1 - \left(\frac{A_2}{A_1}\right)^2}} \quad (7.14)$$

Querschnittserweiterung

In Diffusoren (inkompressible Strömung) findet in Strömungsrichtung eine Querschnittserweiterung statt. Kinetische Energie wird in eine Druckerhöhung umgewandelt. Ist die Querschnittserweiterung zu groß ($> 6° - 10°$), löst die Strömung an der Wand ab. Die durch die Grenzschichtablösung auftretenden Druckverluste Δp_v werden in der Bernoullischen Gleichung berücksichtigt

$$p_1 + \frac{\varrho}{2}u_1^2 = p_2 + \frac{\varrho}{2}u_2^2 + \Delta p_v. \quad (7.15)$$

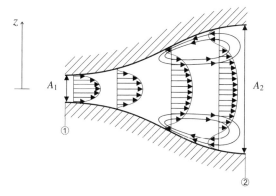

Abb. 7.7: Diffusor

Das Verhältnis des realen Druckanstieges zum theoretisch möglichen verlustfreien Druck-
anstieg wird als Diffusorwirkungsgrad η_D bezeichnet:

$$\eta_D := \frac{(p_2 - p_1)_{\text{real}}}{(p_2 - p_1)_{\text{ideal}}} = \frac{\frac{\varrho}{2}(u_1^2 - u_2^2) - \Delta p_v}{\frac{\varrho}{2}(u_1^2 - u_2^2)}$$

$$\text{mit } \Delta p_v = \zeta \frac{\varrho}{2} u_1^2 \quad \Rightarrow \quad \eta_D = 1 - \frac{\zeta}{1 - (\frac{A_1}{A_2})^2} \tag{7.16}$$

Bei gegebenem η_D errechnet sich der Druckverlust zu:

$$\Delta p_v = (1 - \eta_D)\left(1 - \frac{A_1^2}{A_2^2}\right)\frac{\varrho}{2} u_1^2. \tag{7.17}$$

Unstetige Querschnittserweiterung

Bei der unstetigen Querschnittserweiterung wird der Strömungsquerschnitt A_1 plötzlich
auf A_2 erweitert. Der Flüssigkeitsstrahl tritt mit der Geschwindigkeit u_1 über den Querschnitt A_1 in das Rohr mit dem größeren Querschnitt A_2 ein. Die Geschwindigkeit reduziert
sich auf u_2 und der Druck erhöht sich auf p_2. Der bei einer verlustfreien Strömung theoretisch mögliche Druck p_2 wird jedoch nicht erreicht. Der eintretende Strahl vermischt sich
aufgrund der inneren Reibung mit der umgebenden Flüssigkeit. Hierdurch wird mechanische Energie in Wärme dissipiert. Der entstehende Druckverlust Δp_{V_C} heißt Carnotscher
Stoßverlust Δp_{V_C} und berechnet sich aus der idealen Druckdifferenz nach der verlustfreien
Bernoullischen Gleichung und dem realen Druckverlust

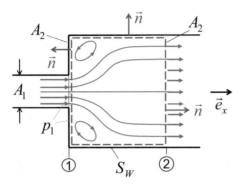

Abb. 7.8: Carnotscher Stoßverlust

$$\Delta p_{V_C} = (p_2 - p_1)_{\text{ideal}} - (p_2 - p_1)_{\text{real}} \tag{7.18}$$

$$\text{mit } (p_2 - p_1)_{\text{ideal}} = \frac{\varrho}{2} u_1^2 \left(1 - \frac{A_1^2}{A_2^2} \right). \tag{7.19}$$

Den realen Druckverlust

$$(p_2 - p_1)_{\text{real}} = \varrho u_1^2 \frac{A_1}{A_2} \left(1 - \frac{A_1}{A_2} \right) \tag{7.20}$$

erhält man aus dem Impulssatz, angewendet auf das skizzierte Kontrollvolumen in Abb. 7.8, wenn alle Beiträge durch die Schubspannungen weggelassen und nur die Druckkräfte berücksichtigt werden! Dies ist erlaubt, wenn die Erweiterung von A_1 auf A_2 und damit die Druckerhöhung von p_1 auf p_2 groß genug ist. Aus (7.18) ergibt sich so der Druckverlust zu

$$\Delta p_{V_C} = \frac{\varrho}{2} u_1^2 \left(1 - \frac{A_1}{A_2} \right)^2 = \frac{\varrho}{2} (u_1 - u_2)^2. \tag{7.21}$$

Die dazu gehörige Bernoullische Gleichung lautet somit

$$p_1 + \frac{\varrho}{2} u_1^2 = p_2 + \frac{\varrho}{2} u_2^2 + \Delta p_{V_C}. \tag{7.22}$$

Gilt $A_1/A_2 \to 0$, so wird der Druckverlust (7.21) als Austrittsverlust bezeichnet

$$\Delta p_{V_A} = \frac{\varrho}{2} u_1^2. \tag{7.23}$$

Unstetige Querschnittsverengung

Eine scharfkantige Rohrverengung von A_1 auf A_2 bewirkt zunächst eine Strahleinschnürung auf

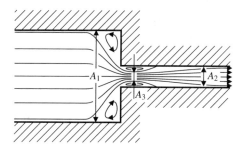

Abb. 7.9: Einschnürung

$$A_3 = \alpha A_2,\tag{7.24}$$

wobei die Kontraktionsziffer α vom Flächenverhältnis A_2/A_1 abhängt. Für $A_2/A_1 \to 0$ ist bei einem ebenen Spalt $\alpha = 0,61$ und bei einem kreisförmigen Querschnitt $\alpha = 0,58$. Nach der Einschnürung findet unter Vermischung mit der umgebenden Flüssigkeit eine Strahlaufweitung von A_3 auf A_2 statt. Physikalisch ist der Vorgang eng verwandt mit der unstetigen Querschnittserweiterung. Der Druckverlust lautet daher

$$\Delta p_{V_C} = \frac{\varrho}{2}u_3^2\left(1 - \frac{A_3}{A_2}\right)^2.\tag{7.25}$$

Mit (7.24) und der Kontinuitätsgleichung $u_3 = u_2(A_2/A_3)$ folgt

$$\Delta p_{V_C} = \frac{\varrho}{2}u_2^2\left(\frac{1-\alpha}{\alpha}\right)^2.\tag{7.26}$$

7.2.2 Reibungsverluste

Der Druckverlust in einem Kreisrohr aufgrund von Reibung ist im Kapitel 6.2 in der Gleichung (6.18) für die Hagen-Poiseuille-Strömung angegeben. In der Stromfadentheorie setzen wir $u = \overline{U}$ voraus, daher kann Gleichung (6.18) näherungsweise für die Berechnung der Druckverluste in der Stromfadentheorie verwendet werden.
Wird der Kreisrohrdurchmesser d durch den hydraulischen Durchmesser d_h

$$d \to d_h := \frac{4A}{s}\tag{7.27}$$

eines nicht kreisförmigen Rohres ersetzt, so kann die Formel

$$\Delta p_v = \lambda\frac{l}{d_h}\frac{\varrho}{2}\overline{U}^2\tag{7.28}$$

auch für Rohre mit drei oder viereckigem Querschnitt verwendet werden. In (7.27) ist A die Querschnittsfläche und s der benetzte Umfang des nicht kreisförmigen Rohres.

7.2.3 Verluste durch Krümmer, Ventile, und Rohrverzweigungen

Liegt eine Rohrleitung vor in der verschiedene Verluste auftreten, so setzt sich der gesamte Druckverlust aus der Summe der einzelnen Verluste zusammen. Für Einbauten in Rohrleitungen wie Krümmer, Ventile, und Rohrverzweigungen können die Werte für die Verlustziffer ζ einschlägigen Tabellenwerken entnommen werden wie z.B. Czichos (2013); Dubbel (2013). Liegen weitere Einbauten in der Rohrleitung vor wie z.B. eine Pumpe, die der Strömung die hydraulische Leistung

$$P_p = \Delta p \dot{V} \tag{7.29}$$

zuführt oder eine Turbine, die der Strömung die Leistung P_T entnimmt, so sind auch diese Druckerhöhungen bzw. Verluste entsprechend in der Bernoullischen Gleichung zu berücksichtigen:

$$p_1 + \frac{\varrho}{2}u_1^2 + \varrho g z_1 + P_P - P_T = p_2 + \frac{\varrho}{2}u_2^2 + \varrho g z_2 + \frac{\varrho}{2}\sum_j \zeta_j u_j^2. \tag{7.30}$$

7.2.4 Reibungsverluste in turbulenter Rohrströmung

Da wir im Rahmen der turbulenten Strömung nur Aufgaben zu den Rohrströmungen gestellt haben, werden hier im Wesentlichen nur die für die Berechnung der Druckverluste erforderlichen Formeln zur Widerstandszahl λ bereitgestellt.

Die Erfahrung zeigt, dass die laminare Strömung in einem Kreisrohr plötzlich in eine turbulente Strömung umschlägt, wenn die kritische Reynoldszahl von Re=$\varrho U d/\eta$=2300 überschritten wird. Diese Grenze kann durch geeignete Maßnahmen nach oben verschoben werden, z.B. ein besonders glattes Rohr oder einen störungsfreien Rohreinlauf. Bei laminarer Strömung gleiten die Flüssigkeitsteilchen mit konstanter Geschwindigkeit auf achsenparallelen Bahnen durch das Rohr. Bei der turbulenten Strömung schwanken die Teilchen auf ihren Bahnen unregelmäßig in alle Richtungen. Es findet ein reger Impulsaustausch zwischen den Teilchen statt. Die Strömung ist instationär und dreidimensional.

Das Geschwindigkeitsfeld kann als Summe aus aus einer zeitlich gemittelten Geschwindigkeit $\bar{u}_i$ und einer Schwankungsbewegung u_i' dargestellt werden:

$$u_i(x_j,t) = \bar{u}_i(x_j,t) + u_i'(x_j,t) \quad \text{für } i,j = 1,2,3$$

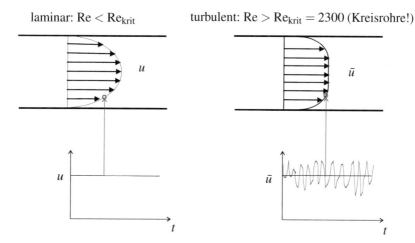

laminar: $Re < Re_{krit}$ turbulent: $Re > Re_{krit} = 2300$ (Kreisrohre!)

Abb. 7.10: Laminares u (links) und und zeitlich gemittelt turbulentes $\bar{u}$ (rechts) Geschwindigkeitsprofil

$$\text{mit}\quad \bar{u}_i(x_j,t) = \lim_{T\to\infty} \frac{1}{T} \int\limits_{t-T}^{t+T} u_i(x_j,t)\,\mathrm{d}t \quad \text{und}\quad \lim_{T\to\infty} \frac{1}{T} \int\limits_{t-T}^{t+T} u_i'(x_j,t)\,\mathrm{d}t = 0.$$

Für statistisch stationäre Prozesse, die wir hier zugrunde legen, sind die Mittelwerte zeitunabhängig $\bar{u}_i = \bar{u}_i(x_j)$. In der eindimensionalen turbulenten Rohrströmung rechnen wir nur mit einer mittleren Geschwindigkeitskomponente in Strömungsrichtung, die wir mit $\bar{u}$ bezeichnen.

Im rechten Bild der Abb. 7.10 ist das zeitlich gemittelte Geschwindigkeitsprofil $\bar{u}$ der turbulenten Strömung gezeigt. Es ist viel völliger und erfüllt daher die Forderung der Stromfadentheorie nach konstanten Strömungsgrößen über den Rohrquerschnitt besser als das Geschwindigkeitsprofil u der laminaren Strömung. Die turbulente Rohrströmung ist daher für die Behandlung im Rahmen der Stromfadentheorie besser geeignet als die laminare Rohrströmung. Wir benötigen hierfür die über den Strömungsquerschnitt A gemittelte Geschwindigkeit $\bar{U}$

$$\bar{U} = \frac{1}{A} \iint\limits_A \bar{u}\,\mathrm{d}A$$

Der Umschlag von laminarer zur turbulenten Strömung macht sich in der dimensionslosen Widerstandszahl λ bemerkbar. In turbulenter Strömung hat die Abhängigkeit der Widerstandszahl λ von der dimensionslosen Reynoldszahl nicht mehr die einfache Form (6.21). Sie muss experimentell ermittelt werden und ist in Abb. 7.11 aufgetragen.

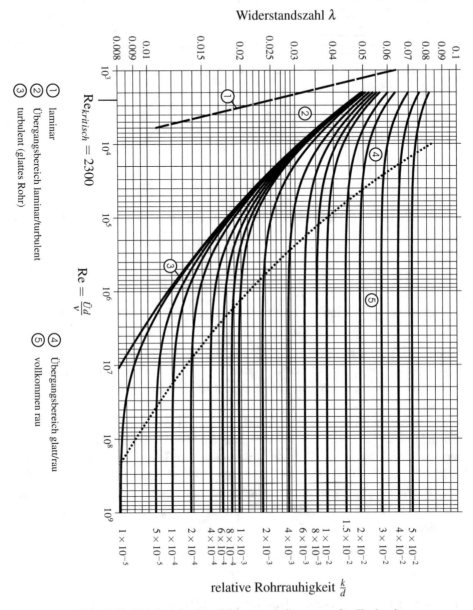

Abb. 7.11: Colebrooksches Widerstandsdiagramm für Kreisrohre

Neben der Reynoldszahl geht auch die relative Rauhigkeit k/d in λ ein: $\lambda = \lambda(Re, k/d)$. In einem hydraulisch glatten Rohr ist bei gleicher Reynoldszahl die Widerstandszahl λ kleiner als in einem rauen Rohr. Das Verhältnis der äquivalenten Sandrauhigkeitserhebung k zur viskosen Länge ν/u_* der Strömung entscheidet darüber ob ein Rohr als hydraulisch glatt $\frac{ku_*}{\nu} \leq 5$ oder als vollkommen rau $\frac{ku_*}{\nu} \geq 70$ anzusehen ist. Dabei bezeichnet $\nu = \eta/\varrho$ die kinematische Viskosität und u_* die Schubspannungsgeschwindigkeit als Funktion der Wandschubspannung τ_w:

$$u_* = \sqrt{\frac{\tau_w}{\varrho}}. \tag{7.31}$$

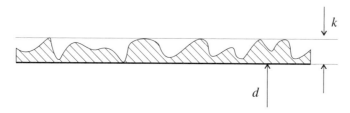

Abb. 7.12: Äquivalente Sandrauhigkeit

Für die in Abb. 7.11 gezeigten Kurven existieren folgende Näherungsformeln:

Für den hydraulisch glatten Bereich gilt die von Nikuradse experimentell bestätigte Formel

$$\frac{ku_*}{\nu} \leq 5: \qquad \frac{1}{\lambda} = 1,74 - 2\lg\left(\frac{18,7}{Re\sqrt{\lambda}}\right) \tag{7.32}$$

$$\lg \,\hat{=}\, \text{Briggscher Logarithmus}.$$

Für die Strömung in einem vollkommen rauen Rohr rechts von der gestrichelten Linie ist λ nahezu unabhängig von der Reynoldszahl Re und hängt nur von der relativen Rauhigkeit k/d ab. Hier gilt nach V. Kármán und Nikuradse

$$\frac{ku_*}{\nu} \geq 70: \qquad \frac{1}{\sqrt{\lambda}} = 1,74 - 2\lg\left(\frac{2k}{d}\right). \tag{7.33}$$

Beide Bereiche werden von der Colebrookschen Formel näherungsweise erfasst

$$\frac{1}{\sqrt{\lambda}} = 1,74 - 2\lg\left(\frac{2k}{d} + \frac{18,7}{Re\sqrt{\lambda}}\right). \tag{7.34}$$

Für glatte Rohre ($k/d \to 0$) geht (7.34) in (7.32) über. Für die Strömung in einem vollkommen rauen Rohr

$$\text{mit} \quad \frac{18,7}{Re\sqrt{\lambda}} \ll \frac{2k}{d}: \qquad (7.34) \to (7.33). \tag{7.35}$$

Bei turbulenter Strömung in nicht kreisförmigen Rohren ist der Kreisrohrdurchmesser d durch den hydraulischen Durchmesser d_h zu ersetzen. Die Formeln (7.32) bis (7.34) bleiben dann auch für nicht kreisförmige Rohre gültig.

Abschließend seien noch einige für die Berechnung turbulenter Rohrströmungen wichtige Beziehungen ohne Herleitung angegeben. Wir betrachten ein Rohr mit dem Radius R und legen den Ursprung ($y = 0$) des Koordinatensystems auf die Rohrwand (Koordinatentransformation $r = R - y$), so dass y den Abstand zur Rohrwand, $y = R$ die Rohrmitte und $\bar{u}(R) = U_{\max}$ die maximale Geschwindigkeit bezeichnet. Durch Dimensionsbetrachtungen kann aus dem allgemeinen Wandgesetz von Prandtl (1925) das logarithmische Wandgesetz

$$\frac{\bar{u}(y)}{u_*} = \frac{1}{\kappa} \ln\left(y\frac{u_*}{\nu}\right) + B \qquad (7.36)$$

für die Geschwindigkeitsverteilung $\bar{u}(y)$ abgeleitet werden (siehe Spurk (2004) Kap.7.4). Die Konstanten κ und B müssen experimentell bestimmt werden. Für den Bereich $30 \leq yu_*/\nu \leq 1000$ erhält man mit $\kappa \approx 0,4$ und $B \approx 5$ eine gute Übereinstimmung mit der experimentell ermittelten Geschwindigkeitsverteilung.

Mit $\bar{u}(R) = U_{\max}$ erhält man aus (7.36) das Mittengesetz

$$\frac{\bar{u}(y) - U_{\max}}{u_*} = \frac{1}{\kappa} \ln\left(\frac{y}{R}\right), \qquad (7.37)$$

das näherungsweise einen guten Verlauf der zeitlich gemittelten Geschwindigkeit $\bar{u}(y)$ über den Rohrquerschnitt beschreibt. Bezeichnet $\bar{U}$ die über den Rohrquerschnitt gemittelte Geschwindigkeit

$$\bar{U} = \frac{2\pi}{\pi R^2} \int\limits_0^R \bar{u}\,(R - y)\,\mathrm{d}y \qquad (7.38)$$

so erhält man, wenn (7.37) in (7.38) eingesetzt wird

$$\bar{U} = U_{\max} - 3,75u_* \quad \text{für glatte Rohre} \qquad (7.39)$$

und analog

$$\bar{U} = U_{\max} - 2,5u_* \quad \text{für glatte Kanäle.} \qquad (7.40)$$

Eine weitere wichtige Beziehung zwischen der Wandschubspannung τ_W und dem Druckgradienten $K = -\partial p/\partial z$ wurde in Kapitel 6.2 in Form der Gleichung (6.14) angegeben (siehe Seite 101):

$$\tau_W = \frac{KR}{2}. \qquad (7.41)$$

Diese Gleichung behält auch für die stochastisch stationäre turbulente Rohrströmung ihre Gültigkeit.

7.3 Aufgaben zur Stromfadentheorie

Aufgabe 7.1. Belüftungsgebläse eines Tunnels

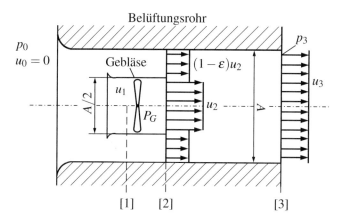

In dem dargestellten Belüftungsrohr (Querschnittsfläche A) eines Tunnels befindet sich ein Gebläse, das den Tunnel mit Frischluft versorgt. Das Gebläse saugt Frischluft außerhalb des Belüftungsrohres (Druck p_0, Geschwindigkeit $u_0 = 0$) an und drückt diese dann mit der Geschwindigkeit u_2 an der Stelle [2] in das Belüftungsrohr. Hierbei kommt es zu einer Vermischung mit der Strömung außerhalb des Gebläses, die an der Stelle [2] die Geschwindigkeit $(1 - \varepsilon)u_2$ besitzt. Die Vermischung ist am Austritt des Belüftungsrohres, Stelle [3], abgeschlossen. Die Luft strömt hier mit konstanter Geschwindigkeit u_3 in den Tunnel. Die Strömung kann **bis auf die Vermischungszone** zwischen [2] und [3] als reibungsfrei betrachtet behandelt. Wandreibungseffekte sind ganz zu vernachlässigen. An den Stellen [1] und [3] ist die Strömung ausgeglichen, in [2] sind die Stromlinien parallel. Die Dichte ϱ der Luft ist für diese Strömung konstant. Der dem Tunnel an der Stelle [3] zugeführte Volumenstrom ist $\dot{V}$.

a) Bestimmen Sie die Geschwindigkeit u_3.

b) Berechnen Sie als Funktion des noch unbekannten Parameters $0 < \varepsilon < 1$ die Geschwindigkeit u_2 und die Druckdifferenz $p_0 - p_2$.

c) Leiten Sie mit Hilfe des Impulssatzes die Gleichung für die Druckdifferenz zwischen den Stellen [3] und [2] ab:

$$p_3 - p_2 = \left(\frac{\varepsilon}{2 - \varepsilon}\right)^2 \varrho \left(\frac{\dot{V}}{A}\right)^2$$

d) Die Anlage soll so ausgelegt werden, dass $p_3 = p_0$ ist. Berechnen Sie hierfür den Parameter ε.

e) Wie groß ist der Druck p_1 an der Stelle [1] im Gebläse?

f) Welche Leistung P_G muss der Strömung durch das Gebläse für das berechnete ε zugeführt werden?

Geg.: $\varrho, p_0, A, \dot{V}$.

Lösung auf Seite 234

Aufgabe 7.2. Flüssigkeitsstrahlpumpe

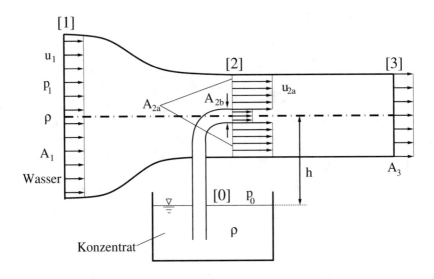

Durch die dargestellte Düse soll aus dem unteren Behälter das flüssige Konzentrat gefördert werden. Konzentrat und Wasser haben die selbe Dichte ρ. Es kann eine stationäre, reibungsfreie und inkompressible Strömung zwischen der Stelle [1] und der Stelle [2] angenommen werden. Am Düseneintritt sind der Druck p_1 und die Geschwindigkeit u_1 bekannt. Zwischen der Stelle [2] und der Stelle [3] findet eine Vermischung statt. An der Flüssigkeitsoberfläche des unteren Behälters liegt Umgebungsdruck p_0 vor, die Geschwindigkeit der Flüssigkeitsoberfläche kann vernachlässigt werden.

a) Ermitteln Sie die Geschwindigkeit u_{2a} und den Druck p_2 des Wassers an der Stelle [2].

b) Berechnen sie die Geschwindigkeit des Konzentrats u_{2b} an der Stelle [2].

c) Geben Sie das Massenverhältnis $\dot{m}_a/\dot{m}_b$ an.

d) Ermitteln Sie die Geschwindigkeit und den Druck des Gemisches an der Stelle [3]. Die Geschwindigkeiten u_{2a} und u_{2b} sowie den Druck p_2 können als gegeben betrachtet werden. Die Reibung auf die Wände kann vernachlässigt werden.

Geg.: $\varrho, p_0, p_1, u_1, A_1, A_{2a}, A_{2b}, A_3 = A_{2a} + A_{2b}$.

Lösung auf Seite 236

Aufgabe 7.3. Pumpspeicherkraftwerk

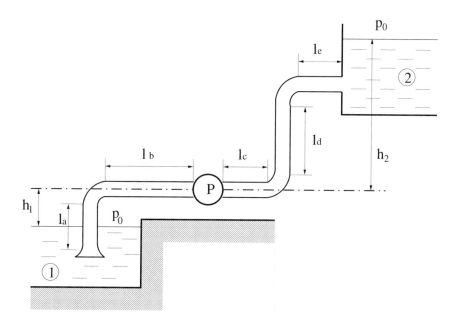

Der Leistungsbedarf eines Pumpspeicherkraftwerkes soll ermittelt werden. Im Pumpbe-trieb wird durch die Pumpe P ein Volumenstrom Wasser $\dot{V}$ vom Unterwasser 1 in das Oberwasser 2 befördert. Reibungsverluste und Verluste in Rohrkrümmern können dabei nicht vernachlässigt werden. Alle Krümmer haben die Verlustziffer ζ_k. Die Kreisrohre ha-ben einen Durchmesser d und die Verluste am Eintritt in das Rohrleitungssystem werden nicht berücksichtigt. Die Strömung ist inkompressibel und es wird keine Wärme zu- oder abgeführt.

a) Bestimmen Sie die Druckverluste, die in dem Leitungsstück bis zum Pumpeneintritt auftreten. Die Widerstandszahl $\lambda = 0.02$ der turbulenten Strömung ist gegeben.

b) Bestimmen Sie die Druckverluste zwischen dem Pumpenaustritt und dem Oberwasser.

c) Welche Leistung muss die Pumpe erbringen, um die Flüssigkeit von dem Unterwasser in das Oberwasser zu fördern.

d) Um in der Pumpe Kavitation zu vermeiden, darf am Pumpeneintritt der Druck p_{min} nicht unterschritten werden. In Welcher Höhe h_{max} darf die Pumpe maximal aufgestellt werden, sodass am Pumpeneintritt p_{min} nicht unterschritten wird.

Geg.: $\varrho = 1000\,\text{kg/m}^3$, $\dot{V} = 0,25\,\text{m}^3/\text{s}$, $d = 0,4\,\text{m}$, $\lambda = 0,02$, $\zeta_k = 0,5$, $p_0 = 1\,\text{bar}$, $p_{min} = 0,85\,\text{bar}$, $g = 9,81\,\text{m/s}^2$, $l_a = 1\,\text{m}$, $l_b = 5\,\text{m}$, $l_c = 20\,\text{m}$, $l_d = 200\,\text{m}$, $l_e = 30\,\text{m}$, $h_1 = 0,5\,\text{m}$, $h_2 = 190\,\text{m}$.

Lösung auf Seite 237

Aufgabe 7.4. Rauchgaszugverstärker

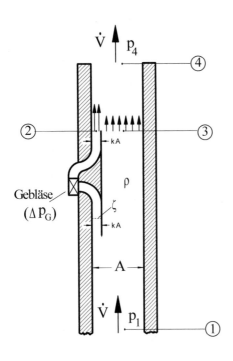

Die Skizze zeigt den Ausgang eines Rauchgasschlotes. Im Ausgang des Rauchgasschlotes der Querschnittsfläche A befindet sich ein „Zugverstärker" mit der Querschnittsfläche kA. Durch den Querschnitt kA soll der Volumenstromanteil $\delta \dot{V}$ gefördert werden. $\dot{V}$ ist der durch den Rauchgasschlot geförderte Gesamtvolumenstrom. Es gilt $0 < k < \delta < 1$. Wandreibungen können vernachlässigt werden. Im „Zugverstärker" ist ein Gebläse und ein Filter eingebaut. Das Gebläse bewirkt eine Druckerhöhung Δp_G, der Filter hat die Verlustziffer ζ. An den Stellen ② und ③ sind die Stromlinien parallel. Von hier bis zur Stelle ④ findet eine Vermischung der beiden Teilströme statt, so dass die Strömung **nicht verlustfrei** ist. An der Stelle ④ ist die Strömung wieder ausgeglichen. Die Dichte ϱ des Gases ist konstant. Volumenkräfte sind zu vernachlässigen.

a) Bestimmen Sie die Geschwindigkeiten an den Stellen ①, ②, ③ und ④.

b) Welche Druckerhöhung Δp_G muß das Gebläse bewirken um den geforderten Massenstrom durch den „Zugverstärker" zu fördern?

c) Welche Druckdifferenz $p_4 - p_1$ stellt sich ein? Beachten Sie, dass die Strömung von ② bzw. ③ nach ④ nicht verlustfrei ist!

Geg.: $\varrho, p_4, \dot{V}, A, k, \delta, \zeta$.

Lösung auf Seite 238

Aufgabe 7.5. Mikropumpe

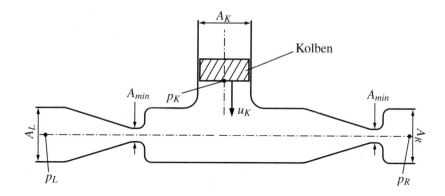

Obige Skizze stellt eine Mikropumpe für medizinische Aufgaben (z.B. für den Transport von Insulin) dar. Es wird der Fall betrachtet, bei dem sich der Kolben mit der Geschwindigkeit u_K nach unten bewegt und so Flüssgkeit mit konstanter Dichte ϱ durch die Rohrleitung drückt. Aufgrund der kleinen Bauweise und zur Sicherstellung eines zuverlässigen Betriebs muss auf Ventile verzichtet werden. Sowohl an der linken Öffnung [L] als auch an der rechten Öffnung [R] herrscht der konstante statische Druck p_0. Die Rohrquerschnitte links und rechts, sowie am Kolben sind gleich. Die Rohrleitungen sind ohne scharfe Kanten ausgeführt, so dass keine Verluste durch Einschnürung entstehen. Stoßverluste müssen jedoch berücksichtigt werden. Auf Grund der Größe der Pumpe kann die Schwerkraft vernachlässigt werden.

a) Geben Sie den Differenzdruck $\Delta p_K = p_K - p_L$ zwischen der linken Öffnung und dem Kolben als Funktion von u_L, u_K und ϱ an.

b) Geben Sie den Differenzdruck $\Delta p_K = p_K - p_R$ zwischen Kolben und rechter Öffnung als Funktion von u_R, u_K und ϱ an.

c) Geben Sie die Volumenströme $\dot{V}_L$ und $\dot{V}_R$ als Funktion der Kolbengeschwindigkeit u_K an.

Geg.: u_K, ϱ, $p_L = p_R = p_0$, $A_L = A_R = A_K = A$, $A/A_{\min} = \sqrt{8} + 1$.

Lösung auf Seite 240

Aufgabe 7.6. Drosselklappe in Kanal

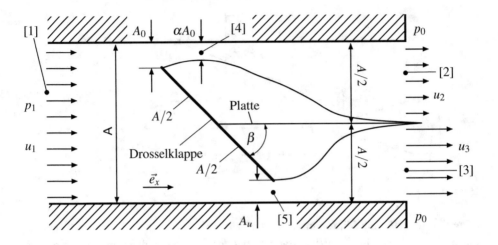

Durch einen Kanal der Querschnittsfläche A strömt Flüssigkeit mit konstanter Dichte ϱ. Der Volumenstrom am Austritt an den Stellen [2] und [3] wird durch den Winkel β einer zentriert eingebauten Drosselklappe geregelt. Hinter der Drosselklappe tritt oben eine Strahleinschnürung von A_o auf αA_o ein. α ist die Kontraktionsziffer. Unten treten Verluste infolge der Strahlaufweitung auf. Die Reibung an den Wänden und der Platte kann vernachlässigt werden. An den Stellen [2] und [3] sei die Strömung wieder vollkommen ausgeglichen.

a) Bestimmen Sie zunächst die Druckverluste von [4] nach [2] in Abhängigkeit von der Geschwindigkeit u_2 und dann die Geschwindigkeit u_2 selbst.

b) Bestimmen Sie die Geschwindigkeit u_3

c) Berechnen Sie die x-Komponente der Kraft durch die Flüssigkeit auf die Drosselklappe.

Geg.: $u_1, A, p_1, p_0, \alpha, \beta$.

Lösung auf Seite 241

Aufgabe 7.7. Taucherglocke

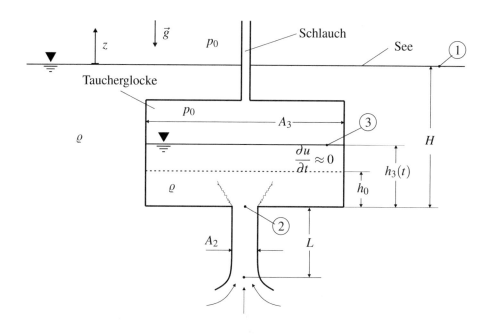

Eine Taucherglocke (Querschnitt A_3) hängt an einem Schlauch, der zur Atmosphäre (Druck p_0) hin offen ist. Die Glocke ist in einen See bis zur Tiefe H eingetaucht. Im Boden der Glocke befindet sich ein Zulaufrohr (Querschnitt A_2, Länge L), durch das Wasser reibungsfrei in die Taucherglocke eingelassen werden kann. Nach dem Öffnen der Klappe (nicht skizziert) strömt an der Stelle ② Wasser in die Taucherglocke. Nach kurzer Beschleunigungzeit im dünnen Zulaufrohr ist die Strömung quasistationär, d.h. der Beschleunigungsterm $\partial u/\partial t$ kann in der Bernoulligleichung vernachlässigt werden, gilt für die Aufgabenteile a), b) und c).

a) Wie groß sind die Verluste von ② nach ③ bei bekanntem u_2?

b) Berechnen Sie die Geschwindigkeit u_2 an der Stelle ② in Abhängigkeit von der Wasserhöhe $h_3(t)$ in der Taucherglocke.

c) Zur Zeit $t = 0$ hat das Wasser die Höhe h_0 in der Glocke. Berechnen Sie die Zeit t, in der das Wasser von h_0 auf $h_3(t)$ in der Taucherglocke ansteigt.

d) Nun wird der kurze instationäre Strömungvorgang betrachtet: Die Klappe ist geschlossen und wird zu einer Zeit $t^* = 0$ geöffnet. Der Wasserstand in der Taucherglocke sei zu dieser Zeit $h_3(0) = h_{03}$, die Geschwindigkeit $u_2(0) = 0$. Berechnen Sie die Beschleunigung $\partial u/\partial t$ des Wassers im Zulaufrohr zur Zeit $t^* = 0$.

Geg.: ϱ, g, p_0, A_3, $A_2 = mA_3$, $m \ll 1$, L, H, h_0.

Lösung auf Seite 243

7.4 Aufgaben zur turbulenten Strömung

Aufgabe 7.8. Wasserfontäne

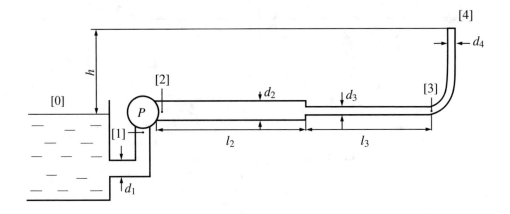

Eine Wasserfontäne wird mit Wasser der Dichte ϱ und der kinematischen Viskosität ν aus einem tiefergelegenen Becken versorgt. Dazu wird die erforderliche Wassermenge mit einer Pumpe P, die sich auf der gleichen Höhe wie der Wasserspiegel des Beckens befindet, durch eine Rohrleitung zugeführt. Das erste Teilstück nach der Pumpe hat eine Länge l_2 und einen Durchmesser d_2. Es erfolgt dann eine Querschnittsverengung von $\alpha = A_2/A_3$ auf das zweite Teilstück, das eine Länge l_3 und einen Durchmesser d_3 hat. Der Ansaugstutzen an der Stelle [1] hat den Durchmesser $d_1 = d_2$. Die Rohre zwischen [2] und [3] haben eine Rauheit k. Das Rohr zwischen [3] und [4] ist hydraulisch glatt.

a) Die Wasserfontäne soll eine Höhe von 20m erreichen. Bestimmen Sie die Geschwindigkeit an der Stelle [4].
b) Bestimmen Sie die Druckverluste in der Rohrzuleitung zwischen [2] und [3], der Druckverlust durch die Rohrquerschnittsverengung ist zu berücksichtigen.
c) Welche Leistung muss die Pumpe zuführen? Verluste im Ansaugstutzen der Pumpe und zwischen [3] und [4] können vernachlässigt werden.

Geg.: $\varrho = 10^3 \, \text{kg/m}^3$, $\nu = 10^{-6} \, \text{m}^2/\text{s}$, $l_2 = 200 \, \text{m}$, $d_1 = d_2 = 0{,}5 \, \text{m}$, $l_3 = 15 \, \text{m}$, $d_3 = d_4 = 0{,}1 \, \text{m}$, $k = 10^{-3} \, \text{m}$, $\alpha = 0{,}58$, $h = 10 \, \text{m}$, $g = 9{,}81 \, \text{m/s}^2$, Widerstandsdiagramm in Kapitel 7.11.

Lösung auf Seite 244

Aufgabe 7.9. Eisenguss

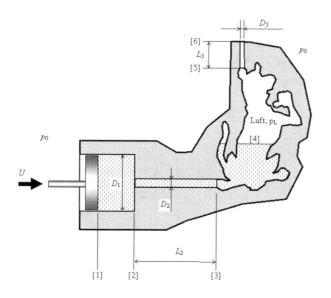

In der Abbildung ist ein Verfahren dargestellt, bei dem unter Druck ein Objekt aus Eisen mit der Dichte ϱ_E und der dynamischen Viskosität η_E gegossen wird. Der Stempel drückt bei seiner Bewegung von [1] nach [2] das flüssige Eisen durch das Rohr mit dem Durchmesser D_1 und der Länge L_1 und damit von [2] nach [3] durch das Rohr mit dem Durchmesser D_2 und der Länge L_2 in die Gussform.

Der Hohlraum über dem Flüssigkeitsspiegel [4] ist mit Luft der Dichte ϱ_L und der dynamischen Viskosität η_L gefüllt, die von [5] nach [6] durch das Rohr mit dem Durchmesser D_3 und der Länge L_3 entweicht. Die Strömung des Metalls und der Luft ist inkompressibel und stationär. Die Verluste an den Stellen [3] und [5] können vernachlässigt werden. Die Geschwindigkeit an der Stelle [4] ist $u_4 = U$. Alle Rohre sind als hydraulisch glatt anzusehen.

a) Bestimmen Sie die Geschwindigkeit der Luft am Punkt [6]. Wie groß ist die Reynoldszahl für die Rohrströmung zwischen [5] und [6]?

b) Bestimmen Sie den Luftdruck p_L an der Stelle [4].

c) Durch die unstetige Querschnittsverengung an der Stelle [2] tritt eine Strahlkontraktion (Kontraktionsziffer $\alpha = 0,58$) auf. Bestimmen Sie den Druck an der Stelle [1], die Verluste zwischen [1] und [2] können vernachlässigt werden. Berechnen Sie die Kraft, die zum Bewegen des Stempels notwendig ist.

Geg.: $D_1 = 0,09\,\text{m}$, $D_2 = 0,01\,\text{m}$, $L_2 = 0,2\,\text{m}$, $D_3 = 0,003\,\text{m}$, $L_3 = 0,05\,\text{m}$, $p_0 = 10^5\,\text{Pa}$, $\varrho_E = 7800\,\text{kg/m}^3$, $\eta_E = 1,8 \times 10^{-2}\,\text{Pa}\,\text{s}$, $\eta_L = 2 \times 10^{-5}\,\text{Pa}\,\text{s}$, $\varrho_L = 1,2\,\text{kg/m}^3$, Die Geschwindigkeit des Stempels ist $U = 0,05\,\text{m/s}$. Widerstandsdiagramm in Kapitel 7.11.

Lösung auf Seite 245

Aufgabe 7.10. Trinkwasserversorgung aus Hochbehälter

Das unten gezeigte Haus wird über ein Rohr aus einem Hochbehälter (Stelle ①) mit Trinkwasser versorgt (Stelle ②). Der Wasserpegel im Hochbehälter wird konstant auf der Höhe H gehalten. Für die Rohrleitung (Länge L, Durchmesser d, Rohrrauheit k) sind nur Reibungsverluste zu berücksichtigen.

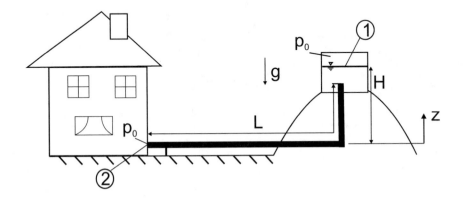

a) Berechnen Sie die Ausflussgeschwindigkeit an der Stelle ② bei angenommener völlig verlustfreier Strömung. Geben Sie für diesen Fall die Reynoldszahl an. Ist die Strömung turbulent oder laminar?

b) Wie lautet die Berechnungsformel für die Ausflußgeschwindigkeit, wenn die Reibungsverluste ($\lambda = \lambda(Re, \frac{k}{d})$) in der Rohrleitung berücksichtigt werden.

c) Nutzen Sie die Werte aus Aufgabenteil a) als Startwerte für ein Iterationsverfahren um die tatsächliche Ausflußgeschwindigkeit bis auf zwei Nachkommastellen genau zu berechnen.

Geg.: $k = 2 \times 10^{-4}\,\text{m}$, $d = 0,1\,\text{m}$, $L = 50\,\text{m}$, $H = 5,1\,\text{m}$, $\varrho = 10^3\,\text{kg/m}^3$, $\eta = 10^{-3}\,\text{kg/(ms)}$, $p_0 = 1\,\text{bar}$, $g = 9,81\,\text{m/s}^2$, Widerstandsdiagramm in Kapitel 7.11.

Lösung auf Seite 246

Aufgabe 7.11. Rohrverzweigung

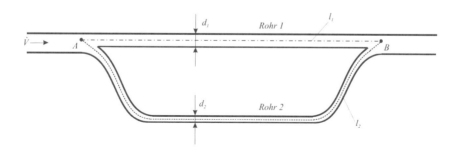

Durch die skizzierte Rohrverzweigung wird Wasser mit einem Gesamtvolumenstrom von $\dot{V} = 0,6\,\mathrm{m}^3/\mathrm{s}$ gefördert. Die Strömung ist reibungsbehaftet und stationär, die Dichte ϱ ist konstant. Die Rohre sind rauh. Gesucht ist der erforderliche Druckabfall Δp über die Rohrverzweigung und die Volumenströme $\dot{V}_1$ und $\dot{V}_2$ durch die Rohre 1 und 2. Da die Rohre sehr lang sind, kann der an den Verzweigungstellen auftretende Verzweigungsverlust vernachlässigt werden, ebenso Verluste durch Rohrkrümmung.

Die Berechnung ist iterativ durchzuführen, wobei aufgrund der gegebenen Rohrdurchmesser im ersten Iterationsschritt angenommen werden kann, dass der Volumenstrom $\dot{V}_1^{(1)}$ durch Rohr 1 gleich 80 % des Gesamtvolumenstrom ist: $\dot{V}_1^{(1)} = 0,8\dot{V}$. Der hochgestellte Index kennzeichnet den Iterationsschritt. Weiter kann das Rohr 2 als vollkommen rauh angenommen werden, so dass die Widerstandszahl λ_2 für Rohr 2 von der Reynoldszahl unabhängig ist.

Hinweis: Nach der ersten Iteration ist zu prüfen ob der berechnete Geseamtvolumenstrom vom gegebenen abweicht. Ist das der Fall, so ist für die nächste Iteration der Volumenstrom $\dot{V}_1^{(2)}$ mit dem abweichenden Faktor entsprechend zu verändern. Führen Sie 2 Iterationen durch!

Geg.: $d_1 = 0,5\,\mathrm{m}$, $l_1 = 300\,\mathrm{m}$, $d_2 = 0,25\,\mathrm{m}$, $l_2 = 400\,\mathrm{m}$, $k = 10^{-3}\,\mathrm{m}$, $\dot{V} = 0,6\,\mathrm{m}^3/\mathrm{s}$, $v = 10^{-6}\,\mathrm{m}^2/\mathrm{s}$, $\varrho = 10^3\,\mathrm{kg/m}^3$, Widerstandsdiagramm in Kapitel 7.11.

Lösung auf Seite 247

Kapitel 8
Themenübergreifende Aufgaben

Aufgabe 8.1. Eine ebene reibungsbehaftete Potentialströmung

Von der stationären, ebenen Strömung einer Newtonschen Flüssigkeit mit konstanter dynamischer Viskosität η und konstanter Dichte ϱ, ist die u_1-Komponente des Geschwindigkeitsfeldes gegeben:

$$u_1(x_1, x_2) = U_\infty \left[1 - \cos\left(\frac{x_2}{l}\right) e^{\left(-\frac{x_1}{l}\right)} \right], \quad \begin{array}{l} l \text{ ist eine dimensionsbehaftete Konstante.} \end{array}$$

a) Berechnen Sie die $u_2(x_1, x_2)$-Komponente des Geschwindigkeitsfeldes für die inkompressible Strömung mit der Randbedingung $u_2(x_1, 0) = 0$ für alle x_1.

b) Handelt es sich um eine Potentialströmung? Beweis!

c) Berechnen Sie die Komponenten $e_{ij}(x_1, x_2)$ des Deformationsgeschwindigkeitstensors und die Komponenten $P_{ij}(x_1, x_2)$ des Reibungsspannungstensors.

d) Wie lautet die Dissipationsfunktion Φ?

e) Berechnen Sie die im Streifen $0 \leq x_1 < \infty$, $0 \leq x_2 \leq 2\pi l$ pro Zeit- und Tiefeneinheit dissipierte Energie der Flüssigkeit:

$$P_D = \iiint\limits_V \Phi \, dV \, .$$

Geg.: U_∞, l, η.

Lösung auf Seite 248

© Springer-Verlag GmbH Deutschland, ein Teil von Springer Nature 2018
H. Marschall, *Aufgabensammlung zur technischen Strömungslehre*,
https://doi.org/10.1007/978-3-662-56379-3_8

Aufgabe 8.2. Strömung zwischen Platten

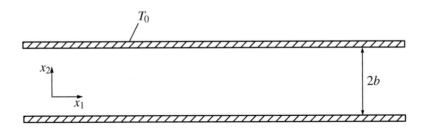

Zwischen zwei ebenen Platten mit dem Abstand $2b$ ist die Kontinuumsbewegung einer Newtonschen Flüssigkeit durch

$$x_1(\xi_j, t) = \frac{U}{b^2}(b^2 - \xi_2^2)t + \xi_1$$

$$x_2(\xi_j, t) = \xi_2$$

gegeben. U und b sind dimensionsbehaftete Konstante mit den Einheiten $[U] = \text{m/s}$ und $[b] = \text{m}$. ξ_j bezeichnen die materiellen Koordinaten ($j = 1, 2$).
Die Platten sind in die x_1-, wie auch in die x_3-Richtung unendlich ausgedehnt, so dass die Strömung in der (x_1, x_2)-Ebene zu behandeln ist.

a) Bestimmen Sie die Geschwindigkeitskomponenten $u_i(\xi_j, t)$ in materiellen Koordinaten (Lagrange Beschreibungsweise).
b) Wie lauten die Geschwindigkeitskomponenten in Feldkoordinaten (Eulersche Beschreibungsweise)? Skizzieren Sie das Geschwindigkeitsprofil.
c) Berechnen Sie die Komponenten des Drehgeschwindigkeitstensors Ω_{ij}. Drücken Sie die ω_3-Komponente der Winkelgeschwindigkeit $\vec{\omega}$ durch die entsprechende Komponente des Drehgeschwindigkeitstensors aus. Skizzieren Sie den Verlauf von ω_3 zwischen den beiden Platten.
d) Berechnen Sie die Komponenten des Dehnungsgeschwindigkeitstensors e_{ij}. Ist die Strömung volumenbeständig (Beweis!)?
e) Berechnen Sie die Dissipationsfunktion Φ und skizzieren Sie deren Verlauf.
f) Berechnen Sie die Temperaturverteilung $T(x_2)$ zwischen den Platten, wenn aus symmetriegründen $\partial T / \partial x_2 = 0$ für $x_2 = 0$ gilt und die obere Platte auf konstante Temperatur $T(b) = T_0$ gehalten wird.

Geg.: U, b, λ, η, T_0.

Lösung auf Seite 250

Aufgabe 8.3. Hubschrauber

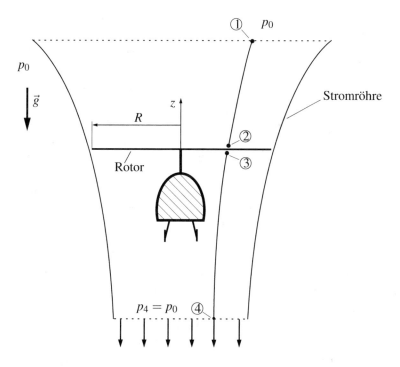

Luft der Dichte ϱ strömt reibungsfrei innerhalb der skizzierten Stromröhre durch den Rotor eines schwebenden Hubschraubers (Masse M). Der Rotor wird als sehr dünne Kreisscheibe (Radius R) angenommen, durch die die angesaugte Luft eine Druckerhöhung $\Delta p = p_3 - p_2$ erfährt. Die Umfangskomponente der Luftgeschwindigkeit nach dem Rotor ist vernachlässigbar klein. Die Krümmung der Stromlinien in der Stromröhre ist klein, so dass die Strömungsgrößen über den jeweiligen Strömungsquerschnitten als konstant angenommen werden können. Der Einfluss der Hubschrauberkabine auf die skizzierte Strömung bleibt ebenfalls unberücksichtigt. Volumenkräfte der Luft sind zu vernachlässigen.

Die Stelle ① sei soweit entfernt vom Rotor gewählt, dass dort die **quadratischen** Terme der Geschwindigkeit in den Bilanzgleichungen vernachlässigt werden können.

a) Wie groß ist die Schubkraft $\vec{F}_S$ des Rotors?
b) Berechnen Sie die Druckerhöhung $\Delta p = p_3 - p_2$.
c) Wie groß ist die Geschwindigkeit u_4 der Luft an der Stelle ④ ?
d) Berechnen Sie den Massenstrom $\dot{m}$ durch die Stromröhre mit Hilfe des Impulssatzes.
   Geben Sie das Geschwindigkeitsverhältnis u_3/u_4 an.

Geg.: $\varrho,\ p_0,\ M,\ R,\ \vec{g} = -g\,\vec{e}_z$.

Lösung auf Seite 252

Aufgabe 8.4. Radialpumpe

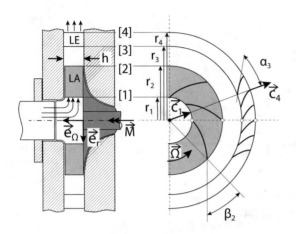

Eine Radialpumpe zum Fördern von Wasser soll ausgelegt werden. Dabei wird Fluid von einem radial angeordneten Verdichterlaufrad (LA) zwischen den Stellen [1] und [2] gefördert (Leistung $P > 0$, Winkelgeschwindigkeit $\vec{\Omega} = \Omega\,\vec{e}_\Omega$, Volumenstrom $\dot{V}$). Ein Leitrad (LE) zwischen den Stellen [3] und [4] befördert das Fluid mit der Geschwindigkeit $\vec{c}_4 = c_{r4}\,\vec{e}_r$ drallfrei in das (nicht dargestellte) Schneckengehäuse.

Die Strömung in das Laufrad tritt rein radial an der Stelle [1] mit der Geschwindigkeit $\vec{c}_1 = c_{r1}\,\vec{e}_r$ ein. An den Ein- und Austrittsflächen des Lauf- und Leitrades können die Geschwindigkeitsverteilungen als homogen angesehen werden.

Die Schaufelhöhe h gilt für das Leit- und das Laufrad. Die Strömung ist stationär. Die Reibungsspannungen können zwischen den Stellen [2] und [3] vernachlässigt werden. Die Dichte des Fluids ϱ ist konstant.

a) Berechnen Sie die Geschwindigkeit $\vec{c}_1$ am Laufradeintritt [1].
b) Berechnen Sie die Geschwindigkeitskomponenten c_{r2} und c_{u2} am Laufradaustritt. Wie groß ist der Schaufelwinkel $\tan\beta_2$ (Winkel zwischen $\vec{w}_2$ und der $\vec{e}_r$-Richtung)?
c) Berechnen Sie den Schaufelwinkel $\tan\alpha_3$?
d) Zeichnen Sie die Geschwindigkeitsdreiecke (Winkel + Geschwindigkeitsvektoren) qualitativ in das unten abgebildete Schaufelbild.
e) Wie groß ist die Druckdifferenz $\Delta p_{LE} = p_4 - p_3$ über das Leitrad, wenn die Strömung im Leitrad als verlustfrei angenommen wird?

Geg.: $\dot{V}$, P, Ω, ϱ, $r = r_1 = r_2/2 = r_3/3 = r_4/4$, h.

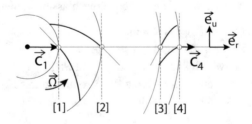

Lösung auf Seite 254

Aufgabe 8.5. Trinkwasserleitung

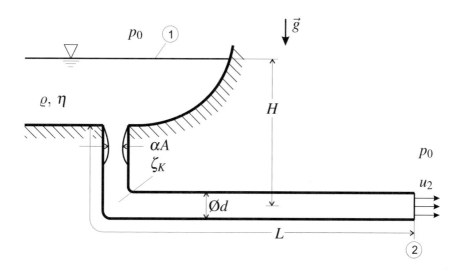

Über ein abgewinkeltes raues Rohr mit konstantem Querschnitt A wird aus einem Stausee (Stelle ①) Wasser entnommen (Stelle ②). Die Rohrleitung hat den Durchmesser d, die Länge L, die Rauheit k und die Krümmerverlustziffer ζ_K. Der scharfkantige Rohreinlauf im See bewirkt eine Strahleinschnürung αA. Der Wasserpegel im See bleibt konstant auf der Höhe H.

a) Berechnen Sie die Ausflussgeschwindigkeit u_2 an der Stelle ② bei völlig verlustfrei angenommener Strömung. Geben Sie für diese Geschwindigkeit mit den gegebenen Stoffwerten die Reynoldszahl an. Ist die Strömung turbulent oder laminar?

b) Wie lautet die Berechnungsformel für die Ausflussgeschwindigkeit u_2 in Abhängigkeit des Widerstandskoeffizienten λ, wenn die auftretenden Druckverluste in der Rohrleitung berücksichtigt werden.

c) Nutzen Sie die Werte aus Aufgabenteil a) als Startwerte für ein Iterationsverfahren um die tatsächliche Ausflussgeschwindigkeit zu berechnen. Führen Sie 3 Iterationsschritte durch.

Geg.: $k = 2 \times 10^{-5}$ m, $d = 0,1$ m, $L = 50$ m, $H = 11,47$ m, $\varrho = 10^3$ kg/m^3, $\eta = 10^{-3}$ kg/ms, $p_0 = 1$ bar, $g = 9,81$ m/s^2, $\zeta_K = 1,3$, Widerstandsdiagramm 7.11, Kontraktionsziffer $\alpha = 0,58$.

Lösung auf Seite 255

Aufgabe 8.6. Turbulente Rohrströmung

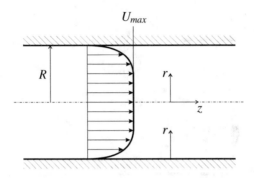

Abb. 8.1: Turbulente Rohrströmung

Ein gerades glattes Kreisrohr (Radius $R = 0,025$ m) wird von Wasser (Dichte $\varrho = 10^3$ kg/m^3, kinematische Viskosität $\nu = 10^{-6}$ m^2/s) turbulent durchströmt. Die maximale Geschwindigkeit U_{max} in der Rohrmitte beträgt 1 m/s.

a) Nehmen Sie zunächst an, dass die Strömung für die gegebenen Größen nicht turbulent sondern laminar ist und berechnen Sie hierfür die Wandschubspannung
$\tau_w = -\tau_{rz}(R) = -2\eta\, e_{rz}(R)$. Verwenden Sie hier das Koordinatensystem mit dem Ursprung in der Rohrmitte

b) Bestimmen Sie aus dem Widerstandsgesetz für turbulente Rohrströmung (glattes Rohr)

$$\frac{U_{max}}{u_*} = \frac{1}{\kappa}\ln\left(\frac{u_* R}{\nu}\right) + B,$$

mit $\kappa = 0,4$, $B = 5$, die Schubspannungsgeschwindigkeit u_* iterativ.
Verwenden Sie als Startwert $u_* = \sqrt{\tau_w/\varrho}$, wobei τ_w die unter a) berechnete Wandschubspannung ist, die für laminare Rohrströmung vorliegen würde. Es genügen 4 Iterationsschritte.

c) Wie groß ist die mittlere Strömungsgeschwindigkeit $\overline{U}$. Zeigen Sie, dass die Strömung tatsächlich turbulent ist. Wie lautet das Verhältnis $U_{max}/\overline{U}$.

d) Bestimmen Sie nun die Wandschubspannung τ_w, den Druckgradienten $K = -\partial p/\partial z$ und den Volumenstrom $\dot{V}$ für die turbulente Strömung. Berechnen Sie die Kraft der Strömung auf ein 10m langes Teilstück des Rohres in Strömungsrichtung.

e) Wie groß muß der Druckgradient bei laminarer Strömung sein, um den gleichen Volumendurchsatz zu erreichen. Wie groß wäre in diesem Fall die Kraft auf das 10 m lange Rohrteilstück?

Geg.: $\varrho = 10^3$ kg/m^3, $\nu = 10^{-6}$ m^2/s, $R = 0,025$ m, $U_{max} = 1$ m/s, $\kappa = 0,4$, $B = 5$.

Lösung auf Seite 256

Aufgabe 8.7. Speichersee

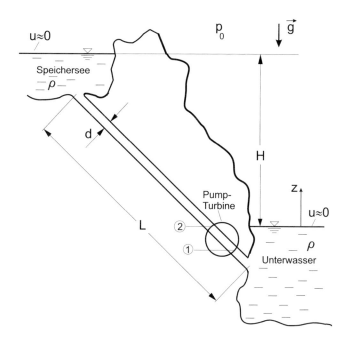

Die Pump-Turbinen-Anlage besteht aus einem Unterwasser, einem Speichersee, einer Rohrleitung (Länge $L = 280$ m, Durchmesser $d = 0,5$ m, Rauheit $k/d = 2 \times 10^{-4}$) und einer Pump-Turbine. Im Pumpbetrieb wird das Wasser (Dichte $\varrho = 10^3$ kg/m³, kinematische Viskosität $\nu = 10^{-6}$ m²/s) aus dem Unterwasser in den Speichersee mit einem Volumenstrom von $\dot{V}_P = 0,6$ m³/s hinaufgepumpt. Der Wirkungsgrad der Pumpe ist $\eta_P = 0,7$. In Zeiten hohen Energiebedarfs wird die Strömungsrichtung umgekehrt und die Pump–Turbine arbeitet als Turbine. Im Turbinenbetrieb ist der Volumenstrom $\dot{V}_T = 0,84$ m³/s und der Wirkungsgrad $\eta_T = 0,8$. Der Höhenunterschied zwischen den ruhenden Spiegeloberflächen beträgt $H = 200$ m. Der Umgebungsdruck ist p_0.

a) Berechnen Sie für den Pump– und den Turbinenbetrieb die mittleren Geschwindigkeiten $\overline{U}$ im Rohr und die Reynoldszahlen Re.

b) Wie gross sind die Druckverluste Δp_{vR} infolge der Rohrreibung bei beiden Betriebsarten innerhalb der Rohrleitung? Der Pump–Turbineneinbau kann hier vernachlässigt werden. Wie gross sind die Austrittsverluste Δp_{vA} bei beiden Betriebsarten?

c) Berechnen Sie die erforderliche Druckdifferenz $p_2 - p_1$ für den Pumpbetrieb. Die Höhendifferenz zwischen dem Eintritt ① und dem Austritt ② an der Pump–Turbine kann vernachlässigt werden ($z_2 \approx z_1$).

d) Welche Leistung muss der Flüssigkeit im Pumpbetrieb zugeführt werden und wie groß ist die von der Pump–Turbine dabei benötigte Leistung?

e) Welche Leistung gibt die Flüssigkeit im Turbinenbetrieb ab und welche Leistung kann dabei von der Turbinenwelle abgenommen werden?

f) Wie gross ist der hydraulische Wirkungsgrad η_h der Anlage, d.h. das Verhältnis von abgegebener Turbinenenergie zu aufgenommener Pumpenenergie bei gleichem umgesetzten **Volumen** V (nicht $\dot{V}$!).

Geg.: $g = 9,81$ m/s^2, $H = 200$ m, $L = 280$ m, $d = 0,5$ m, $k/d = 2 \times 10^{-4}$, $\eta_P = 0,7$, $\eta_T = 0,8$, $\varrho = 10^3$ kg/m^3, $v = 10^{-6}$ m^2/s, $\dot{V}_P = 0,6$ m^3/s, $\dot{V}_T = 0,84$ m^3/s.

Lösung auf Seite 258

Aufgabe 8.8. Düsenstrahl trifft Schräge Platte

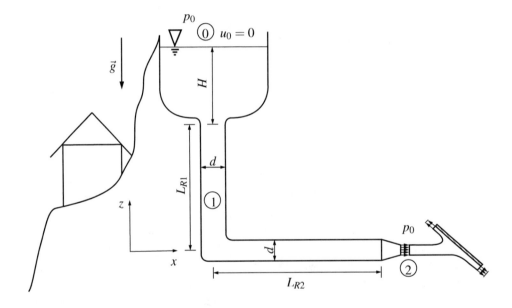

Aus einem großen Bergsee ($u_0 = 0$) fließt Wasser mit bekanntem Volumenstrom $\dot{V}$ durch ein Fallrohr (Kreisquerschnitt, Durchmesser d). Die Einlaufströmung in das Rohr ist verlustfrei. Die inkompressible und reibungsbehaftete Strmung wird in einem Krümmer (Verlustziffer $\zeta_k = 0.25$) umgelenkt und in einer idealen Düse (Querschnittsverhältnis $A_1/A_2 = 2$) beschleunigt. Die Strömung am Düsenausgang ist ausgeglichen und das Geschwindigkeitsprofil konstant.

Geg.: $\varrho = 1000 \frac{\text{kg}}{\text{m}^3}$, $\eta = 1000 \times 10^{-6} \frac{\text{kg}}{\text{ms}}$, $p_0 = 0$ bar, $g = 9,81 \frac{\text{m}}{\text{s}^2}$, $L_{R1} = 4$ m, $L_{R2} = 8$ m, $d = 0,1$ m, $k/d = 10^{-3}$, $\zeta_k = 0,25$, $A_1/A_2 = 2$, $\dot{V} = 0,04 \frac{\text{m}^3}{\text{s}}$, $\theta = \frac{1}{3}\pi$ und Abb. 7.11.

a) Berechnen Sie die Geschwindigkeiten an der Stelle ① und am Düsenaustritt ②.
b) Bestimmen Sie die Reynoldszahl Re und die Widerstandszahl λ für die beiden geraden
   Rohrstücke. Welche Aussagen können Sie über den Zustand der Strömung machen?
c) Berechnen Sie den Druckverlust Δp_v bis zum Düsenaustritt ②.
d) Bestimmen Sie den Wasserstand H des Sees.
e) Der Austrittsstrahl der Düse wird durch eine flache Platte in der skizzierten Weise umgelenkt. Bestimmen Sie mit Hilfe des eingezeichneten (r', z')-Koordinatensystems die
   Normalkraft F_N des Wasserstrahls auf die Platte. Volumenkräfte und der Umgebungsdruck haben keinen Einfluss auf diese Kraft. Es kann daher $p_0 = 0$ gesetzt werden.

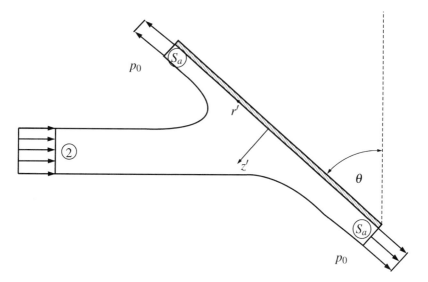

Lösung auf Seite 260

Aufgabe 8.9. Rotameter

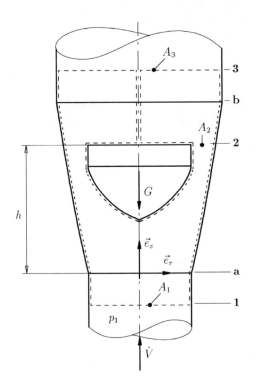

In einer senkrecht stehenden Rohrleitung strömt Flüssigkeit mit konstanter Dichte ϱ. Zur Bestimmung des Volumenstroms $\dot{V}$ befindet sich ein Rotameter in der Rohrleitung. Dieser besteht aus einem konischen Glasgefäß, in dem sich ein Schwebekörper mit dem Gewicht G befindet. Der Abstand h des Schwebekörpers von der Stelle **a** ist ein Maß für den Volumenstrom $\dot{V}$ durch die Rohrleitung. Der Zusammenhang zwischen $\dot{V}$ und h ist gesucht. Die Flüssigkeit tritt über die Querschnittsfläche A_1 mit konstanter Geschwindigkeit ein, der Strömungsquerschnitt verengt sich dann durch den Schwebekörper auf die Ringfläche A_2. Auch hier kann die Geschwindigkeit als konstant und die Stromlinien näherungsweise als parallel angenommen werden.

Die Mantelfläche zwischen den Stellen **a** und **b** ist so gestaltet, dass die Ringfläche A_2 eine lineare Funktion von z ist. Es gilt: $A_2(z) = kz$, mit $k = $ konst. Nach der Querschnittserweiterung ist die Strömung auf der Fläche A_3 wieder ausgeglichen. Die Strömung ist stationär und kann bis auf die Verluste infolge der plötzlichen Querschnittserweiterung als verlustfrei angenommen werden. Sie läßt sich näherungsweise im Rahmen der Stromfadentheorie behandeln. **Volumenkräfte infolge der Höhenunterschiede können vernachlässigt werden.** Es gilt $A_2/A_1 \ll 1$ und $A_2/A_3 \ll 1$.

a) Bestimmen Sie den Druck p_2 an der Stelle 2.

b) Bestimmen Sie den Druck p_3 an der Stelle 3.

c) Berechnen Sie die z-Komponente der Kraft $\vec{F}$ von der Flüssigkeit auf den Schwebekörper. Verwenden Sie hierzu das skizzierte Kontrollvolumen.
   Der Beitrag durch die Integration über die Mantelfläche zwischen den Stellen 1 und 3 kann vernachlässigt werden.

d) Im stationären Betriebszustand befindet sich der Schwebekörper in Ruhe. Sein Abstand h von der Stelle **a** hängt vom Volumenstrom durch das Rohr ab. Geben Sie den Zusammenhang zwischen $\dot{V}$ und h an. Welches Ergebnis erhält man für $A_3 = A_1$?

Geg.: $p_1, \varrho, A_1, A_3, k, \dot{V}, \vec{G} = -G\vec{e}_z$.   Lösung auf Seite 261

Aufgabe 8.10. Wasserstrahl

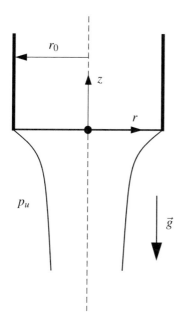

Unter dem Einfluss der Schwerkraft tritt aus einem Rohr ein Wasserstrahl aus. Die Strömung ist reibungsfrei, stationär und axialsymmetrisch. Kapillarkräfte (Oberflächenspannungen) können vernachlässigt werden. Die Geschwindigkeitskomponente $u_z = u_z(z)$ und der Druck p können in der gesamten Strömung über jeden Querschnitt als konstant angenommen werden. Am Auslass aus dem Rohr gilt $u_z(z = 0) = u_0$.

a) Berechnen Sie die Geschwindigkeitskomponente u_z im Freistrahl. Verwenden Sie hierzu die mittlere Stromlinie $r = 0$. Beachten Sie, dass für das eingezeichnete Koordinatensystem $u_z < 0$ gilt!

b) Berechnen Sie die Geschwindigkeitskomponente u_r im Freistrahl, die sich durch die Einschnürung des Strahls ergibt.

Hinweis: Kontinuitätsgleichung in differentieller Form.

c) Bestimmen Sie die Gleichung der Stromlinie, die durch den Punkt $(r = r_0, z = z_0)$ läuft. Für die hier betrachtete axialsymmetrische Strömung lauten die Differentialgleichungen der Stromlinien

$$\frac{\mathrm{d}r}{\mathrm{d}s} = \frac{u_r}{|\vec{u}|}, \quad \frac{\mathrm{d}z}{\mathrm{d}s} = \frac{u_z}{|\vec{u}|}.$$

Geg.: u_0, r_0, ϱ, $\vec{g} = -g\vec{e}_z$, $z_0 = 0$, $p_u = 0$.

Lösung auf Seite 262

Aufgabe 8.11. Tornado

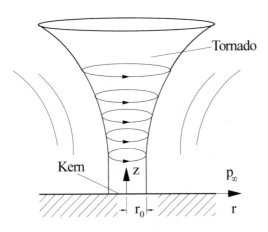

Am Boden ($z = 0$) kann ein Tornado idealisiert als Potentialwirbel mit festem Kern für $0 \leq r \leq r_0$ betrachtet werden. Der feste Kern rotiert wie ein starrer Körper mit der konstanten Winkelgeschwindigkeit Ω. Außerhalb des Kerns für $r_0 \leq r < \infty$ liegt Potentialströmung vor. Das Geschwindigkeitspotential lautet $\Phi = \Omega \, r_0^2 \, \varphi$. Die im Kern auftretende maximale Windgeschwindigkeit ist U_0. Die Dichte ϱ der Luft kann als konstant angenommen werden.

Der ungestörte Druck im Unendlichen ist p_∞. Volumenkräfte sind zu vernachlässigen. Alle Berechnungen sind am Boden ($z = 0$) und in Polarkoordinaten durchzuführen (siehe auch die Differentialoperatorn in Polarkoordinaten A.1). Zahlenwertrechnungen sind nur im letzten Aufgabenteil zu erbringen.

a) Mit welcher Winkelgeschwindigkeit Ω rotiert der Kern des Tornados? Wie lautet die Geschwindigkeitsverteilung $u_\varphi(r)$ innerhalb des Kerns? Liegt hier ebenfalls eine Potentialströmung vor (Beweis!)?

b) Wie lautet die Geschwindigkeitsverteilung $u_\varphi(r)$ außerhalb des Kerns. Skizzieren Sie nun qualitativ den gesamten Geschwindigkeitsverlauf für $0 \leq r < \infty$.

c) Berechnen Sie zunächst den Druckverlauf $p(r)$ außerhalb des Kerns des Tornados. Bestimmen Sie dann im Kern den Druckgradient $\partial p / \partial r$ in radialer Richtung und den dazugehörigen Druckverlauf $p(r)$. (Hinweis: $\partial p / \partial r = -\partial p / \partial n$; $\partial p / \partial n$ bezeichnet die Ableitung normal zu den Stromlinien)

d) Skizzieren Sie qualitativ den gesamten Druckverlauf $p(r)$ für $0 \leq r < \infty$. Welcher Druck liegt an den Stellen $r = 0$ und $r = r_0$ vor?

e)

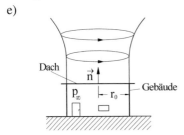

Der Tornado geht über ein Gebäude mit kreisförmigem ebenen Dach vom Radius $r = r_0$ hinweg. Die Höhe des Gebäudes ist zu vernachlässigen. Im Gebäude liegt noch der ungestörte Druck p_∞ vor. Wie groß ist die Kraft auf das Dach und in welche Richtung wirkt sie für folgende Zahlenwerte: $r_0 = 30$ m, $U_0 = 45$ m/s, $\varrho = 1$ kg/m³.

Geg.: $r_0, U_0, \varrho, p_\infty$.

Lösung auf Seite 264

Aufgabe 8.12. Hydraulikpumpe

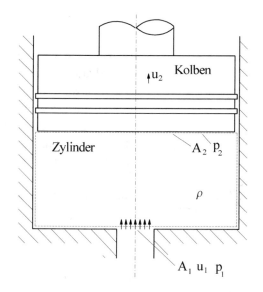

In der skizzierten Hydraulik-pumpe wird Öl mit konstanter Geschwindikeit u_1 über die Fläche A_1 in den Zylinder gedrückt. Die Dichte ϱ des Öls ist konstant. Hierdurch bewegt sich der Kolben mit konstanter Geschwindikeit u_2. Der Spalt zwischen Kolben und Zylinderwand sei undurchlässig, so dass die Querschnittsfläche A_2 des Kolbens gleich der Querschnittsfläche des Zylinders zu setzen ist.

Volumenkräfte und Verluste durch Reibung an den Wänden sind zu vernachlässigen. Verluste durch die plötzliche Querschnittserweiterung von A_1 auf A_2 im Inneren des Zylinders müssen berücksichtigt werden.

Die Geschwindigkeit u_1 und der Druck p_1 auf der Fläche A_1 sind gegeben, ebenso die Dichte ϱ und die Flächen A_1, A_2.

Die gesuchten Größen sind durch die gegebenen Größen bzw. durch den Massenstrom darzustellen.

a) Wie groß ist der Massenstrom $\dot{m}$ im Zylinder? Bestimmen Sie die Kolbengeschwindigkeit u_2.

b) Berechnen Sie den Druck p_2 am Kolben unter Berücksichtigung der auftretenden Verluste (Carnotsche Stoßverluste).

c) Berechnen Sie unter Verwendung des Reynoldsschen Transporttheorem die materielle Änderung DK/Dt der kinetischen Energie K der im Zylinder befindlichen Flüssigkeit. Beachten Sie, dass die kinetische Energie im skizzierten Kontrollvolumen zeitlich konstant ist.

d) Berechnen Sie die Leistung $P = \int_S \vec{u} \cdot \vec{t} \, dS$ der äußeren Kräfte am betrachteten Flüssigkeitsvolumen.

e) Welche Wärmemenge pro Zeiteinheit $\dot{Q}$ muß der Flüssigkeit entzogen werden, wenn die materielle Änderung der inneren Energie null sein soll, $DE/Dt = 0$.

Geg.: $\varrho, u_1, p_1, A_1, A_2$.

Lösung auf Seite 266

Aufgabe 8.13. Luftgetriebenes Fahrzeug

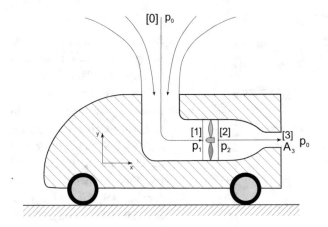

Ein Fahrzeug wird durch ein Gebläse angetrieben. Das Fahrzeug befindet sich in Ruhe und unterliegt bei angezogenen Bremsen maximalen Standschub. Die Luft wird symmetrisch zur y-Achse aus dem Fernfeld ($u_0 = 0$) eingesaugt.

Das Gebläse ist zwischen den Stellen [1] und [2] ($A_1 = A_2$) eingebaut und kann näherungsweise als Scheibe angenommen werden. Es erzeugt eine Druckdifferenz $\Delta p = p_2 - p_1$. Die Luft strömt nach der Düse über die Fläche A_3 mit konstanter Geschwindigkeit u_3 in die Umgebung aus. Die Strömung ist stationär und mit Ausnahme des Gebläses verlustfrei. Die Dichte ϱ ist konstant, Volumenkräfte können vernachlässigt werden. Der Umgebungsdruck ist p_0.

a) Berechnen Sie die Druckdifferenzen $p_0 - p_1$ und $p_2 - p_3$ für den gegebenen festen Volumenstrom $\dot{V}$.

b) Berechnen Sie den Drucksprung $\Delta p = p_2 - p_1$ über das Gebläse.

c) Berechnen Sie die Kraft auf das Fahrzeug in x-Richtung. Setzen Sie hierfür den Umgebungsdruck $p_0 = 0$.

d) Für das eingebaute Gegläse besteht ein **funktionaler** Zusammenhang ($\Delta p = f(\dot{V})$) zwischen der Druckdifferenz $\Delta p = p_2 - p_1$ über dem Gebläse und dem Volumenstrom $\dot{V}$:
$\Delta p = a - b\dot{V}^2$, wobei a und b gegebene Konstanten sind.
Ermitteln Sie den Zusammenhang zwischen $\dot{V}$ und A_3: $\dot{V} = f(A_3)$.

e) Für welche Düsenfläche A_3 wird wird die Kraftkomponente F_x maximal?

Geg.: $\varrho, A_1 = A_2, A_3, \dot{V}, a > 0, b > 0$.

Lösung auf Seite 267

Aufgabe 8.14. Widerstandsbeiwert einer U-Bahn

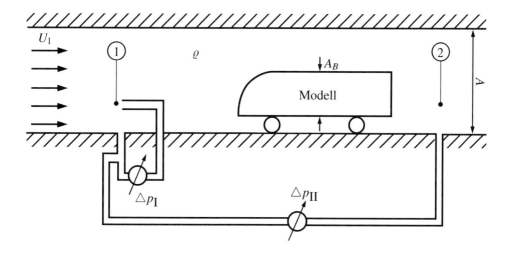

Der dimensionslose Widerstandsbeiwert

$$c_W = \frac{F_W}{\frac{\varrho}{2}\, u_1^2 A_B} \tag{8.1}$$

einer U-Bahn soll in einem Modellversuch bestimmt werden. Hierin ist F_W die dimensionsbehaftete Komponente der Kraft auf das Fahrzeug in Strömungsrichtung. u_1 ist die ungestörte Anströmgeschwindigkeit und A_B die in Strömungsrichtung projezierte maximale Querschnittsfläche der U-Bahn. Das Modell steht, wie oben skizziert, in einem Windkanal mit der Querschnittsfläche A und wird mit der Geschwindigkeit u_1 angeströmt. Die Druckdifferenzen $\triangle p_I$ und $\triangle p_{II}$ werden gemessen. Die Messtellen ① und ② liegen genügend weit vom U-Bahnmodell entfernt, so daß dort jeweils ausgeglichene Strömung über den ganzen Kanalquerschnitt vorliegt. Die Strömung ist stationär und die Dichte ϱ ist konstant. Reibungsverluste an der Kanalwand sind vernachlässigbar, ebenso die Einflüsse der Messeinrichtung und der Räder der Bahn.

a) Drücken Sie $\triangle p_I$ und $\triangle p_{II}$ durch statische Drücke und Geschwindigkeiten an den Stellen ① und ② sowie der Dichte ϱ aus, wenn die Druckdifferenzen wie skizziert gemessen werden.

b) Bestimmen Sie den Widerstandsbeiwert c_W als Funktion der gegebenen Größen.

Geg.: A, A_B, $\triangle p_I$, $\triangle p_{II}$.

Lösung auf Seite 269

Aufgabe 8.15. Zyklonrohr

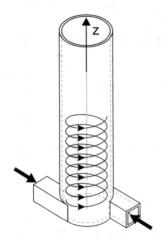
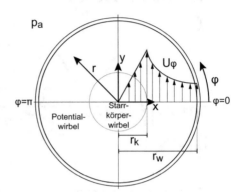

Ein Zyklonrohr (Innenradius r_w) mit zwei tangentialen Einlässen induziert im Inneren eine Drallströmung. Experimente zeigen, dass sich die Umfangsgeschwindigkeit u_φ des Geschwindigkeitsfeldes aus einem Starrkörperwirbel im Kernbereich ($0 \leq r \leq r_k$) und einem Potentialwirbel im Außenbereich ($r_k \leq r \leq r_w$) zusammensetzt. An der Wand ($r = r_w$) wird die Haftbedingung vernachlässigt, so dass dort $u_\varphi \neq 0$ ist.

Für die Umfangsgeschwindigkeit an beliebiger Position z im Rohr gilt folgende Geschwindigkeitsverteilung:

$$u_\varphi = \frac{U_0}{r_k}r \quad \text{für} \ 0 \leq r \leq r_k$$

$$u_\varphi = \frac{U_0}{r}r_k \quad \text{für} \ r_k \leq r \leq r_w$$

Die Strömung ist stationär, inkompressibel und rotationssymmetrisch ($\partial/\partial\varphi = 0$). Die Geschwindigkeit in z-Richtung ist konstant. Die radiale Komponente der Geschwindigkeit verschwindet identisch: $u_r \equiv 0$. Volumenkräfte sind zu vernachlässigen.

a) Vereinfachen Sie die r-Komponente der Navier-Stokesschen Gleichungen in Zylinderkoordinaten für die zu berechnende Strömung im Zyklon:

$$\varrho\left\{\frac{\partial u_r}{\partial t} + u_r\frac{\partial u_r}{\partial r} + u_z\frac{\partial u_r}{\partial z} + \frac{1}{r}\left[u_\varphi\frac{\partial u_r}{\partial\varphi} - u_\varphi^2\right]\right\} =$$
$$= \varrho k_r - \frac{\partial p}{\partial r} + \eta\left\{\Delta u_r - \frac{1}{r^2}\left[u_r + 2\frac{\partial u_\varphi}{\partial\varphi}\right]\right\}$$

b) Berechnen Sie nun das Druckfeld $p_1(r)$ des Starrkörperwirbels aus der vereinfachten Gleichung im Kernbereich. Als Randbedingung gilt $p_1(r = 0) = p_s$.

c) Berechnen Sie das Druckfeld $p_2(r)$ des Potentialwirbels ($r_k \leq r \leq r_w$). Mit der Randbedingung $p_1(r = r_k) = p_2(r = r_k)$.

d) Skizzieren Sie qualitativ die gesamte Druckverteilung p(r)!

e) Berechnen Sie die Kraft $\vec{F}$ pro Tiefeneinheit z auf die Rohrhälfte von $0 \leq \varphi \leq \pi$ (Hinweis: Außerhalb des Rohres herrscht der Umgebungsdruck p_a. Die Wandstärke des Rohres kann vernachlässigt werden.)

Geg.: $r_k, r_w, U_0, \varrho, p_s, p_a$. Lösung auf Seite 270

Aufgabe 8.16. Druck und Spannung in gegebenem Geschwindigkeitsfeld

Das ebene stationäre Geschwindigkeitsfeld einer Strömung ist durch

$$u_1(x_1, x_2) = ax_1 + 2bx_2, \quad u_2(x_1, x_2) = -ax_2$$

gegeben, wobei a und b dimensionsbehaftete Konstanten sind.

a) Zeigen Sie, dass die Strömung inkompressibel ist.

b) Zeigen Sie, dass keine Potentialströmung vorliegt.

c) Berechnen Sie die Druckverteilung $p(x_1, x_2)$ aus den Navier-Stokesschen Gleichungen unter der Annahme, dass für den Druck im Ursprung $p(x_1 = 0, x_2 = 0) = p_g$ gilt. Volumenkräfte sind zu vernachlässigen.

d) Berechnen Sie die Komponenten t_1 und t_2 des Spannungsvektors $\vec{t}$ im Punkt $(0, 0)$ für eine ebene Fläche mit dem Normalenvektor $\vec{n} = (0, 1)$.

Geg.: ϱ, η, a, b, p_g. Lösung auf Seite 272

Aufgabe 8.17. Abgasturbolader

Die skizzierte Radialturbine eines Abgasturboladers besteht aus einem mit dem Gehäuse
verbundenen Leitrad und einem rotierenden Laufrad. Sie wird von einem Fluid konstanter
Dichte ϱ mit dem Volumenstrom $\dot{V}$ durchströmt. Das Laufrad der Turbine dreht sich mit
konstanter Winkelgeschwindigkeit Ω und es entnimmt dabei der Flüssigkeit die Leistung
P_T. Das Fluid tritt rein radial in das Leitrad ein [1]. Die An- und Abströmung an den Leit-
sowie Laufradschaufeln erfolgt stoßfrei. Die Geschwindigkeiten an den Kontrollflächen
[1]-[4] können als homogen angenommen werden. Die Reibung zwischen Leitradaustritt
[2] und Laufradeintritt [3], sowie Volumenkräfte können vernachlässigt werden. Die Berechnungen an der Stelle [4] sollen mit dem mittleren Radius R_m durchgeführt werden.

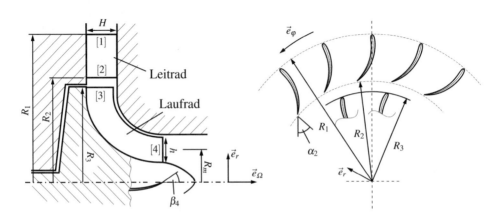

a) Berechnen Sie die Eintrittsgeschwindigkeit $\vec{c}_1$ und die Austrittsgeschwindigkeit $\vec{c}_2$ ($c_{\varphi 2}$
   und c_{r2}) am Leitrad.
b) Berechnen Sie den Druck p_2 am Leitradaustritt [2].
c) Skizzieren Sie für das Laufrad die Geschwindigkeitsdreiecke an den Stellen [3] und
   [4].
d) Berechnen Sie den Winkel α_3 und die Absolutgeschwindigkeit $\vec{c}_3$ ($c_{\varphi 3}$ und c_{r3}) am
   Laufradeintritt.
e) Berechnen Sie die Eintrittsgeschwindigkeit $\vec{w}_3$ ($w_{\varphi 3}$ und w_{r3}) am Laufradeintritt und
   bestimmen Sie den Winkel β_3, der für eine stoßfreie (rein tangentiale) Anströmung des
   Laufrades notwendig ist.
   Der Winkel α_3 darf hierbei als bekannt vorausgesetzt werden!
f) Wie muss der Abströmwinkel β_4 des Laufrades ausgelegt werden, damit die Turbine
   die Leistung P_T abgibt?
   Benutzen Sie hierfür die Eulersche Turbinengleichung.

Geg.: $R_1, R_2, R_3, R_m, \varrho, \Omega, \dot{V}, h, H, \alpha_2, P_T$. Lösung auf Seite 273

Aufgabe 8.18. Turbinenstufe eines Stauwasserkaftwerks

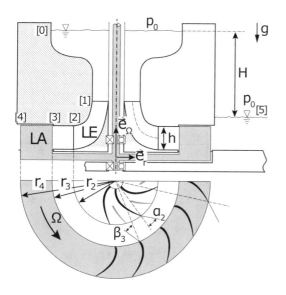

Eine Turbinenstufe des gezeigten Stauwasserkraftwerks produziert die hydraulische Leistung $P < 0$, in dem der Höhenunterschied zwischen einem höher gelegenem Stausee (Höhe H) und einem tieferen Stausee genutzt wird. Das Leitrad (LE) zwischen den Stellen [1] und [2] sorgt für eine Umlenkung in die radiale Richtung (Stufenaustrittswinkel α_2). Das Laufrad (LA) zwischen den Stellen [3] und [4] dreht sich mit der Winkelgeschwindigkeit $\vec{\Omega} = \Omega\,\vec{e}_\Omega$. Die Flüssigkeit tritt an der Stelle [4] drallfrei mit der Geschwindigkeit $\vec{c}_4 = c_{r4}\,\vec{e}_r$ aus.

An den Ein- und Austrittsflächen des Lauf- und Leitrades können die Geschwindigkeitsverteilungen als homogen angesehen werden. Die An- und Abströmung der Schaufeln erfolgt stoßfrei. Die Schaufelhöhe h gilt für das Leit- und das Laufrad für die Stellen [2], [3] und [4]. Die Dichte des Fluids ϱ ist konstant. Die Spiegeloberflächen beider Stauseen sind in Ruhe. Die Zu- und Abströmung sei zeitlich konstant.

Zur **groben Abschätzung** des benötigten Volumenstromes $\dot{V}$ sollen sämtliche Verluste zwischen den Stellen [0] und [5] vernachlässigt werden.

a) Berechnen Sie den Volmenstrom $\dot{V}$ der sich in der Turbinenstufe (Leistung P) einstellt, indem Sie die Druckdifferenz Δp zwischen den Stellen [0] und [5] angeben.

b) Berechnen Sie die Geschwindigkeitskomponenten c_{r2} und c_{u2} am Leitradaustritt. Verwenden Sie den Volumenstrom $\dot{V}$.

c) Mit welcher Winkelgeschwindigkeit $\vec{\Omega} = \Omega\,\vec{e}_\Omega$ dreht sich das Laufrad?

d) Geben Sie $\tan\beta_3$ an.

e) Zeichnen Sie qualitativ die Geschwindigkeitsdreiecke für die Laufradstufe (Stellen [3] und [4]). Benennen Sie jeweils die Absolut-, Relativ- und Umfangsgeschwindigkeit, sowie die β-Winkel an.

Geg.: $P = -P_T$, ϱ, p_0, g, α_2, r_2, r_3, r_4, h, H.

Lösung auf Seite 276

Aufgabe 8.19. Bewässerungsalage

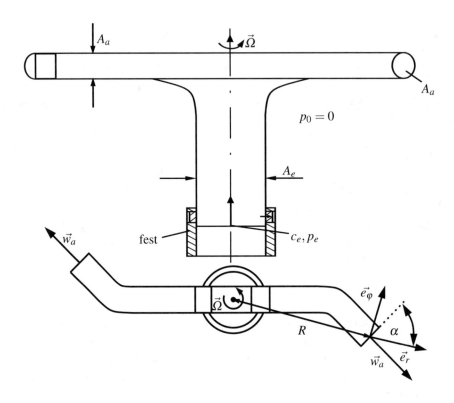

Bei der skizzierten Bewässerungsanlage ist ein abgewinkeltes Rohr drehbar in einem fest-stehenden Rohr gelagert. Das abgewinkelte Rohr wird mit Wasser (ϱ = konst.) durch-strömt und dreht sich mit konstanter Winkelgeschwindigkeit $\vec{\Omega} = \Omega \vec{e}_\Omega$. Die Zuströmung $\vec{c}_e = c_e \vec{e}_\Omega$ ist konstant und drallfrei auf der Eintrittsfläche A_e. Der Druck p_e auf A_e ist gegeben. Die Austrittsflächen $A_a = A_e/4$ sind gegenüber der radialen Richtung um den Winkel α geneigt. Die Relativgeschwindigkeiten $\vec{w}_a$ sind konstant auf den Austrittsquer-schnitten A_a. Verluste und Volumenkräfte können vernachlässigt werden. Die Radien der Rohrquerschnitte sind sehr klein gegen den Radius R des Winkelrohres ($r \ll R$).

a) Berechnen Sie die Geschwindigkeitskomponente c_e auf der Eintrittsfläche A_e.

b) Berechnen Sie die Radialkomponente w_{ra} und die Umfangskomponente w_{ua} der Rela-tivgeschwindigkeit $\vec{w}_a$ sowie den Vektor der Absolutgeschwindigkeit $\vec{c}_a$ auf einer Aus-trittsfläche A_a.

c) Berechnen Sie das Moment M der Strömung auf das abgewinkelte Rohr.

d) Berechnen Sie die Kraft in die $\vec{e}_\Omega$ - Richtung (Axialschub) auf das abgewinkelte Rohr.

Geg.: ϱ, p_e, $p_0 = 0$, Ω, R, A_e, $A_a = A_e/4$, α.   Lösung auf Seite 277

Aufgabe 8.20. Handpumpe

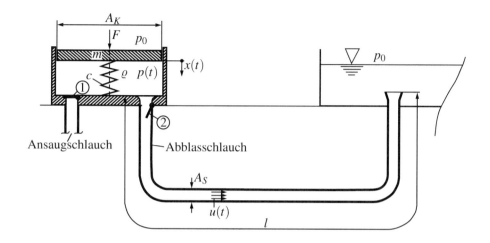

Eine Handpumpe (Kolbenquerschnitt A_K) fördert über einen Ansaugschlauch und einen Abblasschlauch (Querschnitt A_S, Länge l) inkompressible Flüssigkeit der Dichte ϱ.

Im Abblastakt wird der Pumpenkolben (Masse m) mit der zeitlich konstanten Kraft F gegen die Rückstellfeder (Federsteifigkeit c) nach unten gedrückt. Das Ventil ① ist dabei geschlossen, das Ventil ② geöffnet. Die instationäre Strömung vom linken in den rechten Behälter soll als völlig verlustfrei angenommen werden. Da die Querschnittsfläche des Kolbens groß ist gegen die Querschnittsfläche des Schlauches ($A_K \gg A_S$), kann die Geschwindigkeit und Beschleunigung der Strömung außerhalb des Abblasschlauches zu Null gesetzt werden. Das gilt auch für den rechten Behälter.

Vernachlässigbar sind ebenso die Bewegung der freien Oberfläche des rechten Behälters sowie die Volumenkräfte auf die Flüssigkeit und die Gewichtskraft des Kolbens ($mg \ll F$).

a) Es soll der Ablasstakt betrachtet werden: Wie lautet der Zusammenhang zwischen Kolbengeschwindigkeit $\dot{x}(t)$ und der Geschwindigkeit $u(t)$ im Abblasschlauch?

b) Geben Sie die Gleichung für den Druck $p(t)$ in der Pumpe mit Hilfe der Bernoullischen Gleichung an.

c) Stellen Sie die Bewegungsgleichung für den Kolben auf.

d) Bestimmen Sie $x(t)$ durch Lösen der Bewegungsgleichung aus c) mit den Anfangsbedingungen $x(0) = 0$ und $\dot{x}(0) = 0$.

Geg.: $c, m, A_K, A_S, l, \varrho, F, p_0$.

Lösung auf Seite 279

Aufgabe 8.21. Umwälzanlage

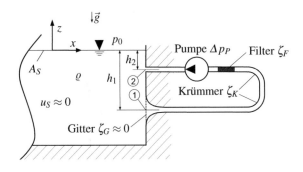

Bei der skizzierten Umwälzanlage eines mit Wasser gefüllten Schwimmbads gelangt der Volumenstrom $\dot{V}$ durch ein verlustfreies Gitter (Stelle ①, $\zeta_G \approx 0$) über die ebenfalls verlustfreie Einlaufdüse in das Rohrsystem. Die Gesamtlänge der Rohre ist L bei einer relativen Rohrrauheit von k/d.

Nach der Durchströmung der verlustbehafteten Krümmer, des Filters und der Pumpe strömt das Wasser wieder über eine scharfkantige Öffnung in das Schwimmbad zurück (Stelle ②). Da die Querschnittsfläche A_S des Schwimmbads sehr viel größer ist als der Rohrquerschnitt $A_R = \pi d^2/4$, kann die Geschwindigkeit im Schwimmbecken selbst zu null gesetzt werden ($A_R/A_S \approx 0$, $u_S \approx 0$). Die Dichte des Wassers ist ϱ. Die Erdbeschleunigung beträgt $\vec{g} = -g\vec{e}_z$. Der Umgebungsdruck ist p_0. Es ist mit den angegebenen Zahlenwerten zu rechnen.

a) Mit welcher Geschwindigkeit u wird das Rohrsystem durchströmt? Berechnen Sie die Rohrreynoldszahl Re und geben Sie die Widerstandszahl λ und die Reibungsverlustziffer ζ_R an.

b) Welche Druckerhöhung Δp_P der Pumpe ist nötig, um den Volumenstrom $\dot{V}$ durch die Umwälzanalge zu fördern?

Bei Wartungsarbeiten wurde die Pumpe versehentlich falsch herum eingebaut, so dass sich die Strömungsrichtung umdreht. Dabei kommt es beim Eintritt in das Rohrsystem an der scharfen Kante zu einer Einschnürung mit der Kontraktionsziffer α (Stelle ②) und die Düse hat nun die Funktion eines Diffusors mit dem Wirkungsgrad η_D (Stelle ①).

c) Berechnen Sie für die in Teil b) errechnete Druckerhöhung der Pumpe Δp_P den neuen Volumenstrom. Gehen sie davon aus, dass die Verlustziffer ζ_R aus Aufgabenteil a) weiterhin gilt.

Geg.: $h_1 = 1{,}1\,\text{m}$, $h_2 = 0{,}1\,\text{m}$, $p_0 = 1\,\text{bar}$, $\varrho = 10^3\,\text{kg/m}^3$, $\nu = 10^{-6}\,\text{m}^2/\text{s}$, $\dot{V} = 0{,}03\,\text{m}^3/\text{s}$, $\zeta_K = 0{,}1$, $\zeta_F = 0.3$, $g = 9{,}81\,\text{m/s}^2$, $L = 10\,\text{m}$, $d = 0{,}08\,\text{m}$, $k/d = 10^{-3}$, $\alpha = \frac{2}{3}$, $\eta_D = 0{,}25$.

Lösung auf Seite 280

Aufgabe 8.22. Rotierende Rohrströmung

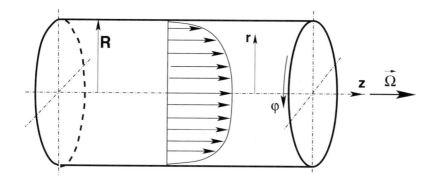

Die Abbildung zeigt eine vollausgebildete Strömung in einem kreisförmigen Rohr, das um die eigene Längsachse mit der konstanten Winkelgeschwindigkeit $\vec{\Omega} = \Omega \vec{e}_z$ rotiert. Die Strömung wird im mitrotierenden zylindrischen Bezugssystem betrachtet. Sie ist laminar, stationär und inkompressibel. Sie ist rotationssymmetrisch, d.h. $\partial/\partial \varphi = 0$ und alle Strömungsgrößen sind von z unabhängig, d.h. $\partial/\partial z = 0$. Vom Geschwindigkeitsfeld sind folgende Komponenten gegeben:

$$w_r = 0, \qquad w_z(r) = \frac{KR^2}{4\eta}\left[1 - \left(\frac{r}{R}\right)^2\right].$$

Die dargestellte Schichtenströmung wird durch die vereinfachten Navier-Stokesschen Gleichungen in zylindrischen Koordinaten beschrieben:

$$0 = -\frac{\partial p}{\partial r} + \varrho \frac{w_\varphi^2}{r} + \varrho \vec{f} \cdot \vec{e}_r \tag{8.2}$$

$$0 = \eta \frac{\partial}{\partial r}\left[\frac{1}{r}\frac{\partial}{\partial r}(rw_\varphi)\right] + \varrho \vec{f} \cdot \vec{e}_\varphi \tag{8.3}$$

$$0 = -\frac{\partial p}{\partial z} + \eta \frac{1}{r}\frac{\partial}{\partial r}\left(r\frac{\partial w_z}{\partial r}\right) + \varrho \vec{f} \cdot \vec{e}_z \tag{8.4}$$

Der Vektor $\varrho \vec{f} = -\varrho(\vec{\Omega} \times (\vec{\Omega} \times \vec{x}) + 2\vec{\Omega} \times \vec{w})$ bezeichnet die Summe der Scheinkräfte bestehend aus Zentrifugal- und Corioliskraft. Er hat keine Komponente in z-Richtung: $\varrho \vec{f} \cdot \vec{e}_z = 0$.

Hinweis: Geschwindigkeit und Temperatur bleiben in der Kanalmitte ($r = 0$) beschränkt!

a) Wie lauten die Randbedingungen an den Stellen $r = 0$ und $r = R$ für w_φ.

b) Schreiben Sie die Komponenten der Kraft $\varrho\vec{f}$ in radialer- und in Umfangsrichtung. Der Ortsvektor $\vec{x}$ lautet: $\vec{x} = r\vec{e}_r + z\vec{e}_z$

c) Zeigen Sie mit Gleichung (2), daß $w_\varphi(r) = 0$ gilt. Berechnen Sie dann die Druckverteilung $p(r)$ bis auf eine absolute Konstante.

d) Geben Sie die von Null verschiedenen Komponenten des Dehnungsgeschwindigkeitstensors **E** an, berechnen Sie dann die Dissipationfunktion $\Phi = 2\eta e_{ij}e_{ij}$.

e) Bestimmen Sie die Temperaturverteilung $T(r)$ im Rohr für den Fall konstanter Wandtemperatur $T(R) = T_w$. Verwenden Sie dafür folgende vereinfachte Form der Energiegleichung:

$$0 = \Phi + \lambda\frac{1}{r}\frac{\partial}{\partial r}\left(r\frac{\partial T}{\partial r}\right)$$

Geg.: Ω, ϱ, η, λ, R, K und T_w.

Lösung auf Seite 281

Kapitel 9
Lösungen zu den Aufgaben

Lösung 1.1

a) Die Geschwindigkeit eines Teilchens ist durch die zeitliche Änderung der Bahnkoordinaten bei festen $\vec{\xi}$ gegeben:

$$u_i(\xi_j, t) = \left(\frac{\partial x_i(\xi_j, t)}{\partial t} \right)_{\xi_j} \qquad \Rightarrow \quad u_1(\xi_j, t) = \xi_1 a e^{at} \qquad (\text{L.1})$$

$$\Rightarrow \quad u_2(\xi_j, t) = (\xi_1 - \xi_2) a e^{-at}$$

b) Um die Geschwindigkeit in der Form $u_i(x_j, t)$ zu erhalten, sind die materiellen Koordinaten in $u_i(\xi_j, t)$ durch $\xi_i = \xi_i(x_j, t)$ zu ersetzen:

$$\xi_1 = x_1 e^{-at} \quad \text{in (L.1)} \qquad \Rightarrow \quad u_1(x_j, t) = a x_1$$

$$\xi_2 = x_2 e^{at} - x_1 \left(1 - e^{-at} \right) \qquad \Rightarrow \quad u_2(x_j, t) = a x_1 e^{-at} - a x_2$$

c) Verschwindet die Divergenz der Geschwindigkeit so ist die Strömung inkompressibel.

$$\nabla \vec{u} = 0 \qquad \Leftrightarrow \quad \frac{\partial u_1}{\partial x_1} + \frac{\partial u_2}{\partial x_2} = 0$$

$$\frac{\partial u_1}{\partial x_1} = a \; ; \quad \frac{\partial u_2}{\partial x_2} = -a \qquad \Rightarrow \quad \text{inkompressibel}$$

d) Aus der materiellen Ableitung der Geschwindigkeit in Feldkoordinaten ergibt sich die Beschleunigung in Feldkoordinaten.

© Springer-Verlag GmbH Deutschland, ein Teil von Springer Nature 2018
H. Marschall, *Aufgabensammlung zur technischen Strömungslehre*,
https://doi.org/10.1007/978-3-662-56379-3_9

$$b_1(x_j, t) = \frac{Du_1(x_j, t)}{Dt} \qquad\qquad b_2(x_j, t) = \frac{Du_2(x_j, t)}{Dt}$$

$$b_1(x_j, t) = \underbrace{\frac{\partial u_1}{\partial t}}_{=0} + u_1 \underbrace{\frac{\partial u_1}{\partial x_1} + u_2 \frac{\partial u_1}{\partial x_2}}_{=0} \qquad b_2(x_j, t) = \frac{\partial u_2}{\partial t} + u_1 \frac{\partial u_2}{\partial x_1} + u_2 \frac{\partial u_2}{\partial x_2}$$

$$b_2(x_j, t) = a^2\left(x_2 - x_1 e^{-at}\right)$$

$$b_1(x_j, t) = a^2 x_1$$

$$\Rightarrow \quad b_2(x_{10}, 0, 0) = -a^2 x_{10}$$

$$\Rightarrow \quad b_1(x_{10}, 0, 0) = a^2 x_{10}$$

e) Die Gleichung der Stromlinie vereinfacht sich durch einsetzen der Kurvenparameter-transformation $d\eta = dS/|\vec{u}|$ zu:

$$\frac{dx_1}{ds} = \frac{u_1}{|\vec{u}|} \qquad\qquad \Rightarrow \quad \frac{dx_1}{d\eta} = ax_1$$

$$\frac{dx_2}{ds} = \frac{u_2}{|\vec{u}|} \qquad\qquad \Rightarrow \quad \frac{dx_2}{d\eta} = ax_1 e^{-at} - ax_2 \qquad (\text{L.2})$$

f) Die Differentialgleichung für die Stromlinie in Parameterform soll gelöst werden, dabei handelt es sich für $x_2(\eta, t)$ um eine inhomogene DGL 1. Ordnung in der η der Bahnparameter und t fest ist. Die Lösung besteht aus zwei Anteilen, der Lösung der homogenen Gleichung und einer Partikulärlösung die mit einem Ansatz vom Typ der rechten Seite gefunden wird.

$$\frac{dx_1}{d\eta} = ax_1 \qquad\qquad \Rightarrow \quad x_1(\eta, t) = c\, e^{a\eta}$$

$$\text{mit } \eta = 0: \ x_1 = x_{10} \qquad\qquad \Rightarrow \quad x_1(\eta, t) = x_{10}\, e^{a\eta} \qquad (\text{L.3})$$

aus (L.3) in (L.2):

$$\frac{dx_2}{d\eta} + ax_2 = ax_1\, e^{a(\eta - t)} \qquad\qquad \text{inh. DGL 1. Ordnung} \qquad (\text{L.4})$$

$$\Rightarrow \quad x_2 = x_{2h} + x_{2p}$$

$$\frac{dx_{2h}}{d\eta} + ax_{2h} = 0 \quad \Rightarrow \quad x_{2h} = K e^{-a\eta} \qquad \text{Lösung der homogenen DGL}$$

$$x_{2p} = A e^{\alpha \eta} \qquad \qquad \text{Ansatz vom Typ} \qquad \qquad \text{(L.5)}$$

der rechten Seite

$$\alpha A e^{\alpha \eta} + a A e^{\alpha \eta} = a x_{10} e^{-at} e^{a\eta} \qquad \text{aus (L.5) in (L.4)}$$

$$\Rightarrow \alpha = a \text{ und daraus:} \quad A = \frac{x_{10}}{2} e^{-at}$$

$$x_2 (\eta, t) = K e^{-a\eta} + \frac{x_{10}}{2} e^{a(\eta - t)}$$

$$x_2 (\eta = 0, t) = x_{20} = K + \frac{x_{10}}{2} e^{-at}$$

$$\Rightarrow K = x_{20} - \frac{x_{10}}{2} e^{-at}$$

$$\Rightarrow x_2 (\eta, t) = x_{20} e^{-a\eta} - \frac{x_{10}}{2} e^{-a\eta} e^{-at} + \frac{x_{10}}{2} e^{a\eta} e^{-at}$$

$$\Rightarrow x_2 (\eta, t) = x_{20} e^{-a\eta} + x_{10} \sinh (a\eta) e^{-at}$$

Lösung 1.2

a)

$$\frac{\partial u_1}{\partial t} = 0$$

$$\frac{\partial u_2}{\partial t} = \omega V \sin \left(\frac{\omega}{U} x_1 - \omega t \right) \neq 0 \qquad \Rightarrow \quad \text{instationär}$$

b)

$$b_1 (x_j, t) = \frac{Du_1}{Dt} = \underbrace{\frac{\partial u_1}{\partial t}}_{=0} + \underbrace{u_1 \frac{\partial u_1}{\partial x_1}}_{=0} + \underbrace{u_2 \frac{\partial u_1}{\partial x_2}}_{=0} \qquad \Rightarrow \quad b_1 (x_j, t) = 0$$

$$b_2 (x_j, t) = \frac{Du_2}{Dt} = \frac{\partial u_2}{\partial t} + u_1 \frac{\partial u_2}{\partial x_1} + \underbrace{u_2 \frac{\partial u_2}{\partial x_2}}_{=0}$$

$$= V \omega \sin \left(\frac{\omega}{U} x_1 - \omega t \right) - V \omega \cos \left(\frac{\omega}{U} x_1 - \omega t \right) \qquad \Rightarrow \quad b_2 (x_j, t) = 0$$

Obwohl das Geschwindigkeitsfeld instationär ist gilt: $D\vec{u}/Dt = 0$.

c)

$$\frac{\partial u_1}{\partial x_1} = 0; \quad \frac{\partial u_2}{\partial x_2} = 0 \qquad \Rightarrow \quad \frac{\partial u_1}{\partial x_1} + \frac{\partial u_2}{\partial x_2} = 0 \quad \text{inkompressibel}$$

ebene Strömung: $\quad \varepsilon_{1jk}\dfrac{\partial u_k}{\partial x_j} = \dfrac{\partial u_3}{\partial x_2} - \dfrac{\partial u_2}{\partial x_3} = 0; \quad \varepsilon_{2jk}\dfrac{\partial u_k}{\partial x_j} = \dfrac{\partial u_3}{\partial x_1} - \dfrac{\partial u_1}{\partial x_3} = 0$

$$\Rightarrow \quad \varepsilon_{312}\frac{\partial u_2}{\partial x_1} + \varepsilon_{321}\underbrace{\frac{\partial u_1}{\partial x_2}}_{=0} \neq 0 \qquad\qquad \Rightarrow \quad \mathrm{rot}\,\vec{u} \neq 0 \text{ d.h. keine Pot.-Strömung}$$

d) Stromlinien werden zu einem festen Zeitpunkt betrachtet. Die Differentialgleichung der Stromlinien lautet:

$$\frac{d\vec{x}}{ds} = \frac{\vec{u}(\vec{x},t)}{|\vec{u}(\vec{x},t)|}$$

$$\frac{dx_1}{ds} = \frac{u_1}{|\vec{u}|}; \quad \frac{dx_2}{ds} = \frac{u_2}{|\vec{u}|} \qquad\qquad \Rightarrow \quad \frac{dx_2}{dx_1} = \frac{u_2}{u_1} = \frac{V}{U}\cos\left(\frac{\omega}{U}x_1 - \omega t\right)$$

$$\int_{x_{20}}^{x_2} dx_2 = \frac{V}{U}\int_{x_{10}}^{x_1} \cos\left(\frac{\omega}{U}x_1 - \omega t\right) dx_1 \qquad \text{(zu einem festen Zeitpunkt t)}$$

$$\Rightarrow x_2 - x_{20} = \frac{V}{\omega}\left[\sin\left(\frac{\omega}{U}x_1 - \omega t\right) - \sin\left(\frac{\omega}{U}x_{10} - \omega t\right)\right]$$

Variiert man in dieser Lösung die Zeit t, so verändert sich die Stromlinie in der Ebene (instationäre Strömung), verläuft aber immer noch durch den Punkt (x_{10}, x_{20}).

e) Die Bahnlinien beschreiben die Bewegung eines Teilchens in der Zeit, somit ist die Zeit t Bahnparameter.

$$\frac{dx_1}{dt} = u_1(x_j, t); \quad \frac{dx_2}{dt} = u_2(x_j, t) \tag{L.6}$$

$$\int_{\xi_1}^{x_1} dx_1 = U\int_0^t dt \qquad\qquad \Rightarrow \quad x_1(\xi_j, t) = Ut + \xi_1 \tag{L.7}$$

$$\frac{dx_2}{dt} = V\cos\left(\frac{\omega}{U}\xi_1\right) \qquad\qquad \text{aus (L.7) in (L.6)}$$

$$\int_{\xi_2}^{x_2} dx_2 = V\cos\left(\frac{\omega}{U}\xi_1\right)\int_0^t dt \qquad \Rightarrow \quad x_2(\xi_j, t) = Vt\cos\left(\frac{\omega}{U}\xi_1\right) + \xi_2$$

f)

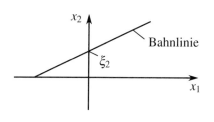

Durch eliminieren der Zeit erhält man die Geradengleichung:

$$\Rightarrow \quad x_2 = \frac{V}{U}(x_1 - \xi_1)\cos\left(\frac{\omega}{U}\xi_1\right) + \xi_2$$

Mit $\xi_1 = 0$, $\xi_2 \neq 0$

$$\Rightarrow \quad x_2 = \frac{V}{U}x_1 + \xi_2$$

g) Um die Streichlinien zu berechnen werden die Bahnlinien und ihre Umkehrfunktion benötigt. Über die Umkehrfunktion werden die Teilchen indentifiziert, welche zu einem beliebigen Zeitpunkt t' durch einen festen Punkt y_1, y_2 gehen.

Zum Zeitpunkt $t = t'$ gilt $x_1 = y_1$; $x_2 = y_2$

$$\xi_1 = x_1 - Ut \qquad\qquad\qquad \Rightarrow \quad \xi_1 = y_1 - Ut'$$

$$\xi_2 = x_2 - Vt\cos\left(\frac{\omega}{U}\xi_1\right) \qquad\qquad \Rightarrow \quad \xi_2 = y_2 - Vt'\cos\left(\frac{\omega}{U}\xi_1\right)$$

Diese Teilchen werden dann wieder in die Bahngleichung eingesetzt.

$$x_1 = Ut + y_1 - Ut'$$

$$\Rightarrow \quad x_1\left(y_j, t', t\right) = U\left(t - t'\right) + y_1$$

$$x_2 = Vt\cos\left(\frac{\omega}{U}\left(y_1 - Ut'\right)\right) + y_2 - Vt'\cos\left(\frac{\omega}{U}\left(y_1 - Ut'\right)\right)$$

$$\Rightarrow \quad x_2\left(y_j, t', t\right) = V\left(t - t'\right)\cos\left(\frac{\omega}{U}y_1 - \omega t'\right) + y_2$$

In der Streichlinie ist t' der Bahnparameter und t bleibt fest.

Für den Punkt $y_1 = y_2 = 0$ $\qquad\qquad\qquad \Rightarrow x_1(t', t) = U(t - t')$

$$\Rightarrow x_2(t', t) = -V(t - t')\cos(\omega t')$$

Lösung 1.3

a) Die Strömung ist inkompressibel wenn die Divergenz der Geschwindigkeit gleich Null ist.

$$\operatorname{div}\vec{u} = \frac{\partial u_i}{\partial x_i} \stackrel{!}{=} 0$$

$$\frac{\partial u}{\partial x} + \frac{\partial v}{\partial y} = -U_0\cos(\omega t)\,e^{ky}\sin(kx)\,k + U_0\cos(\omega t)\,e^{ky}\sin(kx)\,k$$

$$= 0 \qquad\qquad \Rightarrow \quad \text{inkompressibel}$$

b) Die Differentialgleichungen der Stromlinie in x und y-Richtung werden über den Bahnparameter zusammengefasst. Daraus berechnet sich durch Integration die Stromlinie.

$$\frac{\mathrm{d}x}{\mathrm{d}s} = \frac{u}{|\vec{u}|}; \quad \frac{\mathrm{d}y}{\mathrm{d}s} = \frac{v}{|\vec{u}|} \qquad \Rightarrow \qquad \frac{\mathrm{d}x}{u} = \frac{\mathrm{d}y}{v}$$

$$\Leftrightarrow \quad \frac{\mathrm{d}x}{U_0\cos(\omega t)\,e^{ky}\cos(kx)} = \frac{\mathrm{d}y}{U_0\cos(\omega t)\,e^{ky}\sin(kx)}$$

$$\Leftrightarrow \quad \tan(kx)\,\mathrm{d}x = \mathrm{d}y$$

$$\Rightarrow \quad y = -\frac{1}{k}\ln\left(C\cos(kx)\right)$$

$$\text{mit } x = \frac{\pi}{k} \text{ und } y = 0 \qquad \Rightarrow \quad y = -\frac{1}{k}\ln\left(-\cos(kx)\right)$$

c) Aus den Geschwindigkeitskomponenten u und v ergibt sich zum Zeitpunkt $t = 0$ die Teilchengeschwindigkeit in Punkt P.

$$\vec{u} = u\vec{e}_x + v\vec{e}_y$$

$$= U_0\cos(\omega t)\,e^{ky}\cos(kx)\,\vec{e}_x + U_0\cos(\omega t)\,e^{ky}\sin(kx)\,\vec{e}_y$$

$$\text{in } P\left(x = \frac{\pi}{k},\, y = 0\right) \qquad \Rightarrow \quad \vec{u} = -U_0\vec{e}_x$$

d) Über die Materielle Ableitung der Geschwindigkeit berechnet sich die materielle Beschleunigung in Punkt P.

$$\frac{\mathrm{D}\vec{u}}{\mathrm{D}t}\vec{e}_y = \frac{\mathrm{D}v}{\mathrm{D}t} = \frac{\partial v}{\partial t} + u\frac{\partial v}{\partial x} + v\frac{\partial v}{\partial y}$$

$$= -U_0\,\omega \sin(\omega t)\,e^{ky}\sin(kx) + kU_0^2\cos^2(\omega t)\cos^2(kx)\,e^{2ky}$$

$$+ kU_0^2\cos^2(\omega t)\sin^2(kx)\,e^{2ky}$$

$$\Rightarrow \quad \frac{Dv}{Dt} = U_0^2 k \quad \text{in } P \text{ zur Zeit } t = 0$$

Lösung 1.4

a)

$$\frac{dx_1}{dt} = atx_1 \quad \Rightarrow \quad \frac{dx_1}{x_1} = at\,dt \qquad \Rightarrow \quad x_1(t) = C_1\,e^{at^2/2}$$

$$\frac{dx_2}{dt} = -atx_2 \quad \Rightarrow \quad \frac{dx_2}{x_2} = -at\,dt \qquad \Rightarrow \quad x_2(t) = C_2\,e^{-at^2/2}$$

Mit Anfangsbedingungen: $t = 0$, $x_1 = \xi_1$, $x_2 = \xi_2 \quad \Rightarrow \quad x_1(t) = \xi_1\,e^{at^2/2}$

$$\Rightarrow \quad x_2(t) = \xi_2\,e^{-at^2/2}$$

b) Eliminieren des Kurvenparameters t: $x_1 x_2 = \xi_1 \xi_2$

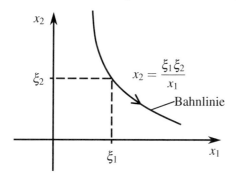

parameterfreie Form:

$$\Rightarrow \quad x_2 = \frac{\xi_1 \xi_2}{x_1}$$

c)

$$\frac{\vec{u}}{|\vec{u}|} \neq f(t) \qquad \Rightarrow \quad \text{richtungsstationäres Feld}$$

$$\Rightarrow \quad \text{Strom- und Bahnlinien besitzen die gleiche Form}$$

$$\Rightarrow \quad x_1 x_2 = C_3$$

$$\Rightarrow \quad x_1 x_2 = x_{10} x_{20}$$

d)

$$e_{ij} = \frac{1}{2}\left\{\frac{\partial u_i}{\partial x_j} + \frac{\partial u_j}{\partial x_i}\right\} \quad \Rightarrow \quad e_{ij} = \begin{bmatrix} at & 0 \\ \\ 0 & -at \end{bmatrix}$$

e) Die Einheitsvektoren $\vec{l}$ stellen die Dehnungsrichtungen des Fluids dar.

$$\vec{l} = \frac{\vec{u}}{|\vec{u}|} = \frac{at\,(x_1\vec{e}_1 - x_2\vec{e}_2)}{at\sqrt{x_1^2 + x_2^2}} \qquad \Rightarrow \quad l_1 = \frac{x_1}{\sqrt{x_1^2 + x_2^2}} = \frac{1}{\sqrt{2}}$$

$$\Rightarrow \quad l_2 = \frac{-x_2}{\sqrt{x_1^2 + x_2^2}} = -\frac{1}{\sqrt{2}}$$

$$\frac{1}{ds}\frac{\mathrm{D}(ds)}{\mathrm{D}t} = e_{ij}l_i l_j \qquad\qquad \Rightarrow \quad \frac{1}{ds}\frac{\mathrm{D}(ds)}{\mathrm{D}t} = \frac{1}{2}at - \frac{1}{2}at = 0$$

$$= e_{11}l_1 l_1 + e_{22}l_2 l_2$$

f) Potentialströmung wenn gilt: $\mathrm{rot}\,\vec{u} = 0 \quad \Leftrightarrow \quad \omega_i = \varepsilon_{ijk}\frac{\partial u_k}{\partial x_j} = 0$

ebene Strömung $\quad \Rightarrow \quad \omega_1 = \omega_2 = 0$

$$\omega_3 = \underbrace{\frac{\partial u_1}{\partial x_2}}_{=0} - \underbrace{\frac{\partial u_2}{\partial x_1}}_{=0} \quad \Rightarrow \quad \omega_3 = 0$$

$\Rightarrow \quad$ Potentialströmung

Lösung 1.5

a) Mit der Kontinuitätsgleichung und der gegebenen Randbedingung:

$$\frac{\partial u_1}{\partial x_1} + \frac{\partial u_2}{\partial x_2} = 0 \qquad\qquad \Rightarrow \quad \frac{\partial u_2}{\partial x_2} = -2Ax_1$$

$$u_2(x_1, x_2) = -2Ax_1 x_2 + f(x_1)$$

RB: $u_2(x_1, 0) = 0 \quad \Rightarrow \quad f(x_1) = 0 \quad \Rightarrow \quad u_2(x_1, x_2) = -2Ax_1 x_2$

b) In einer Potentialströmung gilt $\mathrm{rot}\,\vec{u} = 0$. Für ebene Strömung vereinfacht sich der Rotationsoperator zu:

$$\mathrm{rot}\,\vec{u} = \left(\frac{\partial u_2}{\partial x_1} - \frac{\partial u_1}{\partial x_2}\right)\vec{e}_3$$

$$\frac{\partial u_2}{\partial x_1} - \frac{\partial u_1}{\partial x_2} = -2Ax_2 + 2Ax_1 = 0 \qquad \Rightarrow \qquad \text{Potentialströmung}$$

c) Die Dehnungsgeschwindigkeiten der Linienelemente dx_1, dx_2 und die Winkeländerungsrate berechnen sich zu:

$$\frac{1}{dx_1}\frac{D(dx_1)}{Dt} = e_{11} = \frac{\partial u_1}{\partial x_1} = 2Ax_1$$

$$\frac{1}{dx_2}\frac{D(dx_2)}{Dt} = e_{22} = \frac{\partial u_2}{\partial x_2} = -2Ax_1$$

$$\frac{D(\alpha_{12})}{Dt} = -2e_{12} = 4Ax_2$$

d) Der Volumenstrom ist das Flächenintegral über das Geschwindigkeitsprofil:

$$\dot{V} = -\iint_S \vec{u} \cdot \underbrace{\vec{n}}_{=\vec{e}_1}\, dS$$

$$= -\iint_S u_1(0, x_2)\, dx_2$$

$$= -\int_0^L u_1(0, x_2)\, dx_2 = \int_0^L Ax_2^2\, dx_2 \quad \Rightarrow \quad \dot{V} = \frac{1}{3}AL^3$$

e) Die Komponenten der Gleichung der Stromlinie lassen sich in ebener Strömung durch Division vereinfachen:

$$\frac{d\vec{x}}{ds} = \frac{\vec{u}}{|\vec{u}|} \qquad\qquad \Rightarrow \qquad \frac{dx_1}{ds} = \frac{u_1}{|\vec{u}|}, \quad \frac{dx_2}{ds} = \frac{u_2}{|\vec{u}|}$$

$$\frac{dx_1}{dx_2} = \frac{u_1}{u_2} \qquad\qquad \Rightarrow \qquad \frac{dx_1}{dx_2} = -\frac{x_1^2 - x_2^2}{2x_1 x_2}$$

f) Integrieren des ersten Teiles $\partial F/\partial x_1$ liefert eine Funktion mit einer von x_2 abhängigen Funktion $f(x_2)$, deren Ableitung dem zweiten Teil der Gleichung entsprechen muss mit dem sie gleichgesetzt wird. Eine weitere Integration liefert dann die implizierte Form der Stromlinie:

$$\underbrace{2x_1x_2}_{=\frac{\partial F}{\partial x_1}}\,dx_1 + \underbrace{(x_1^2 - x_2^2)}_{=\frac{\partial F}{\partial x_2}}\,dx_2 = 0 \qquad\Rightarrow\quad = F(x_1, x_2) = x_1^2 x_2 + f(x_2)$$

$$\frac{\partial F}{\partial x_2} = x_1^2 + f'(x_2) \stackrel{!}{=} x_1^2 - x_2^2 \qquad\Rightarrow\quad f'(x_2) = -x_2^2$$

$$f(x_2) = -\frac{1}{3}x_2^3 + \tilde{c} \qquad\Rightarrow\quad F(x_1, x_2) = x_1^2 x_2 - \frac{1}{3}x_2^3 = C$$

Lösung 1.6

a) Die Divergenz der Geschwindigkeit wird zu 0

$$\frac{\partial u_1}{\partial x_1} + \frac{\partial u_2}{\partial x_2} + \frac{\partial u_3}{\partial x_3} = 0 \qquad\Rightarrow\quad \text{inkompressibel}$$

b)

$$\text{rot } \vec{u} = \left(\underbrace{\frac{\partial u_3}{\partial x_2}}_{=0} - \underbrace{\frac{\partial u_2}{\partial x_3}}_{=0} \right)\vec{e}_1 + \left(\underbrace{\frac{\partial u_1}{\partial x_3}}_{=\Omega(t)a} - \underbrace{\frac{\partial u_3}{\partial x_1}}_{=0} \right)\vec{e}_2 + \left(\underbrace{\frac{\partial u_2}{\partial x_1}}_{=\Omega(t)} - \underbrace{\frac{\partial u_1}{\partial x_2}}_{-\Omega(t)} \right)\vec{e}_3$$

$$\Rightarrow \text{rot } \vec{u} = \Omega(t)a\vec{e}_2 + 2\Omega(t)\vec{e}_3, \quad \Omega(t) \neq 0$$

$$\Rightarrow \text{Strömung ist nicht rotationsfrei}$$

c) Deformationsgeschwindigkeitstensor:

$$e_{ij} = \frac{1}{2}\left(\frac{\partial u_i}{\partial x_j} + \frac{\partial u_j}{\partial x_i} \right)$$

$$e_{11} = \frac{\partial u_1}{\partial x_1} = 0, \qquad e_{22} = \frac{\partial u_2}{\partial x_2} = 0, \qquad e_{33} = \frac{\partial u_3}{\partial x_3} = 0$$

$$e_{12} = e_{21} = \frac{1}{2}\left(\underbrace{\frac{\partial u_1}{\partial x_2}}_{=-\Omega(t)} + \underbrace{\frac{\partial u_2}{\partial x_1}}_{=\Omega(t)} \right) = 0$$

$$e_{13} = e_{31} = \frac{1}{2}\left(\underbrace{\frac{\partial u_1}{\partial x_3}}_{=\Omega(t)a} + \underbrace{\frac{\partial u_3}{\partial x_1}}_{=0} \right) = \frac{1}{2}\Omega(t)a$$

$$e_{23} = e_{32} = \frac{1}{2}\left(\underbrace{\frac{\partial u_2}{\partial x_3}}_{=0} + \underbrace{\frac{\partial u_3}{\partial x_2}}_{=0} \right) = 0$$

d) Berechnung der Eigenwerte

$$\det(e_{ij} - e\delta_{ij}) \overset{!}{=} 0$$

$$\det\begin{pmatrix} -e & 0 & \frac{1}{2}\Omega(t)a \\ 0 & -e & 0 \\ \frac{1}{2}\Omega(t)a & 0 & -e \end{pmatrix} = -e^3 + \left(\frac{\Omega(t)a}{2}\right)^2 e \overset{!}{=} 0$$

$$\Rightarrow e_{(1)} = -\frac{\Omega(t)a}{2}$$

$$\Rightarrow e_{(2)} = 0$$

$$\Rightarrow e_{(3)} = -e_{(1)}$$

Berechnung der Eigenvektoren
1. Eigenvektor $\vec{l}^{(1)}$ zum Eigenwert $e_{(1)}$:

$$(e_{ij} - e_{(1)}\delta_{ij})l_j^{(1)} = 0$$

$$\begin{pmatrix} \frac{\Omega(t)a}{2} & 0 & \frac{\Omega(t)a}{2} \\ 0 & \frac{\Omega(t)a}{2} & 0 \\ \frac{\Omega(t)a}{2} & 0 & \frac{\Omega(t)a}{2} \end{pmatrix} \begin{pmatrix} l_1^{(1)} \\ l_2^{(1)} \\ l_3^{(1)} \end{pmatrix} = \begin{pmatrix} 0 \\ 0 \\ 0 \end{pmatrix}$$

Nur die ersten beiden Gleichungen sind zu verwenden, die dritte ist mit der ersten identisch. Aus der ersten Gleichung folgt $l_3^{(1)} = -l_1^{(1)}$.
Aus der zweiten Gleichung folgt: $l_2^{(1)} = 0$.
Durch Normierung:

$$|\vec{l}^{(1)}| = 1 = \left(2\left[l_1^{(1)}\right]^2\right)^{\frac{1}{2}} \qquad\qquad \Rightarrow \quad l_1^{(1)} = \frac{\sqrt{2}}{2}$$

$$\Rightarrow \quad l_1^{(3)} = \frac{\sqrt{2}}{2}$$

Der erste Eigenvektor lautet somit:

$$\vec{l}^{(1)} = \frac{\sqrt{2}}{2}(\vec{e}_1 - \vec{e}_3)$$

Analog ergibt sich der zweite Eigenvektor zum Eigenwert $e_{(2)} = 0$ zu

$$\vec{l}^{(2)} = \vec{e}_2$$

Der dritte ergibt sich aus der Forderung, dass die drei Vektoren ein Rechtssystem bilden

$$\vec{l}^{(1)} \times \vec{l}^{(2)} = \vec{l}^{(3)} \qquad\qquad \Rightarrow \quad \vec{l}^{(3)} = \frac{\sqrt{2}}{2}(\vec{e}_1 + \vec{e}_2)$$

Lösung 2.1

a)

Aus der Kontinuitätsgleichung folgt:

$$\iint_S \varrho \vec{u} \cdot \vec{n} \, \mathrm{d}S = 0$$

$$\Rightarrow \quad \dot{m}_a = \dot{m}_1 + \dot{m}_2$$

In der Impulsbilanz verschwindet die rechte Seite da $p_0 = 0$

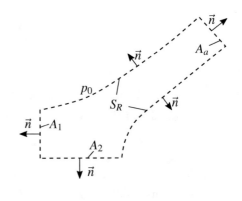

$$\iint_S \varrho \vec{u}(\vec{u} \cdot \vec{n}) \, \mathrm{d}S = \iint_S \underbrace{\vec{t}}_{-p_0 \vec{n}} \, \mathrm{d}S$$

$$\Rightarrow -\vec{u}_1 \dot{m}_1 - \vec{u}_2 \dot{m}_2 + \vec{u}_a(\dot{m}_1 + \dot{m}_2) = 0$$

$$\Rightarrow \vec{u}_a = \frac{\dot{m}_1}{\dot{m}_1 + \dot{m}_2} \vec{u}_1 + \frac{\dot{m}_2}{\dot{m}_1 + \dot{m}_2} \vec{u}_2$$

$$\vec{u}_a \cdot \vec{e}_1 = \frac{\dot{m}_1}{\dot{m}_1 + \dot{m}_2} \vec{u}_1 \cdot \vec{e}_1 + \frac{\dot{m}_2}{\dot{m}_1 + \dot{m}_2} \underbrace{\vec{u}_2 \cdot \vec{e}_1}_{=0} \qquad\qquad \text{Projektion in } \vec{e}_1 \text{ Richtung}$$

$$= \frac{\dot{m}_1}{\dot{m}_1 + \dot{m}_2} u_1 = u_a \cos\alpha$$

$$\vec{u}_a \cdot \vec{e}_2 = \frac{\dot{m}_1}{\dot{m}_1 + \dot{m}_2} \underbrace{\vec{u}_1 \cdot \vec{e}_2}_{=0} + \frac{\dot{m}_2}{\dot{m}_1 + \dot{m}_2} \vec{u}_2 \cdot \vec{e}_2 \qquad\qquad \text{Projektion in } \vec{e}_2 \text{ Richtung}$$

$$= \frac{\dot{m}_2}{\dot{m}_1 + \dot{m}_2} u_2 = u_a \sin\alpha \qquad\qquad\qquad \Rightarrow \quad \tan\alpha = \frac{\dot{m}_2 u_2}{\dot{m}_1 u_1}$$

b)

$$u_a = \frac{\dot{m}_1}{\dot{m}_1 + \dot{m}_2} \frac{u_1}{\cos\alpha} = \frac{\dot{m}_2}{\dot{m}_1 + \dot{m}_2} \frac{u_2}{\sin\alpha}$$

c) Für $p_0 = \mathrm{konst.} \neq 0$ ist im Impulssatz das geschlossene Oberflächenintegral zu berücksichtigen

$$\iint_S -p_0 \vec{n}\, dS \text{ mit } S = A_1 + S_R + A_2 + A_a,$$

welches aber nach dem Gaußschen Satz Null ist.

$$\iint_S -p_0 \vec{n}\, dS = -\iint_V \underbrace{\nabla p_0}_{=0}\, dV = 0$$

Es ändert sich also für den Fall $p_0 = \mathrm{konst.} \neq 0$ nichts.

Lösung 2.2

a)

$$\dot{V} = u_e A_e = u_e \frac{\pi}{4} d^2 \qquad\qquad \Rightarrow \quad \dot{V} = 1,24 \cdot 10^{-3}\, \frac{\mathrm{m}^3}{\mathrm{s}}$$

b)

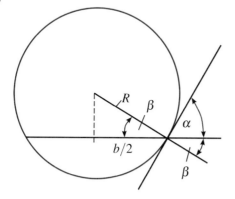

$$\cos\beta = \frac{b}{R} \qquad\qquad \Rightarrow \quad \beta = 20°$$

$$\alpha = \frac{\pi}{2} - \beta \qquad\qquad \Rightarrow \quad \alpha = 70°$$

c)

$$\dot{V} = \iint_{Sa} \vec{u}_a \cdot \underbrace{\vec{n}}_{\vec{e}_z}\, dS = u_{a_z} A_a$$

$$A_a = \pi(b+a)a = 1,24 \cdot 10^{-3}\,\mathrm{m}^2 \qquad \Rightarrow \quad u_{a_z} = 1\,\frac{\mathrm{m}}{\mathrm{s}}$$

d) Unter Berrücksichtigung der Kraft auf den Sockel $\vec{F}_{K\to Fl}$ kann mit dem Impulssatz in z-Richtung der Druck p_e bestimmt werden.

$$\iint_S \varrho\vec{u}\,(\vec{u}\cdot\vec{n})\,\mathrm{d}S = \iint_S \vec{t}\,\mathrm{d}S$$

$$\iint_S \varrho\vec{u}\cdot\vec{e}_z\,(\vec{u}\cdot\vec{n})\,\mathrm{d}S = \iint_S \vec{t}\cdot\vec{e}_z\,\mathrm{d}S \quad \text{in } z\text{-Richtung}$$

Linke Seite:

$$\iint_{A_e} \varrho\,\underbrace{(\vec{u}\cdot\vec{e}_z)}_{u_e}\,\underbrace{(\vec{u}\cdot\vec{n})}_{-u_e}\,\mathrm{d}S + \iint_{A_a} \varrho\,\underbrace{(\vec{u}\cdot\vec{e}_z)}_{u_{a_z}}\,\underbrace{(\vec{u}\cdot\vec{n})}_{u_{a_z}}\,\mathrm{d}S + \underbrace{\iint_{S_{Kugel}+S_{Sockel}} \varrho\,(\vec{u}\cdot\vec{e}_z)\,(\vec{u}\cdot\vec{n})\,\mathrm{d}S}_{=0}$$

$$= \varrho_w u_{a_z}^2 A_a - \varrho_w u_e^2 A_e$$

Rechte Seite:

$$\underbrace{\iint_{A_e} \vec{t}\cdot\vec{e}_z\,\mathrm{d}S}_{=p_e A_e} + \underbrace{\iint_{A_a} \vec{t}\cdot\vec{e}_z\,\mathrm{d}S}_{=p_0 A_e = 0} + \underbrace{\iint_{S_K} \vec{t}\cdot\vec{e}_z\,\mathrm{d}S}_{\vec{F}_{K\to Fl}\cdot\vec{e}_z} + \underbrace{\iint_{S_S} \vec{t}\cdot\vec{e}_z\,\mathrm{d}S}_{\vec{F}_{S\to Fl}=-F_z\cdot\vec{e}_z}$$

$$= p_e A_e - \varrho_G V_K g - F_z$$

$$\Rightarrow \varrho_w\left(u_{a_z}^2 A_a - u_e^2 A_e\right) = p_e A_e - \varrho_G \frac{4}{3}\pi R^3 g - F_z$$

$$\Rightarrow p_e = \frac{\varrho_G \frac{4}{3}\pi R^3 g + F_z + \varrho_w \dot{V}\left(u_{a_z} - u_e\right)}{A_e} = 0,62\,\text{bar} = 0,62\cdot 10^5\,\text{Pa}$$

e)

$$P = \dot{V}\Delta p \qquad\qquad \Rightarrow \quad P = 76,38\,\text{W}$$

Lösung 2.3

a) u_2 berechnet sich aus der Kontinuitätsgleichung:

$$\iint\limits_{S_0+S_1+S_2} \vec{u}\cdot\vec{n}\,\mathrm{d}S = 0$$

$$\Leftrightarrow \quad -\iint\limits_{S_0} U_0\,\mathrm{d}S + \iint\limits_{S_1} \frac{3}{4}U_0\,\mathrm{d}S + \iint\limits_{S_2} u_2\,\mathrm{d}S = 0$$

$$\Leftrightarrow \quad -U_0\frac{\pi}{4}D^2 + \frac{3}{4}U_0\frac{\pi}{4}D^2 + u_2\frac{\pi}{4}d^2 = 0 \quad \text{mit } d = \frac{D}{2}$$

$$\Leftrightarrow \quad u_2 = U_0$$

b) Mit dem Drallsatz kann das Moment $\vec{M}_{Fl\to S_w}$ berechnet werden. Man beachte das die Strömung am Ausfluss ① keinen Beitrag zum Moment liefert.

$$\iint\limits_{S_0+S_1+S_2+S_w} \varrho\vec{x}\times\vec{u}\,(\vec{u}\cdot\vec{n}) = \iint\limits_{S_0+S_1+S_2+S_w} \vec{x}\times\vec{t}\,\mathrm{d}S$$

Linke Seite:

$$\iint\limits_{S_w} \varrho\vec{x}\times\vec{u}\,\underbrace{\left(\vec{u}\cdot\vec{n}\right)}_{=0}\,\mathrm{d}S = 0$$

$$\iint\limits_{S_0} \varrho\vec{x}\times\vec{u}\,(\vec{u}\cdot\vec{n})\,\mathrm{d}S = \iint\limits_{S_0} \varrho(R\vec{e}_r)\times\underbrace{(-U_0\vec{e}_\varphi)(-U_0)}_{\vec{e}_z}\,\mathrm{d}S \qquad = \varrho R U_0^2\frac{\pi}{4}D^2\vec{e}_z$$

$$\iint\limits_{S_1} \underbrace{\varrho\vec{x}\times\vec{u}\,(\vec{u}\cdot\vec{n})}_{=0\text{ da }\vec{x}\|\vec{n}}\,\mathrm{d}S = 0$$

$$\iint\limits_{S_2} \varrho\vec{x}\times\vec{u}\,(\vec{u}\cdot\vec{n})\,\mathrm{d}S = \iint\limits_{S_2} \varrho\underbrace{\left(L\vec{e}_x + H\vec{e}_y\right)\times\left(U_0\vec{e}_y\right)}_{\vec{e}_z}U_0\,\mathrm{d}S \qquad = \frac{\pi}{16}\varrho L U_0^2 D^2\vec{e}_z$$

Rechte Seite:

$$\iint\limits_{S_w} \vec{x}\times\vec{t}\,\mathrm{d}S = -\vec{M}_{Fl\to S_w}$$

$$\iint\limits_{S_0} \vec{x}\times\vec{t}\,\mathrm{d}S = \iint\limits_{S_0} \underbrace{\left(R\vec{e}_r\right)\times\left(-p_0\vec{n}\right)}_{\vec{e}_z}\,\mathrm{d}S = -Rp_0\frac{\pi}{4}D^2\vec{e}_z$$

$$\iint\limits_{S_1} \underbrace{\vec{x}\times\vec{t}}_{=0\text{ da }\vec{x}\|\vec{n}}\,\mathrm{d}S = 0$$

$$\iint_{S_2} \vec{x} \times \vec{t}\,dS = \iint_{S_2} \left(L\vec{e}_x + H\vec{e}_y \right) \times \left(-p_2\vec{n} \right) dS =$$

$$-\frac{\pi}{16}Lp_2D^2\vec{e}_z \qquad \underbrace{\phantom{\left(L\vec{e}_x + H\vec{e}_y \right) \times \left(-p_2\vec{n} \right)}}_{\vec{e}_z}$$

$$\Rightarrow \vec{M}_{Fl\to S_w} = -\left(\varrho R U_0^2 + \frac{1}{4}\varrho L U_0^2 + R p_0 + \frac{1}{4}Lp_2 \right) \frac{\pi}{4}D^2\vec{e}_z$$

Lösung 2.4

a) Der Massenstrom durch eine Fläche S_i ergibt sich aus

$$\dot{m} = \iint_{S_i} \varrho\vec{u}\cdot\vec{n}\,dS$$

Stelle 1:

$$\dot{m}_1 = \int_0^{2\pi}\int_0^{R_1} \varrho U_{\text{max}1}\left(1 - \frac{r^2}{R_1^2} \right) r\,dr\,d\varphi$$

$$= 2\pi\varrho U_{\text{max}1}\left[\frac{1}{2}r^2 - \frac{1}{4}\frac{r^4}{R_1^2} \right]_0^{R_1}$$

$$= \frac{1}{2}\pi\varrho U_{\text{max}1}R_1^2$$

Stelle 2:

$$\dot{m}_2 = \int_0^{2\pi}\int_0^{R_2} \varrho U_{\text{max}2}\left(1 - \frac{r^2}{R_2^2} \right) r\,dr\,d\varphi$$

$$= 2\pi\varrho U_{\text{max}2}\left[\frac{1}{2}r^2 - \frac{1}{4}\frac{r^4}{R_2^2} \right]_0^{R_2}$$

$$= \frac{1}{2}\pi\varrho U_{\text{max}2}R_2^2$$

$$\Rightarrow \quad \dot{m}_{ges} = \frac{1}{2}\pi\varrho\left(U_{\text{max}1}R_1^2 + U_{\text{max}2}R_2^2 \right)$$

b) Die Kräfte in x, y und z Richtung können mit dem Impulssatz für stationäre, inkompressible Strömung berechnet werden. Die Schwerkraft ist als vernachlässigbar gegeben.

$$\iint_S \varrho\left(\vec{u}\cdot\vec{n} \right)\vec{u}\,dS = \iint_S \vec{t}\,dS$$

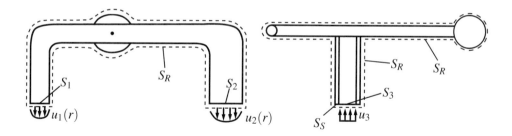

Linke Seite:

$$\iint_{S_1} \varrho\vec{u}\,(\vec{u}\cdot\vec{n})\,\mathrm{d}S = \int_0^{2\pi}\int_0^{R_1} \varrho U_{\mathrm{max}1}^2\left(1-\frac{r^2}{R_1^2}\right)^2 r\,\vec{e}_y\,\mathrm{d}r\mathrm{d}\varphi = \frac{1}{3}\pi\varrho U_{\mathrm{max}1}^2 R_1^2\,\vec{e}_y$$

$$\iint_{S_2} \varrho\vec{u}\,(\vec{u}\cdot\vec{n})\,\mathrm{d}S = \int_0^{2\pi}\int_0^{R_2} \varrho U_{\mathrm{max}2}^2\left(1-\frac{r^2}{R_2^2}\right)^2 r\,\vec{e}_y\,\mathrm{d}r\mathrm{d}\varphi = \frac{1}{3}\pi\varrho U_{\mathrm{max}2}^2 R_2^2\,\vec{e}_y$$

$$\iint_{S_3} \varrho\vec{u}\,(\vec{u}\cdot\vec{n})\,\mathrm{d}S = -\varrho u_3^2\,\vec{e}_z\iint_{S_3}\mathrm{d}S = -\frac{\pi}{4}\varrho u_3^2\,\vec{e}_z$$

$$\iint_{S_R} \varrho\vec{u}\,(\vec{u}\cdot\vec{n})\,\mathrm{d}S = 0,\quad \text{da } \vec{u}\cdot\vec{n}=0$$

$$\iint_{S_S} \varrho\vec{u}\,(\vec{u}\cdot\vec{n})\,\mathrm{d}S = 0,\quad \text{da } \vec{u}\cdot\vec{n}=0$$

Rechte Seite:

$$\iint_{S_1} \vec{t}\,\mathrm{d}S = -\iint_{S_1} p_0\,\vec{e}_y\,\mathrm{d}S = 0 \quad (p_0=0)$$

$$\iint_{S_2} \vec{t}\,\mathrm{d}S = -\iint_{S_2} p_0\,\vec{e}_y\,\mathrm{d}S = 0 \quad (p_0=0)$$

$$\iint_{S_3} \vec{t}\,\mathrm{d}S = -\iint_{S_3} (p_3-p_0)(-\vec{e}_z)\,\mathrm{d}S = \frac{\pi}{4}p_3 D_3^2\,\vec{e}_z$$

$$\iint_{S_R} \vec{t}\,\mathrm{d}S = -\iint_{S_R} p_0\vec{n}\,\mathrm{d}S = 0 \quad (p_0=0)$$

$$\iint_{S_S} \vec{t}\,\mathrm{d}S = \vec{F} \quad \text{gesuchte Kraft}$$

$$\Rightarrow \quad \frac{1}{3}\pi\varrho\left(U_{\text{max}1}^2 R_1^2 + U_{\text{max}2}^2 R_2^2\right)\vec{e}_y - \frac{\pi}{4}\varrho u_3^2 D_3^2 \vec{e}_z = \frac{\pi}{4}p_3 D_3^2 \vec{e}_z - \vec{F}$$

$$\Rightarrow \quad \vec{F} = \begin{pmatrix} 0 \\ -\dfrac{1}{3}\pi\varrho\left(U_{\text{max}1}^2 R_1^2 + U_{\text{max}2}^2 R_2^2\right) \\ \dfrac{\pi}{4}(p_3 + \varrho u_3^2)D_3^2 \end{pmatrix}$$

c) M_z ergibt sich aus F_y und den Hebelarmen $k_1\,\vec{e}_x$ und $k_2\,\vec{e}_x$.

$$\Rightarrow \quad M_z = \frac{\pi}{3}\varrho\left(U_{\text{max}2}^2 R_2^2 k_2 - U_{\text{max}1}^2 R_1^2 k_1\right)$$

Lösung 2.5

a)

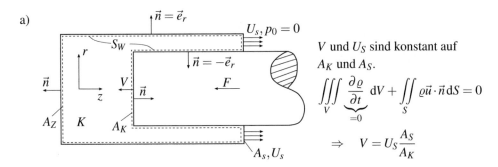

V und U_S sind konstant auf A_K und A_S.

$$\underset{V}{\iiint} \underbrace{\frac{\partial\varrho}{\partial t}}_{=0}\,\mathrm{d}V + \underset{S}{\iint}\varrho\vec{u}\cdot\vec{n}\,\mathrm{d}S = 0$$

$$\Rightarrow \quad V = U_S\frac{A_S}{A_K}$$

b) Reibungsfreie Strömung: $\vec{t} = -p\vec{n}$.

Wärmeleitung wird vernachlässigt: $\dot{Q} = 0$

Innere Energie in inkompressibler, reibungsfreier Flüssigkeit konstant: $E = \text{konst.}$

$$\frac{DK}{Dt} + \underbrace{\frac{DE}{Dt}}_{=0} = \underbrace{\dot{Q}}_{=0} + P \qquad\qquad \Rightarrow \quad \frac{DK}{Dt} = P$$

$$P = \iint_S \vec{u}\cdot\vec{t}\,\mathrm{d}S = \iint_S \vec{u}\cdot(-p\vec{n})\,\mathrm{d}S$$

$$= \iint_{A_S}\vec{u}\cdot\underbrace{(-p_0\vec{e}_z)}_{=0}\,\mathrm{d}S + \iint_{S_W}\underbrace{\vec{u}\cdot(\pm p_0\vec{e}_r)}_{=0,\,\vec{u}\perp\pm\vec{e}_r}\,\mathrm{d}S + \iint_{A_Z}\underbrace{\vec{u}}_{=0}\cdot(+p\vec{e}_z)\,\mathrm{d}S$$

$$+ \iint_{A_K}\vec{u}\cdot(-p\vec{e}_z)\,\mathrm{d}S$$

$$= \iint_{A_K} (-V\vec{e}_z) \cdot (-p\vec{e}_z) \, dS$$

$$= V \underbrace{\iint_{A_K} p \, dS}_{=F} = VF \qquad \begin{array}{l} \text{Leistung die der Flüssigkeit durch die Kolbenbewegung} \\ \text{zugeführt wird.} \end{array}$$

c) Das Reynoldssche Transporttheorem vereinfacht das Volumenintegral mit zeit-abhängigem Integrationsbereich durch ein Integral über ein festes Kontrollvolumen und einem Oberflächenintegral über die begrenzende Oberfläche. Wie angegeben ist der erste Term zu vernachlässigen.

$$\frac{DK}{Dt} = \frac{D}{Dt} \iiint_{V(t)} \varrho \frac{\vec{u} \cdot \vec{u}}{2} \, dV = \underbrace{\frac{\partial}{\partial t} \iiint_V \varrho \frac{\vec{u} \cdot \vec{u}}{2} \, dV}_{=0} + \iint_S \varrho \frac{\vec{u} \cdot \vec{u}}{2} (\vec{u} \cdot \vec{n}) \, dS$$

$$= \iint_{A_S} \varrho \frac{\vec{u} \cdot \vec{u}}{2} (\vec{u} \cdot \vec{n}) \, dS + \iint_{S_W + A_Z} \varrho \frac{\vec{u} \cdot \vec{u}}{2} \underbrace{(\vec{u} \cdot \vec{n})}_{=0} \, dS + \iint_{A_K} \varrho \frac{\vec{u} \cdot \vec{u}}{2} (\vec{u} \cdot \vec{n}) \, dS$$

$$= \frac{1}{2} U_S^2 \varrho U_S A_S - \frac{1}{2} V^2 \varrho V A_K = \varrho V A_K \frac{1}{2} \left(U_S^2 - V^2 \right)$$

$$\Rightarrow \quad \frac{DK}{Dt} = \varrho V A_K \frac{V^2}{2} \left[\left(\frac{A_K}{A_S} \right)^2 - 1 \right]$$

d)

$$\frac{DK}{Dt} = VF \qquad \Rightarrow \qquad \frac{V^2}{2} \varrho A_K \left[\left(\frac{A_K}{A_S} \right)^2 - 1 \right] = F$$

$$\Leftrightarrow \quad V = \sqrt{\frac{2}{\varrho A_K} \frac{F}{\left[\left(\frac{A_K}{A_S} \right)^2 - 1 \right]}} \qquad \text{mit } \frac{A_K}{A_S} \gg 1$$

$$\Leftrightarrow \quad V = \frac{A_S}{A_K} \sqrt{\frac{2F}{\varrho A_K}}$$

Lösung 2.6

a) Mit der Kontinuitätsgleichung erhält man:

$$\iint_S \varrho \vec{u} \cdot \vec{n} \, dS = 0$$

$$-\varrho \frac{\pi D^2}{4} u_D + n\varrho \frac{\pi d^2}{4} u_d = 0 \qquad\qquad \Rightarrow u_d = u_D \frac{D^2}{nd^2}$$

b) Die Kraft berechnet sich mit Hilfe des stationären Impulssatzes an der Stelle B. Der Zufluss über die Fläche an der Stelle A und die erste Umlenkung der Strömung liefern keinen Beitrag in der (x, y) - Ebene.

$$\iint_S \varrho \vec{u}(\vec{u} \cdot \vec{n})\, \mathrm{d}S = \vec{F}_{System \rightarrow Wasser} \qquad \text{in } (x, y)\text{ - Ebene}$$

$$\iint_{S_B} \varrho \vec{u}(\vec{u} \cdot \vec{n})\, \mathrm{d}S = \vec{F}_{System \rightarrow Wasser} \qquad \text{mit } \vec{u} = u_d(\cos\alpha\,\vec{e}_x + \sin\alpha\,\vec{e}_y)$$

$$\text{und } \vec{u} \cdot \vec{n} = u_d$$

$$\Rightarrow \quad \vec{F}_{Wasser \rightarrow System} = -\varrho u_d^2 \frac{n\pi d^2}{4}(\cos\alpha\,\vec{e}_x + \sin\alpha\,\vec{e}_y)$$

c) Die Winkelgeschwindigkeit kann aus dem Drehimpulssatz ermittelt werden. Zu beachten ist, dass die Reibungskraft bzw. das entsprechende Reibungsmoment entgegen der Bewegungsrichtung wirkt.

$$\iint_S \varrho(\vec{x} \times \vec{c})(\vec{w} \cdot \vec{n})\, \mathrm{d}S = \iint_S \vec{x} \times \vec{t}\, \mathrm{d}S$$

$$\iint_{S_A} \varrho \underbrace{(\vec{x} \times \vec{c})}_{=0}(\vec{w} \cdot \vec{n})\, \mathrm{d}S + \iint_{S_B} \varrho \underbrace{(\vec{x} \times \vec{c})}_{\varrho L(\Omega L + u_d \sin\alpha)\,\vec{e}_z}(\vec{w} \cdot \vec{n})\, \mathrm{d}S = \iint_S \vec{x} \times \vec{t}\, \mathrm{d}S$$

Für eine konstante Winkelgeschwindigkeit Ω müssen sich die Momente gegenseitig aufheben $\vec{M}_{Rohr \rightarrow Fl} = \vec{M}_{Reib \rightarrow Rohr}$, dabei ist das Vorzeichen des Reibungsmoments dem der Winkelgeschwindigkeit entgegengesetzt. Es ergeben sich also zwei mögliche Fälle je nach Bewegungsrichtung. In z-Richtung gilt:

$$\varrho L(\Omega L + u_d \sin\alpha)\, u_d \frac{n\pi d^2}{4} = \pm M_{Reib \rightarrow Rohr}$$

$$\text{Fall 1: } \Omega > 0 \quad \Rightarrow \quad \varrho L(\Omega L + u_d \sin\alpha)\, u_d \frac{n\pi d^2}{4} = -M$$

$$\Rightarrow \quad \Omega = \left[-\frac{4M}{\varrho L n\pi d^2 u_d} - u_d \sin\alpha \right]\frac{1}{L} < 0 \quad \unlhd \quad \begin{array}{l}\text{Widerspruch zur}\\ \text{Annahme } \Omega > 0\end{array}$$

$$\text{Fall 2: } \Omega < 0 \quad \Rightarrow \quad \varrho L(\Omega L + u_d \sin\alpha)\, u_d \frac{n\pi d^2}{4} = M$$

$$\Rightarrow \quad \Omega = \underbrace{\left[\frac{4M}{\varrho L n\pi d^2 u_d} - u_d \sin\alpha \right]}\frac{1}{L} < 0$$

$$\geq 0 \quad \Rightarrow \quad \Omega = 0 \quad \text{Keine Bewegung}$$
$$< 0 \quad \Rightarrow \quad \text{Bewegung}$$

Lösung 2.7

a) Der Massenstrom berechnet sich aus der Kontinuitätsgleichung. Es genügt das Kontrollvolumen bis zur Höhe δ zu betrachten.

$$\iint_{(S_{\overline{BC}})} \varrho\,(\vec{u}\cdot\vec{n})\,\mathrm{d}S + \underbrace{\iint_{(S_{\overline{CD}})} \varrho\,(\vec{u}\cdot\vec{n})\,\mathrm{d}S}_{\dot{m}_{\overline{CD}}} + \iint_{(S_{\overline{AD}})} \varrho\,(\vec{u}\cdot\vec{n})\,\mathrm{d}S = 0$$

$$\dot{m}_{\overline{CD}} = \int_0^\delta \varrho U_0\,\mathrm{d}x_2 - \int_0^\delta \varrho U_0\left[1-\left(\frac{x_2}{\delta}-1\right)^2\right]\mathrm{d}x_2 = \int_0^\delta \varrho U_0\left(\frac{x_2}{\delta}-1\right)^2\mathrm{d}x_2$$

$$\Rightarrow \quad \dot{m}_{\overline{CD}} = \frac{1}{3}\delta\varrho U_0$$

b) Zur Berechnung der Reibungskraft wird der Impulssatz in x_1-Richtung ausgewertet.

$$\iint_S \varrho\vec{u}\,(\vec{u}\cdot\vec{n})\,\mathrm{d}S = \iint_S \vec{t}\,\mathrm{d}S + \underbrace{\iiint_V \varrho\vec{k}\,\mathrm{d}V}_{=0} \tag{L.8}$$

$$\iint_{S_{\overline{BC}}+S_{\overline{CD}}+S_{\overline{AD}}} \varrho u_1\,(\vec{u}\cdot\vec{n})\,\mathrm{d}S = \iint_{S_{\overline{AB}}+S_{\overline{BC}}+S_{\overline{CD}}+S_{\overline{AD}}} t_1\,\mathrm{d}S \quad \text{in } x_1\text{-Richtung}$$

Linke Seite:

$$\iint_{S_{\overline{BC}}} \varrho u_1\,(\vec{u}\cdot\vec{n})\,\mathrm{d}S = \int_0^\delta -\varrho u_1^2\,\mathrm{d}x_2 = -\varrho U_0^2\delta$$

$$\iint_{S_{\overline{CD}}} \varrho u_1\,(\vec{u}\cdot\vec{n})\,\mathrm{d}S = u_1\dot{m}_{\overline{CD}}$$

$$\iint_{S_{\overline{AD}}} \varrho u_1\,(\vec{u}\cdot\vec{n})\,\mathrm{d}S = \varrho\int_0^\delta U_0^2\left[1-\left(\frac{x_2}{\delta}-1\right)^2\right]^2\mathrm{d}x_2$$

$$= \varrho U_0^2\int_0^\delta\left[\left(\frac{x_2}{\delta}\right)^4 - 4\left(\frac{x_2}{\delta}\right)^3 + 4\left(\frac{x_2}{\delta}\right)^2\right]\mathrm{d}x_2 = \frac{8}{15}\varrho U_0^2\delta$$

Rechte Seite:

$$\iint_{S_{\overline{AB}}} t_1\,\mathrm{d}S = -F_{1_{L\to P}}$$

$$\iint_{S_{\overline{CD}}} t_1\,\mathrm{d}S = \iint_{S_{\overline{CD}}} \underbrace{n_j\tau_{j1}}_{\tau_{21}=0}\,\mathrm{d}S = 0$$

$$\iint_{S_{\overline{BC}}} t_1 \, dS = \iint_{S_{\overline{BC}}} \underbrace{n_j \tau_{j1}}_{\tau_{11} = -p_0} dS = -p_0 \qquad \iint_{S_{\overline{AD}}} t_1 \, dS = \iint_{S_{\overline{AD}}} \underbrace{n_j \tau_{j1}}_{-\tau_{11} = p_0} dS = p_0$$

$$\Rightarrow \quad -F_{1_{L \to P}} = -\varrho U_0^2 \delta + \frac{1}{3} \varrho U_0^2 \delta + \frac{8}{15} \varrho U_0^2 \delta$$

$$\Rightarrow \quad F_{1_{L \to P}} = \frac{2}{15} \varrho U_0^2 \delta \qquad\qquad\qquad\qquad\qquad\qquad (L.9)$$

c) Analog zu Aufgabenteil a) folgt:

$$\dot{m}_{\overline{CD}} = \frac{1}{3} \delta \varrho U_0; \quad \dot{m}_{\overline{CD}}^* = \frac{1}{3} \delta^* \varrho U_0; \quad \dot{m}_{\overline{CD}}^* = \frac{1}{2} \dot{m}_{\overline{CD}} \quad \Rightarrow \quad \delta^* = \frac{1}{2} \delta \qquad (L.10)$$

d) Die Kraft in x_1-Richtung besteht aus zwei Teilen, dem Ergebnis (L.9) aus Teil b) in welches die neue Grenzschichtdicke (L.10) eingesetzt wird und der Kraft des jetzt aktiven Aktuators, wie sie schon in der Gleichung (L.8) angedeutet ist. Dazu ist eine Verdopplung der Scherrate vorgegeben, woraus sich dann die Kraft des Aktuators berechnet.

$$F_{1_{L \to P}}^* = \frac{2}{15} \varrho U_0^2 \delta^* + F_{1_{Ak \to L}} = \frac{1}{15} \varrho U_0^2 \delta + F_{1_{Ak \to L}}$$

$$F_{1_{L \to P}}^* = 2 F_{1_{L \to P}} = \frac{4}{15} \varrho U_0^2 \delta \qquad\qquad\qquad \Rightarrow \quad F_{1_{Ak \to L}} = \frac{3}{15} \varrho U_0^2 \delta$$

Lösung 2.8

a)

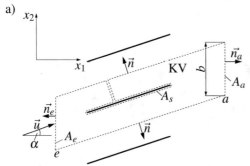

Bei gleicher Fläche am Ein- und Ausfluss des KV berechnet sich u_{1_a} zu:

$$\iint_{A_a} \varrho \underbrace{\vec{u} \cdot \vec{n}}_{u_{1a}} \, dA = - \iint_{A_e} \varrho \underbrace{\vec{u} \cdot \vec{n}}_{-u_{1e}} \, d$$

mit $\varrho = $ konst.; $\quad A_a = A_e$;

und $u_{1e} = |\vec{U}| \cos\alpha$

$$\Rightarrow \quad u_{1a} = u_{1e} = |\vec{U}| \cos\alpha$$

b) i) Mit dem stationären Impulssatz kann der Druck p_a berechnet werden:

$$\iint_{A_e} \varrho\vec{u}(\underbrace{\vec{u}\cdot\vec{n}}_{=-u_{1e}}) \, \mathrm{d}A + \iint_{A_a} \varrho\vec{u}(\underbrace{\vec{u}\cdot\vec{n}}_{=u_{1a}}) \, \mathrm{d}A + \iint_{A_s} \varrho\vec{u}(\underbrace{\vec{u}\cdot\vec{n}}_{=0}) \, \mathrm{d}A =$$

$$= \iint_{A_e} \underbrace{\vec{t}}_{-p_e\vec{n}_e} \, \mathrm{d}A + \iint_{A_a} \underbrace{\vec{t}}_{-p_a\vec{n}_a} \, \mathrm{d}A + \underbrace{\iint_{A_s} \vec{t} \, \mathrm{d}A}_{=-\vec{F}_{\to S}}$$

$$\Rightarrow \vec{F}_{\to S} = \varrho u_{1e}\vec{u}_e b - \varrho u_{1a}\vec{u}_a b - p_e\vec{n}_e b - p_a\vec{n}_a b$$

$$\Rightarrow F_{1\to S} = \vec{F}_{\to S}\cdot\vec{e}_1 = \varrho u_{1e}^2 b - \varrho u_{1a}^2 b + (p_e - p_a)b$$

$$\Rightarrow p_a = p_e - \frac{F_{1\to S}}{b} \qquad \Rightarrow p_a = p_e - \frac{F\cos\alpha}{b}$$

ii) Impulssatz in x_2-Richtung

$$F_2 = \vec{F}\cdot\vec{e}_2 = \varrho u_{1e} b (u_{2e} - u_{2a})$$

$$(u_{2e} - u_{2a}) = \frac{F\sin\alpha}{\varrho|\vec{U}|\cos\alpha\, b} = \frac{F}{\varrho|\vec{U}|b}\tan\alpha > 0$$

$$\Rightarrow \quad u_{2a} < u_{2e} \quad \text{Die Zuströmung wird durch das Gitter zur } x_1\text{-Richtung gelenkt.}$$

c)

$$\tan\beta = \frac{u_{2a}}{u_{1a}} = \frac{u_{2e} - \frac{F}{\varrho|\vec{U}|b}\tan\alpha}{u_{1e}} = \frac{|\vec{U}|\sin\alpha - \frac{F}{\varrho|\vec{U}|b}\tan\alpha}{|\vec{U}|\cos\alpha}$$

$$\tan\beta = \tan\alpha\left(1 - \frac{F}{\varrho|\vec{U}|^2 b\cos\alpha}\right)$$

Lösung 2.9

a) Die Zuströmung ist rein Axial, sodass sich der Volumenstrom über die Absolutge-schwindigkeit berechnet.

$$\dot{V} = -\iint_{S_1} \vec{c}\cdot\vec{n}\,\mathrm{d}S \quad \text{mit } \vec{c}_1 = c_{\Omega 1}\vec{e}_\Omega \text{ und } \vec{n}_1 = -\vec{e}_\Omega$$

$$\dot{V} = -\iint_{S_1} -c_{\Omega 1}\vec{e}_\Omega\cdot\vec{e}_\Omega\,\mathrm{d}S = c_{\Omega 1}\iint_{S_1}\mathrm{d}S = c_{\Omega 1}\pi R_1^2 \qquad \Rightarrow \quad \vec{c}_1 = \frac{\dot{V}}{\pi R_1^2}\vec{e}_\Omega$$

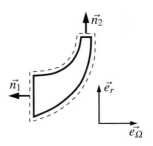 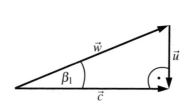

b)

$$\tan\beta_1 = \frac{|\vec{u}|}{|\vec{c}|} = \frac{|\Omega r\,\vec{e}_\varphi|}{\left|\frac{\dot{V}}{\pi R_1^2}\vec{e}_\Omega\right|} \qquad\Rightarrow\qquad \beta_1 = \arctan\left|\frac{\pi\Omega R_1^2}{\dot{V}}r\right|$$

c) Bei gegebener Leistung kann die Geschwindigkeit c_{u2} aus der Eulerschen Turbinengleichung berechnet werden. Die Strömung am Eingang ist drallfrei.

$$P = \Omega M = \Omega\dot{m}(r_a c_{ua} - \underbrace{r_e c_{ue}}_{=0})$$

$$P = \Omega\varrho\dot{V}R_2 c_{u2} \qquad\qquad \Rightarrow\qquad c_{u2} = \frac{P}{\Omega\varrho\dot{V}R_2}$$

$$\dot{V} = \iint_{S_2}\vec{c}\cdot\vec{n}_2\,\mathrm{d}S = c_{r2}2\pi R_2 b \qquad \Rightarrow\qquad c_{r2} = \frac{\dot{V}}{2\pi R_2 b}$$

d)

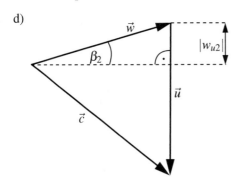

$$|w_{u2}| = |c_{u2} - \Omega R_2|$$

$$\tan\beta_2 = \frac{|w_{u2}|}{|c_{r2}|} = \frac{|c_{u2} - \Omega R_2|}{|c_{r2}|}$$

$$\tan\beta_2 = \left|\frac{P}{\Omega\varrho\dot{V}R_2} - \frac{\Omega\dot{V}}{2\pi b}\right|$$

$$\Rightarrow\qquad \beta_2 = \arctan\left(\left|\frac{P}{\Omega\varrho\dot{V}R_2} - \frac{\Omega\dot{V}}{2\pi b}\right|\right)$$

Lösung 2.10

a)

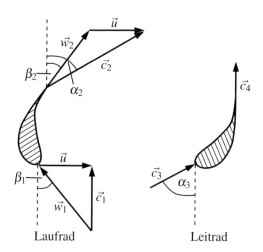

Laufrad   Leitrad

b) Über den bekannten Volumenstrom kann die Absolutgeschwindigkeit an der Stelle [1] ermittelt werden. Die Umfangsgeschwindigkeit ergibt sich aus der Winkelgeschwindigkeit und dem Radius zu $|\vec{u}| = \Omega R$.

$$\tan\beta_1 = \frac{|\vec{u}|}{|\vec{c}_1|} \qquad\qquad \text{mit } |\vec{c}_1| = \frac{4\dot{V}}{\pi(D^2 - d^2)}$$

$$\tan\beta_1 = \frac{|\vec{u}|}{|\vec{c}_1|} = \frac{\Omega R\pi(D^2 - d^2)}{4\dot{V}} \qquad\Rightarrow\qquad \beta_1 = \arctan\frac{\Omega R\pi(D^2 - d^2)}{4\dot{V}}$$

c) Zwischen [2] und [3] wird auf das Wasser kein Moment ausgeübt. Mit Hilfe der Euler-schen Turbinengleichung folgt $r_2 c_{u2} = r_3 c_{u3}$ mit $r_2 = r_3 = R$ und somit auch $\alpha_2 = \alpha_3$.

$$w_{\Omega 2} = c_{\Omega 3} = \frac{4\dot{V}}{\pi(D^2 - d^2)} \qquad\qquad \text{mit } w_{u2} = w_{\Omega 2}\tan\beta_2$$

$$\tan\alpha_2 = \frac{|\vec{u}| + w_{u2}}{w_{\Omega 2}} \qquad\Rightarrow\qquad \alpha_3 = \arctan\left(\frac{\Omega R\pi(D^2 - d^2)}{4\dot{V}} + \tan\beta_2\right)$$

d) Die Energiegleichung vereinfacht sich zu

$$\frac{D}{Dt}(K+E) = P + \dot{Q}$$

mit $\dfrac{DE}{Dt} = 0$ und $\dot{Q} = 0$

$$\Rightarrow \quad \iint_S \frac{\vec{c} \cdot \vec{c}}{2} \varrho (\vec{w} \cdot \vec{n})\, dS = \iint_S \vec{c} \cdot \vec{t}\, dS$$

Hier gilt: $\vec{w} \cdot \vec{n} = \vec{c} \cdot \vec{n}$

da die Ein- und Austrittsströmungen als

drallfrei gegeben ist

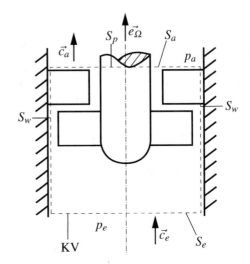

Auf S_e gilt: $\vec{c}_e = \dfrac{4\dot{V}}{\pi D^2}\vec{e}_\Omega$; $\vec{n} = -\vec{e}_\Omega$; $\vec{t} = -p_e(-\vec{e}_\Omega) = p\vec{e}_\Omega$

Auf S_a gilt: $\vec{c}_a = \dfrac{4\dot{V}}{\pi(D^2 - d^2)}\vec{e}_\Omega$; $\vec{n} = \vec{e}_\Omega$; $\vec{t} = -p_a\vec{e}_\Omega$

Linke Seite: | Rechte Seite:

$$\iint_{S_e} \frac{c_e^2}{2}\varrho(\vec{c}_e \cdot \vec{n})\, dS = -\frac{\varrho}{2}\left(\frac{4\dot{V}}{\pi D^2}\right)^3 A_e \qquad \iint_{S_e} \vec{c}_e \cdot \vec{t}\, dS = c_e p_e A_e$$

$$\iint_{S_a} \frac{c_a^2}{2}\varrho(\vec{c}_a \cdot \vec{n})\, dS = \frac{\varrho}{2}\left(\frac{4\dot{V}}{\pi(D^2 - d^2)}\right)^3 A_a \qquad \iint_{S_a} \vec{c}_a \cdot \vec{t}\, dS = -c_a p_a A_a$$

$$\iint_{S_w} \frac{c^2}{2}\varrho(\vec{c} \cdot \vec{n})\, dS = 0 \qquad\qquad \iint_{S_w} \vec{c} \cdot \vec{t}\, dS = 0$$

$$\iint_{S_p} \frac{c^2}{2}\varrho(\vec{c} \cdot \vec{n})\, dS = 0 \qquad\qquad \iint_{S_p} \vec{c} \cdot \vec{t}\, dS = P_{zu}$$

$$P = \left[\frac{\varrho}{2}\left(\frac{4\dot{V}}{\pi(D^2 - d^2)}\right)^3 + \frac{4\dot{V}}{\pi(D^2 - d^2)}p_a\right]\frac{\pi(D^2 - d^2)}{4}$$

$$- \left[\frac{\varrho}{2}\left(\frac{4\dot{V}}{\pi D^2}\right)^3 + \frac{4\dot{V}}{\pi D^2}p_e\right]\frac{\pi D^2}{4}$$

Lösung 2.11

a) Über den gegebenen Massenstrom lässt sich an der Eintrittsfläche die Axialgeschwindigkeit c_{ax} berechnen.

$$\dot{m} = -\iint_{S_1} \varrho_1 \vec{c} \cdot \vec{n}\,dS = \varrho_1 c_{ax} 2\pi R_m H_1$$

Die Dichte ϱ ergibt sich aus der idealen Gasgleichung.

$$\varrho_1 = \frac{p_1}{R_L T_1} \qquad\qquad \Rightarrow \qquad c_{ax} = \frac{R_L T_1 \dot{m}}{p_1 2\pi R_m H_1}$$

b) Damit die Axialgeschwindigkeit konstant bleibt, muss bei sich ändernder Dichte der Querschnitt und damit die Höhe an der Stelle 3 verkleinert werden. Dazu wird der Massenstrom an 3 ausgewertet:

$$\dot{m} = \iint_{S_3} \varrho_3 \vec{c} \cdot \vec{n}\,dS = \varrho_3 c_{ax} 2\pi R_m H_3 = \varrho_1 c_{ax} 2\pi R_m H_1 \qquad \Rightarrow \qquad \frac{H_1}{H_3} = \frac{\varrho_3}{\varrho_1} = \frac{p_3 T_1}{p_1 T_3}$$

c)

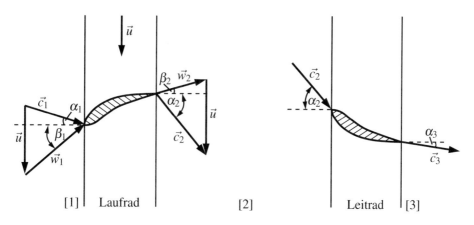

[1] Laufrad [2] Leitrad [3]

d) Die Leistung wird mit Hilfe der Turbinengleichung berechnet. Der mittlere Radius R_m ändert sich nicht, d.h. $r_a = r_e = R_m$.

$$P = \Omega \dot{m}(r_a c_{ua} - r_e c_{ue}) \qquad\qquad \Rightarrow \qquad P = \Omega \dot{m} R_m (c_{u2} - c_{u1})$$

Die Umfangskomponente der Geschwindigkeit c_{u1} ergibt sich aus der Absolutgeschwindigkeit $\vec{c}_1$ und der Relativgeschwindigkeit $\vec{w}_1$:

$$\vec{c}_1 = c_{ax}\vec{e}_\Omega + c_{u1}\vec{e}_\varphi \qquad\qquad \text{Absolutgeschwindigkeit}$$

$$\vec{w}_1 = w_{ax}\vec{e}_\Omega + w_{u1}\vec{e}_\varphi \qquad\qquad \text{Relativgeschwindigkeit}$$

$$\vec{u}_1 = \vec{\Omega} \times \vec{x} = \Omega\,\vec{e}_\Omega \times R_m\vec{e}_r = R_m\Omega\,\vec{e}_\varphi \qquad \text{Umfangsgeschwindigkeit}$$

Mit $\vec{c} = \vec{u} + \vec{w}$ folgt daraus:

$$\vec{c}_{ax} = w_{ax} \quad \text{und } c_{u1} = R_m\Omega + w_{u1}$$

$$w_{u1} = -\tan\beta_1 c_{ax} \qquad\qquad \Rightarrow \qquad c_{u1} = R_m\Omega - c_{ax}\tan\beta_1$$

$$c_{u2}: \quad \text{analog zu } c_{u1} \qquad\qquad \Rightarrow \qquad c_{u2} = R_m\Omega - c_{ax}\tan\beta_2$$

$$\Rightarrow \qquad P = \frac{R_L T_1 \dot{m}^2 \Omega}{2\pi p_1 H_1}\left(\tan\beta_1 - \tan\beta_2\right)$$

e) Aus den Geschwindigkeitsdreiecken in c) folgt:

$$\tan\alpha_2 = \frac{c_{u2}}{c_{ax}} = \frac{R_m\Omega - c_{ax}\tan\beta_2}{c_{ax}} = \frac{2\pi R_m^2 \Omega\, p_1 H_1}{R_L T_1 \dot{m}} - \tan\beta_2$$

Lösung 2.12

a)

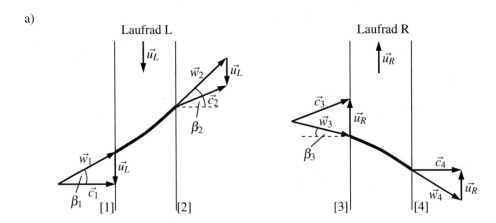

Laufrad L   Laufrad R

b) Mit der Eintrittsfläche als Kontrollfläche lässt sich der Massenstrom bestimmen:

$$\dot{m} = -\iint_{S_1} \varrho\vec{c}\cdot\vec{n}\,\mathrm{d}S = \varrho c_{ax} 2\pi R_m H$$

Am Laufrad L gilt:

$$\vec{u}_L = \vec{\Omega} \times \vec{x} = (\Omega_L \vec{e}_\Omega) \times (R_m \vec{e}_r) \qquad \Rightarrow \qquad \vec{u}_L = \Omega_L R_m \vec{e}_\varphi$$

$$\tan\beta_1 = \frac{|w_{u1}|}{w_{ax1}} \qquad\qquad \text{mit } w_{ax1} = c_{ax} \text{ und } w_{u1} = -u_L$$

$$\Rightarrow \qquad \tan\beta_1 = \frac{\Omega_L R_m}{c_{ax}}$$

$$\vec{M}_L = \dot{m}\Big[\vec{x}_2 \times \vec{c}_2 - \underbrace{\vec{x}_1 \times \vec{c}_1}_{=0}\Big]; \qquad\qquad \vec{c} = \vec{u} + \vec{w}$$

$$\vec{c}_2 = \vec{u}_L + \vec{w}_2$$

$$= \Omega_L R_m \vec{e}_\varphi + w_{ax2}\vec{e}_\Omega + w_{u,2}\vec{e}_\varphi \qquad \text{mit } w_{ax2} = c_{ax} \text{ und } \tan\beta_2 = \frac{|w_{u2}|}{|w_{ax2}|}$$

$$\vec{c}_2 = c_{ax}\vec{e}_\Omega + (-c_{ax}\tan\beta_2 + \Omega_L R_m)\vec{e}_\varphi \quad \Rightarrow \quad \vec{M}_L = \dot{m}R_m\Big[-c_{ax}\tan\beta_2 + \Omega_L R_m\Big]\vec{e}_\Omega$$

c)

$$\tan\beta_3 = \frac{|w_{u3}|}{|w_{ax3}|} \text{ mit } w_{ax3} = c_{ax}$$

Es gilt: $c_{u3} = c_{u2} = -c_{ax}\tan\beta_2 + \Omega_L R_m$

$$w_{u3} = c_{u3} - u_R = c_{u2} - u_R$$

$$= -c_{ax}\tan\beta_2 + \Omega_L R_m + \Omega_R R_m \qquad \Rightarrow \qquad \tan\beta_3 = \frac{R_m(\Omega_L + \Omega_R)}{c_{ax}} - \tan\beta_2$$

$$\vec{M}_R = \dot{m}\Big[\underbrace{\vec{x}_4 \times \vec{c}_4}_{=0} - \vec{x}_3 \times \vec{c}_3\Big] \qquad \Rightarrow \qquad \vec{M}_R = \dot{m}R_m\Big[c_{ax}\tan\beta_2 - \Omega_L R_m\Big]\vec{e}_\Omega$$

d) Das gesamte Moment ergibt sich aus der Addition der beiden Einzelmomente. Für die Gesamtleistung ist noch die jeweilige Drehzahl der Laufräder zu berücksichtigen.

$$\vec{M}_{ges} = \vec{M}_L + \vec{M}_R = 0$$

$$P_{ges} = \vec{M}_L \cdot \vec{\Omega}_L + \vec{M}_R \cdot \vec{\Omega}_R = \dot{m}R_m\Big[-c_{ax}\tan\beta_2 + \Omega_L R_m\Big]\Big[\Omega_L + \Omega_R\Big]$$

Lösung 2.13

a)

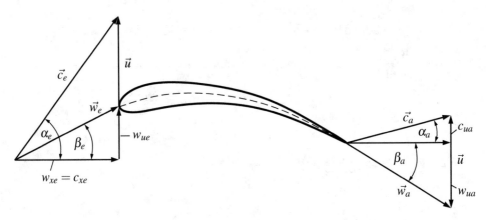

b) w_{xe} muss c_{xe} entsprechen, da die Umfangsgeschwindigkeit $\vec{u}$ keinen Anteil an der x-Komponente der Absolutgeschwindigkeit $\vec{c}$ besitzt. Über den gegebenen Massenstrom $\dot{m}$ lässt sich die Geschwindigkeit w_{xe} berechnen:

$$\dot{m} = -\iint_{A_e} \varrho \vec{w} \cdot \vec{n}\, dS \qquad\qquad \Rightarrow \quad w_{xe} = \frac{\dot{m}}{\varrho 2\pi R h} = c_{xe}$$

c)

$$\tan \beta_e = \frac{w_{ue}}{w_{xe}} \qquad\qquad \text{mit } w_{ue} = c_{ue} - \Omega R \text{ und } \tan \alpha_e = \frac{c_{ue}}{w_{xe}}$$

$$c_{ue} = w_{xe} \tan \alpha_e \qquad\qquad \Rightarrow \quad \tan \beta_e = \tan \alpha_e - \frac{\Omega R}{w_{xe}}$$

$$\Rightarrow \quad \tan \beta_e = \tan \alpha_e - \frac{\Omega R}{\dot{m}} \varrho 2\pi R h$$

d) Die Leistung P bezeichnet die zugeführte Leistung, P_T dagegen die abgenommene Leistung:

$$P = \dot{m}\Omega(r_a c_{ua} - r_e c_{ue}) = -P_T \ < 0$$

$$P_T = \dot{m}\Omega R(c_{ue} - c_{ua})$$

$$c_{ue} = \Omega R + w_{ue}, \quad c_{ua} = \Omega R - w_{ua} \qquad \Rightarrow \qquad c_{ue} - c_{ua} = w_{ue} - w_{ua}$$

$$w_{ue} = w_{xe} \tan\beta_e, \quad w_{ua} = \underbrace{w_{xa}}_{w_{xe}} \tan\beta_a \qquad \Rightarrow \qquad c_{ue} - c_{ua} = w_{xe}(\tan\beta_e + \tan\beta_a)$$

$$P_T = \frac{\dot{m}^2}{\varrho 2\pi h}\Omega(\tan\beta_e + \tan\beta_a) \qquad \Rightarrow \qquad P_T = \frac{\dot{m}^2\Omega}{\varrho 2\pi h}(\tan\alpha_e + \tan\beta_a) - \dot{m}\Omega^2 R$$

e) Die Strömung muss drallfrei sein

$$c_{ua} \overset{!}{=} 0 = \Omega R - w_{ua} \qquad \Rightarrow \qquad \tan\beta_a = \frac{\Omega R}{w_{xe}} = \frac{\Omega R}{\dot{m}}\varrho 2\pi R h$$

Lösung 2.14

a) Aus der Eulerschen Turbinengleichung erhält man die Umfangskomponente c_{u_2} der Absolutgeschwindigkeit am Austritt ②, wobei $r_e = r_a = R$ gilt:

$$M_P = \dot{m}(Rc_{u2} - \underbrace{Rc_{u1}}_{=0}) \qquad \Rightarrow \qquad c_{u2} = \frac{M_P}{\dot{m}R}$$

b) Der Massenstrom ist gleich dem Flächenintegral über die Komponente der Relativgeschwindigkeit normal zur Fläche S_4, dabei handelt es sich um eine ausgeglichene Strömung:

$$\dot{m} = \iint_{S_4} \varrho\vec{w}_4 \cdot \vec{n}\,dS$$

$$\dot{m} = 2\pi R h\varrho \underbrace{\vec{w}_4 \cdot \vec{n}}_{|\vec{w}_4|\cos\beta_4} \qquad \Rightarrow \qquad |\vec{w}_4| = \frac{\dot{m}}{2\pi R h\varrho\cos\beta_4}$$

c) Die Geschwindigkeit c_{u4} ergibt sich aus der Eulerschen Turbinengleichung. Zwischen ② und ③ ist schaufelfreier Raum in dem $r_2 c_{u2} = r_3 c_{u3}$ und damit $c_{u2} = c_{u3}$ gilt.

$$-M_T = \dot{m}(Rc_{u4} - Rc_{u3}) \qquad \Rightarrow \qquad c_{u4} = c_{u2} - \frac{M_t}{\dot{m}R} = \frac{M_P - M_T}{\dot{m}R}$$

Die Winkelgeschwindigkeit hängt mit der Umfangsgeschwindigkeit über $u_T = R\Omega$ zusammen. Über die Betrachtung der Geschwindigkeitskomponenten der Absolutgeschwindigkeiten an der Stelle ④ erhält man die Winkelgeschwindigkeit Ω_T:

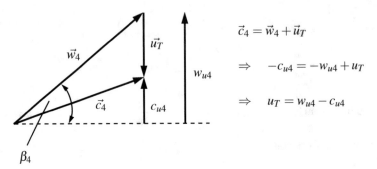

$$\vec{c}_4 = \vec{w}_4 + \vec{u}_T$$

$$\Rightarrow \quad -c_{u4} = -w_{u4} + u_T$$

$$\Rightarrow \quad u_T = w_{u4} - c_{u4}$$

$$w_{u4} = |\vec{w}_4| \sin\beta_4 \qquad\qquad \Rightarrow \quad \Omega_T = \frac{\dot{m}\tan\beta_4}{2\pi\varrho R^2 h} - \frac{M_P - M_T}{\dot{m}R^2}$$

d) Wieder gilt wegen schaufelfreiem Raum $c_{u4} = c_{u5}$. Der Winkel α_5 steht also in Beziehung mit der Umfangskomponenten c_{u4} und der Relativgeschwindigkeit $w_{\dot{m}}$:

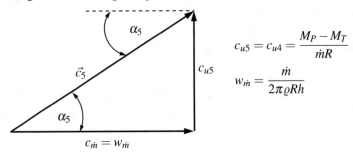

$$c_{u5} = c_{u4} = \frac{M_P - M_T}{\dot{m}R}$$

$$w_{\dot{m}} = \frac{\dot{m}}{2\pi\varrho Rh}$$

$$\tan\alpha_5 = \frac{c_{u4}}{w_{\dot{m}}} \qquad\qquad \Rightarrow \quad \tan\alpha_5 = \frac{M_P - M_T}{\dot{m}^2} 2\pi\varrho h$$

e) Es soll gezeigt werden, dass $M_L = M_T - M_P$ gilt:

$$M_L = \dot{m}\big(\underbrace{Rc_{u6}}_{=0} - Rc_{u5}\big) = -\dot{m}Rc_{u5} = -\dot{m}Rc_{u4} = -\dot{m}R\frac{M_P - M_T}{\dot{m}R} = M_T - M_P$$

Lösung 2.15

a)

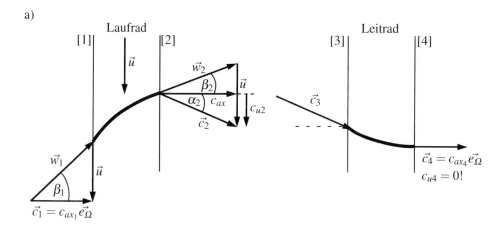

b) Die rein axiale Anströmgeschwindigkeit entspricht der Relativgeschwindigkeit $w_{ax} = c_{ax}$ und lässt sich über den gegebenen Massenstrom berechnen.

$$\dot{m} = -\iint_S \varrho\vec{w} \cdot \underbrace{\vec{n}}_{-\vec{e}_\Omega}\,\mathrm{d}S = \iint_S \varrho w_{ax}\,\mathrm{d}S \qquad \Rightarrow \qquad c_{ax} = \frac{\dot{m}}{\pi\varrho(R_S^2 - R_W^2)}$$

c) Die Beträge der Umfangsgeschwindigkeit $u = \Omega r$ des Laufrades, und der Relativgeschwindigkeit $|w_{u1}|$ in ① sind gleich und hängen vom Radius r ab.

$$\tan\beta_1(r) = \frac{|w_{u1}|}{w_{ax1}} = \frac{\Omega r}{c_{ax}} \qquad \Rightarrow \qquad \tan\beta_1(r) = \frac{\pi\varrho(R_S^2 - R_W^2)\Omega r}{\dot{m}}$$

d) Das Moment setzt sich aus den Beiträgen der An-① und Abströmung② am Laufrad zusammen. Mit dem Drallsatz in $\vec{\Omega}$ Richtung für eine stationäre reibungsfreie Strömung ohne Volumenkräfte folgt:

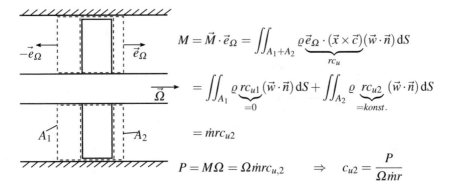

$$M = \vec{M} \cdot \vec{e}_\Omega = \iint_{A_1+A_2} \varrho \vec{e}_\Omega \cdot \underbrace{(\vec{x} \times \vec{c})}_{rc_u} (\vec{w} \cdot \vec{n}) \, dS$$

$$= \iint_{A_1} \varrho \underbrace{rc_{u1}}_{=0} (\vec{w} \cdot \vec{n}) \, dS + \iint_{A_2} \varrho \underbrace{rc_{u2}}_{=konst.} (\vec{w} \cdot \vec{n}) \, dS$$

$$= \dot{m} r c_{u2}$$

$$P = M\Omega = \Omega \dot{m} r c_{u,2} \quad \Rightarrow \quad c_{u2} = \frac{P}{\Omega \dot{m} r}$$

e) Aus dem Geschwindigkeitsdreieck in a) folgt:

$$\tan\beta_2(r) = \frac{\Omega r - c_{u2}}{c_{ax}} \quad \Rightarrow \quad \tan\beta_2(r) = \frac{\pi\varrho(R_S^2 - R_W^2)}{\dot{m}}\left(\Omega r - \frac{P}{\Omega \dot{m} r}\right)$$

Lösung 2.16

a) Aus der Kontinuitätsgleichung ergibt sich:

$$\dot{m} = -\iint_{S_1} \varrho(\vec{u} \cdot \vec{n}) \, dS = \varrho c_1 2\pi R_m h$$

b) Weiter kann man aus der Kontinuitätsgleichung folgern:

$$c_{ax2} = c_1 \frac{A_1}{A_2} = c_1; \quad c_{r3} = c_1 \frac{A_1}{A_3} = c_1 \frac{R_m h}{R_3 H}; \quad c_{r4} = c_1 \frac{A_1}{A_4} = c_1 \frac{R_m h}{R_4 H}$$

c) Da die Zu- und Abströmung drallfrei bzw. rein radial ist, verschwinden die Umfangskomponenten der Absolutgeschwindigkeiten: $c_{u1} = c_{u4} = 0$

$$M_{ges} = \dot{m}(R_4 \underbrace{c_{u4}}_{=0} - R_m \underbrace{c_{u1}}_{=0}) = 0$$

d) Die Turbine "entnimmt" der Strömung Leistung, d.h. $P < 0 \Rightarrow P = -P_T < 0$

$$M_{LA} = M_{3,4} = \frac{-P_T}{\Omega} < 0$$

e) Aus den Ergebnisse von Teilaufgabe c) und d) ergibt sich das Moment am Leitrad zu:

$$M_{LE} = M_{1,2} = M_{1,4} - \underbrace{M_{2,3}}_{=0} - M_{3,4} = -M_{LA} = \frac{P_T}{\Omega} > 0$$

$$= \dot{m}(R_m c_{u2} - R_m c_{u1}) \qquad \Rightarrow \qquad c_{u2} = \frac{P_T}{\Omega \varrho c_1 2\pi h R_m^2}$$

$$\tan \alpha_2 = \frac{|c_{u2}|}{|c_{ax2}|} \qquad \Rightarrow \qquad \tan \alpha_2 = \frac{P_T}{\Omega \varrho c_1^2 2\pi h R_m^2}$$

f) c_{u3} kann über die Eulersche Turbinengleichung bestimmt werden:

$$M_{3,4} = \dot{m}(R_r \underbrace{c_{u4}}_{=0} - R_3 c_{u3}) = \frac{-P_T}{\Omega} \qquad \Rightarrow \qquad c_{u3} = \frac{P_T}{\Omega \varrho c_1 2\pi h R_m R_3}$$

Mit $\omega_u = c_u - u = c_u - \Omega R$ und $\omega_r = c_r$ ergibt sich:

$$\tan \beta_4 = \frac{|w_{u4}|}{|w_{r4}|} = \frac{\Omega R_4}{c_{r4}} = \frac{\Omega R_4^2 H}{c_1 R_m h}$$

$$\tan \beta_3 = \frac{|w_{u3}|}{|w_{r3}|} = \left| \frac{c_{u3} - \Omega R_3}{c_{r3}} \right| = \left| \frac{P_T H}{\Omega \varrho c_1^2 2\pi h^2 R_m^2} - \frac{\Omega R_3^2 H}{c_1 R_m h} \right|$$

Lösung 4.1

a) Die Kontinuitätsgleichung für stationäre inkompressible Strömungen lautet:

$$\underbrace{\frac{\partial u}{\partial x}}_{=0} + \frac{\partial v}{\partial y} = 0 \qquad \Rightarrow \qquad v = konst. \quad \text{mit } v(y = 0) = 0 \qquad \Rightarrow \qquad v = 0$$

b)

$$\dot{V} = \int_0^h u(y)\,dy = \frac{\varrho g h^2}{2\eta} \left(\frac{y^2}{h} - \frac{y^3}{3h^2} \right) \Big|_0^h = \frac{\varrho g h^3}{3\eta}$$

c) Mit $e_{xx} = 0$ und $e_{yy} = 0$ folgt:

$$\Phi = 2\eta e_{ij} e_{ij} = 2\eta (e_{xy} e_{xy} + e_{yx} e_{yx}) \qquad \Rightarrow \qquad \Phi = 4\eta e_{xy} e_{xy} = \eta \left(\frac{du}{dy} \right)^2$$

$$\frac{du}{dy} = \frac{\varrho g h}{\eta} \left(1 - \frac{y}{h} \right) \qquad \Rightarrow \qquad \Phi = \eta \left(\frac{\varrho g h}{\eta} \right)^2 \left(1 - \frac{y}{h} \right)^2$$

$$P_{diss} = \int_0^h \Phi(y)\,dy = \eta \left(\frac{\varrho g h}{\eta} \right)^2 \left(y - \frac{y^2}{h} + \frac{y^3}{3h^2} \right) \Big|_0^h = \frac{\varrho^2 g^2 h^3}{3\eta}$$

d) Die Temperaturverteilung erhält man durch Lösen der Energiegleichung für Newtonsche Flüssigkeiten:

$$\varrho\frac{De}{Dt} - \frac{p}{\varrho}\frac{D\varrho}{Dt} = \Phi + \frac{\partial}{\partial x_i}\left(\lambda\frac{\partial T}{\partial x_i}\right) \qquad \Rightarrow \qquad \lambda\frac{d^2T}{dy^2} = -\Phi$$

$$\lambda\frac{d^2T}{dy^2} = -\eta\left(\frac{\varrho g h}{\eta}\right)^2\left(1-\frac{y}{h}\right)^2$$

$$T(y) = -\frac{\eta}{\lambda}\left(\frac{\varrho g h}{\eta}\right)^2\left(\frac{y^2}{2} - \frac{y^3}{3h} + \frac{y^4}{12h^2}\right) + C_1 y + C_2$$

$$\frac{dT}{dy}\bigg|_{y=0} = 0, \qquad T(y=h) = T_u$$

$$\Rightarrow \qquad T(y) = T_u + \frac{\varrho^2 g^2 h^4}{4\lambda} - \frac{\eta}{\lambda}\left(\frac{\varrho g h}{\eta}\right)^2\left(\frac{y^2}{2} - \frac{y^3}{3h} + \frac{y^4}{12h^2}\right)$$

e) Die Leistung der Volumenkraft (Gravitation) pro Längen- und Tiefeneinheit ist bestimmt durch:

$$P_g = \int_0^h \varrho g\, u(y)\, dy = \dot{V}\varrho g = \int_0^h \varrho g\frac{\varrho g h^2}{2\eta}\left(2 - \frac{y}{h}\right)\frac{y}{h}dy = \frac{\varrho^2 g^2 h^3}{3\eta} = P_{diss}$$

   Wäre die Leistung der Volumenkraft größer als die Dissipationsleistung, so würde die
   Flüssigkeit beschleunigt werden und $\partial u/\partial x = 0$ nicht mehr erfüllt.

Lösung 4.2

a)

$$u(0) = -U, \qquad u(h) = 0$$

b) Die Navier-Stokesschen Gleichungen in x- und y-Komponente vereinfachen sich zu:

$$\left.\begin{array}{l} \dfrac{\partial p}{\partial x} = \eta\dfrac{\partial^2 u}{\partial y^2} \\[3mm] 0 = -\dfrac{1}{\varrho}\dfrac{\partial p}{\partial y} \quad \Rightarrow \quad p \neq f(y) \end{array}\right\} \Rightarrow \quad \frac{\partial p}{\partial x} \neq f(x) \qquad \Rightarrow \quad \frac{\partial p}{\partial x} = -K$$

$$\Rightarrow \quad 0 = K + \eta\frac{d^2 u}{dy^2} \text{ (L.11)}$$

c) Die Geschwindigkeitsverteilung erhält man durch zweifache Integration der Gleichung
   (L.11) und den Randbedingungen für die Geschwindigkeit an der Welle und der Ein-
   fassung.

$$\frac{\mathrm{d}u}{\mathrm{d}y} = -\frac{K}{\eta}y + c_1 \qquad \Rightarrow \qquad u(y) = -\frac{K}{2\eta}y^2 + c_1 y + c_2$$

RB: $u(0) = -U \qquad \Rightarrow \qquad c_2 = -U$

$\qquad\quad u(h) = 0 \qquad \Rightarrow \qquad c_1 = \frac{U}{h} + \frac{K}{2\eta}h$

$$\Rightarrow \qquad u(y) = \frac{K}{2\eta}h^2\left(\frac{y}{h} - \frac{y^2}{h^2}\right) + u\left(\frac{y}{h} - 1\right)$$

d) Da der Leckstrom als gleich Null gegeben ist, kann der Nett-Volumenstrom im Spalt zu Null gesetzt werden.

$$\dot{V} = \int_0^h u(y)\,\mathrm{d}y \overset{!}{=} 0, \quad \text{(pro Tiefeneinheit)}$$

$$\Leftrightarrow \quad 0 = \frac{K}{2\eta}h^2\int_0^h\left(\frac{y}{h} - \frac{y^2}{h^2}\right)\mathrm{d}y + U\int_0^h\left(\frac{y}{h} - 1\right)\mathrm{d}y \qquad \text{mit } s = \frac{y}{h}$$

$$\Leftrightarrow \quad 0 = \frac{K}{2\eta}h^3\int_0^1\left(s - s^2\right)\mathrm{d}s + Uh\int_0^1\left(s - 1\right)\mathrm{d}s$$

$$\Leftrightarrow \quad 0 = \frac{K}{2\eta}h^3\frac{1}{6} - Uh\frac{1}{2} \qquad\qquad \Rightarrow \qquad K = 6\eta\frac{U}{h^2}$$

$$\Rightarrow \qquad \frac{\mathrm{d}p}{\mathrm{d}x} = -6\eta\frac{U}{h^2}$$

e) Durch integrieren der Gleichung für $\mathrm{d}p/\mathrm{d}x$ erhält man die von x abhängige Druckverteilung.

$$p(x) = -6\eta\frac{U}{h^2}x + c_3 \quad \text{mit } p(L) = p_i \qquad \Rightarrow \qquad c_3 = p_i + 6\eta\frac{UL}{h^2}$$

$$p(x) = 6\eta\frac{U}{h^2}\left(L - x\right) + p_i \qquad\qquad \Rightarrow \qquad p(0) = 6\eta\frac{U}{h^2}L + p_i$$

f) Das Integral von $p(0)$ über die Fläche an $x = 0$ liefert die Kraft F_x.

$$F_x = \int_0^{2\pi R}\int_0^h -p(0)\,\mathrm{d}y\mathrm{d}z = -2\pi R\left(6\eta\frac{U}{h^2}Lh + p_i h\right) = -\left(6\eta U\frac{L}{h^2} + p_i\right)2\pi Rh$$

Lösung 4.3

a) Da es sich um eine in x_1 unendliche Schichtenströmung handelt, ändert sich die Geschwindigkeitskomponente u nicht in x-Richtung. Aus der Kontinuitätsgleichung folgt die Geschwindigkeitskomponente v

$$\frac{\partial u}{\partial x} + \frac{\partial v}{\partial y} = 0 \qquad\qquad \Rightarrow \quad \frac{\partial u}{\partial x} = 0 \text{ und } \frac{\partial v}{\partial y} = 0$$

$$\Rightarrow \quad v = \text{konst.}, \quad v|_{y=h} = V \qquad\qquad \Rightarrow \quad v = V$$

b) Die Navier-Stokesschen Gleichungen in x- und y-Richtung vereinfachen sich wie folgt, wobei der Zusammenhang der kinematischen und dynamischen Viskosität zu beachten ist $v = \eta/\varrho$:

$$\varrho\left\{ \underbrace{\frac{\partial u}{\partial t}}_{=0} + \underbrace{u\frac{\partial u}{\partial x}}_{=0} + v\frac{\partial u}{\partial y} \right\} = \underbrace{-\frac{\partial p}{\partial x}}_{=0} + \eta\left\{ \underbrace{\frac{\partial^2 u}{\partial x^2}}_{=0} + \frac{\partial^2 u}{\partial y^2} \right\} \qquad \Rightarrow \quad v\frac{\partial u}{\partial y} = v\frac{\partial^2 u}{\partial y^2}$$

$$\varrho\left\{ \underbrace{\frac{\partial v}{\partial t}}_{=0} + \underbrace{u\frac{\partial v}{\partial x}}_{=0} + \underbrace{v\frac{\partial v}{\partial y}}_{=0} \right\} = -\frac{\partial p}{\partial y} + \eta\left\{ \underbrace{\frac{\partial^2 v}{\partial x^2}}_{=0} + \underbrace{\frac{\partial^2 v}{\partial y^2}}_{=0} \right\} \qquad \Rightarrow \quad 0 = -\frac{\partial p}{\partial y}$$

c) Zur Berechnung der Geschwindigkeitskombinente $u(y)$ wird die Differentialgleichung aus b) gelöst.

$$\frac{d^2 u}{dy^2} = \frac{V}{v}\frac{du}{dy} \qquad\qquad \Rightarrow \quad \frac{du}{dy} = \frac{V}{v}u + K_1 \quad \text{mit } K_1 = \text{konst.}$$

$$\Rightarrow \quad \int \frac{du}{\frac{V}{v}u + K_1} = \int dy \qquad\qquad \Rightarrow \quad \frac{v}{V}\ln(u + K_1) = y + K_2$$

$$\Rightarrow \quad u + K_1 = \exp\left(\frac{V}{v}y + \frac{V}{v}K_2\right) \qquad \Rightarrow \quad u(y) = A\exp\left(\frac{V}{v}y\right) + B,$$

$$\Rightarrow \quad A = \exp\left(\frac{V}{v}K_2\right); \quad B = -K_1$$

Aus der Betrachtung der Randbedingungen lassen sich die Koeffizienten A und B bestimmten:

$$u(0) = 0 \qquad\qquad \Rightarrow \quad B = -A$$

$$u(h) = U_w \qquad\qquad \Rightarrow \quad A = \frac{U_w}{\exp\left(\frac{V}{v}h\right) - 1}$$

$$\Rightarrow \quad u(y) = U_w \frac{\exp\left(\frac{V}{v}y\right) - 1}{\exp\left(\frac{V}{v}h\right) - 1} \quad \text{für } 0 \le y \le h$$

d) Die Dissipation wird vernachlässigt, die Dichte ist als konstant angegeben. Alle Ableitungen in x-Richung sind Null, da der Kanal in x-Richtung unendlich ausgedehnt ist und sich die Randbedingung in x-Richtung nicht ändern.

$$\varrho\frac{\mathrm{D}e}{\mathrm{D}t} = \frac{\partial}{\partial y}\left(\lambda\frac{\partial T}{\partial y}\right)$$

$$\varrho c\left\{\underbrace{\frac{\partial T}{\partial t}}_{=0} + \underbrace{u\,\frac{\partial T}{\partial x}}_{=0} + v\frac{\partial T}{\partial y}\right\} = \frac{\partial\lambda}{\partial y}\frac{\partial T}{\partial y} + \lambda\frac{\partial^2 T}{\partial y^2}$$

$$\varrho cV\frac{\mathrm{d}T}{\mathrm{d}y} = \varrho cV\frac{\mathrm{d}T}{\mathrm{d}y} + (\lambda_0 + \varrho cVy)\frac{\mathrm{d}^2 T}{\mathrm{d}y^2} \qquad \Rightarrow \qquad \frac{\mathrm{d}^2 T}{\mathrm{d}y^2} = 0$$

e) Unter Berücksichtigung der Randbedingungen erhält man aus d):

$$\frac{\mathrm{d}T}{\mathrm{d}y} = c_1 \quad \Rightarrow \quad T(y) = c_1 y + c_2$$

$$q_y\big|_{y=0} = \left(-\lambda\frac{\mathrm{d}T}{\mathrm{d}y}\right)\bigg|_{y=0} = -\lambda_0 c_1 \overset{!}{=} q \qquad \Rightarrow \qquad c_1 = -\frac{q}{\lambda_0}$$

$$T(h) = -\frac{q}{\lambda_0}h + c_2 \overset{!}{=} T_0 \qquad \Rightarrow \qquad c_2 = \frac{q}{\lambda_0}h + T_0$$

$$\Rightarrow \qquad T(y) = T_0 + \frac{q}{\lambda_0}(h - y)$$

Lösung 4.4

a) Die Zerlegung findet sich nach der Definition von $\vec{\Omega}$ aus der Skizze zu:

$$\Omega_1 = \vec{\Omega}\cdot\vec{e}_1 = |\vec{\Omega}|\cos\left(\frac{\pi}{2}+\vartheta\right) \qquad \Rightarrow \qquad \Omega_1 = -\Omega\sin(\vartheta)$$

$$\Omega_2 = \vec{\Omega}\cdot\vec{e}_2 = |\vec{\Omega}|\cos\left(\frac{\pi}{2}\right) \qquad \Rightarrow \qquad \Omega_2 = 0$$

$$\Omega_3 = \vec{\Omega}\cdot\vec{e}_3 = |\vec{\Omega}|\cos(\vartheta) \qquad \Rightarrow \qquad \Omega_3 = \Omega\cos(\vartheta)$$

b) Die Komponenten der Corioliskraft $-2\varrho\vec{\Omega}\times\vec{w}$ lauten wie folgt, wobei $\Omega_2 = 0$ und $w_3 = 0$ gilt.

$$i = 1: \quad -2\varrho[\varepsilon_{123}\Omega_2 w_3 + \varepsilon_{132}\Omega_3 w_2] \qquad \Rightarrow \qquad 2\varrho\cos(\vartheta)\,\Omega w_2$$

$$i = 2: \quad -2\varrho[\varepsilon_{231}\Omega_3 w_1 + \varepsilon_{213}\Omega_1 w_3] \qquad \Rightarrow \qquad -2\varrho\cos(\vartheta)\,\Omega w_1$$

c) Der Dehnungsgeschwindigkeitstensor berechnet sich aus $e_{ij} = \frac{1}{2}\left\{\dfrac{\partial w_i}{\partial x_j}+\dfrac{\partial w_j}{\partial x_i}\right\}$.

$$e_{11} = \frac{\partial w_1}{\partial x_1} = 0, \quad e_{22} = \frac{\partial w_2}{\partial x_2} = 0, \quad e_{33} = \frac{\partial w_3}{\partial x_3} = 0$$

$$e_{12} = e_{21} = \frac{1}{2}\left\{\frac{\partial w_1}{\partial x_2} + \frac{\partial w_2}{\partial x_1}\right\} = 0$$

$$e_{23} = e_{32} = \frac{1}{2}\left\{\frac{\partial w_2}{\partial x_3} + \frac{\partial w_3}{\partial x_2}\right\} = \frac{1}{2}\frac{\partial w_2}{\partial x_3}$$

$$e_{13} = e_{31} = \frac{1}{2}\left\{\frac{\partial w_1}{\partial x_3} + \frac{\partial w_3}{\partial x_1}\right\} = \frac{1}{2}\frac{\partial w_1}{\partial x_3}$$

d) Die x_1- und x_2-Komponenten der Divergenz des Spannungstensors vereinfachen sich zu:

$$\frac{\partial \tau_{j1}}{\partial x_j} = \frac{\partial \tau_{11}}{\partial x_1} + \frac{\partial \tau_{21}}{\partial x_2} + \frac{\partial \tau_{31}}{\partial x_3} = -\underbrace{\frac{\partial p}{\partial x_1}}_{=0} + 2\eta\frac{\partial}{\partial x_1}\underbrace{(e_{11})}_{=0} + 2\eta\frac{\partial}{\partial x_2}\underbrace{(e_{21})}_{=0} + \eta\frac{\partial^2 w_1}{\partial x_3^2}$$

$$\frac{\partial \tau_{j2}}{\partial x_j} = \frac{\partial \tau_{12}}{\partial x_1} + \frac{\partial \tau_{22}}{\partial x_2} + \frac{\partial \tau_{32}}{\partial x_3} = 2\eta\frac{\partial}{\partial x_1}\underbrace{(e_{12})}_{=0} - \frac{\partial p}{\partial x_2} + 2\eta\frac{\partial}{\partial x_2}\underbrace{(e_{22})}_{=0} + \eta\frac{\partial^2 w_2}{\partial x_3^2}$$

Eingesetzt in die Cauchysche Bewegungsgleichung für Bewegte Bezugssysteme ergibt sich für die Komponenten:

$$\Rightarrow \quad i = 1: \quad 0 = \eta\frac{\partial^2 w_1}{\partial x_3^2} + 2\varrho\cos\vartheta\,\Omega w_2$$

$$\Rightarrow \quad i = 2: \quad 0 = -\frac{\partial p}{\partial x_2} + \eta\frac{\partial^2 w_2}{\partial x_3^2} - 2\varrho\cos\vartheta\,\Omega w_1$$

e) Aus der ersten Komponente der Cauchyschen Bewegungsgleichung ergibt sich:

$$w_2(x_3) = -\frac{\eta}{2\varrho\Omega_3}\frac{\partial}{\partial x_3}\left(\frac{\partial w_1}{\partial x_3}\right)$$

$$= -\frac{\eta}{2\varrho\Omega_3}\frac{\partial}{\partial x_3}\left\{\frac{U_0}{a}e^{-x_3/a}\left[\cos\left(\frac{x_3}{a}\right) + \sin\left(\frac{x_3}{a}\right)\right]\right\}$$

$$= U_0 e^{-x_3/a}\sin\left(\frac{x_3}{a}\right)$$

Mit w_2 lässt sich dann aus der zweiten Komponente $\partial p/\partial x_2$ berechnen.

$$\frac{\partial w_2}{\partial x_3} = \frac{U_0}{a} e^{-x_3/a} \left[\cos\left(\frac{x_3}{a}\right) - \sin\left(\frac{x_3}{a}\right)\right]$$

$$\frac{\partial^2 w_2}{\partial x_3^2} = \frac{U_0}{a^2} e^{-x_3/a} \left[\sin\left(\frac{x_3}{a}\right) - \cos\left(\frac{x_3}{a}\right)\right] - \frac{U_0}{a^2} e^{-x_3/a} \left[\sin\left(\frac{x_3}{a}\right) + \cos\left(\frac{x_3}{a}\right)\right]$$

$$= -2\frac{U_0}{a^2} e^{-x_3/a} \cos\left(\frac{x_3}{a}\right)$$

$$\frac{\partial p}{\partial x_2} = -2\varrho\Omega_3 w_1(x_3) + \eta\frac{\partial^2 w_2}{\partial x^3} \qquad \Rightarrow \qquad \frac{\partial p}{\partial x_2} = -2\varrho U_0 \Omega \cos\vartheta$$

Lösung 4.5

a) Die Haftbedingung bestimmt die Geschwindigkeit an der Wand: $u(0) = C_2 = u_0$. Weiter gilt die Schubspannungsgleichheit an der freien Oberfläche:

$$\eta_{\text{Öl}} \frac{du}{dy}\bigg|_h = \eta_{\text{Luft}} \frac{du}{dy}\bigg|_h = 0 \qquad \Rightarrow \qquad C_1 = -\frac{\varrho g h \sin\alpha}{\eta}$$

$$\Rightarrow \qquad u(y) = \frac{\varrho}{2\eta} g h^2 \sin\alpha \left[\frac{y^2}{h^2} - \frac{2y}{h}\right] + u_0$$

An der Filmoberfläche gilt: $p(y = h) = p_0$

$$C = p_0 + \varrho g \cos\alpha \qquad \Rightarrow \qquad p(y) = \varrho g(h - y)\cos\alpha + p_0$$

b) Der Volumenstrom berechnet sich zu:

$$\dot{V} = \iint_S u(y)\,dS = b\int_0^h u(y)\,dy = b\int_0^h \left[\frac{\varrho}{2\eta} g h^2 \sin\alpha\left(\frac{y^2}{h^2} - \frac{2y}{h}\right) + u_0\right] dy$$

$$\Rightarrow \qquad \dot{V} = u_0 h b - \frac{\varrho}{3\eta} g h^3 b \sin\alpha$$

Um Öl nach oben zu transportieren muss $\dot{V} > 0$ gelten:

$$u_0 h b - \frac{\varrho}{3\eta} b h^3 g \sin\alpha > 0 \qquad \Rightarrow \qquad u_0 > \frac{\varrho}{3\eta} h^2 g \sin\alpha$$

c) Setzt man den Volumenstrom aus b) zu Null, erhält man die Höhe h zu:

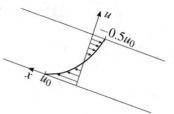

$$\Rightarrow \quad h = \sqrt{\frac{3u_0\eta}{\varrho g \sin\alpha}}$$

$$\Rightarrow \quad u(h) = u_0 - \frac{\varrho}{2\eta}h^2 g \sin\alpha = -\frac{1}{2}u_0$$

d) Die x Komponente t_x des Spannungstensors ergibt sich mit $y = 0$ zu:

$$t_x = \tau_{xx}n_x + \tau_{yx}n_y \quad \text{mit } \vec{n} = -\vec{e}_y \qquad\qquad \Rightarrow \quad t_x = -\tau_{yx} = -2\eta e_{yx}$$

$$e_{yx} = \frac{1}{2}\frac{du}{dy} = \frac{\varrho}{2\eta}(y-h)g\sin\alpha \qquad\qquad \Rightarrow \quad t_x = \varrho g h \sin\alpha$$

Die Leistung berechnet sich zu:

$$P = \iint_{S_B} \vec{u}\cdot\vec{t}\,dS = \iint_{S_B} u_0 t_x \,dS$$

$$P = \iint_{S_B} (u_0\varrho g h \sin\alpha)\,dS = u_0\varrho g h L b \sin\alpha \qquad\qquad \Rightarrow \quad P = u_0 L B \sqrt{3u_0\eta\,\varrho g \sin\alpha}$$

Lösung 4.6

a) An der Wand $r = a$ gilt die Haftbedingung: $u_r = u_z = 0$.
   An der Trennfläche zwischen Flüssigkeit und Luft muss die dynamische Randbedingung erfüllt sein, wobei $u_\varphi = 0$ und $\eta_{\text{Luft}} = 0$:

$$r = R: \quad \vec{n}\cdot\boldsymbol{T}_{\text{Fl}} = \vec{n}\cdot\boldsymbol{T}_{\text{Luft}} \qquad\qquad \text{mit } \vec{n} = \vec{e}_r$$

$$\tau_{rr}\vec{e}_r + \underbrace{\tau_{r\varphi}}_{=0}\vec{e}_\varphi + \tau_{rz}\vec{e}_z = \underbrace{\tau_{rr}}_{=p_0}\vec{e}_r + \underbrace{\tau_{r\varphi}}_{=0}\vec{e}_\varphi + \underbrace{\tau_{rz}}_{=0}\vec{e}_z$$

$$\Rightarrow \quad \vec{e}_r: \quad -p_{\text{Fl}} + \eta_{\text{Fl}}\frac{\partial u_r}{\partial r} = 0$$

$$\Rightarrow \quad \vec{e}_z: \quad \eta_{\text{Fl}}\left[\underbrace{\frac{\partial u_r}{\partial z} + \frac{\partial u_z}{\partial r}}_{=0}\right] = 0$$

b) Die Kontinuitätsgleichung vereinfacht sich zu:

$$\text{div}\,\vec{u} = \frac{1}{r}\left[\frac{\partial(u_r r)}{\partial r} + \underbrace{\frac{\partial u_\varphi}{\partial \varphi}}_{=0} + \underbrace{\frac{\partial u_z r}{\partial z}}_{=0}\right] = 0 \quad \Rightarrow \quad \frac{\partial(u_r r)}{\partial r} = 0$$

$$u_r r = \text{konst.} \quad \Rightarrow u_r = \frac{\text{konst.}}{r}$$

$$u_r\Big|_{r=a} = \frac{\text{konst.}}{a} = 0 \qquad \Rightarrow \quad u_r \,\hat{=}\, 0$$

c) Die vereinfachte r-Komponente der Navier-Stokesschen Gleichungen lautet:

$$0 = \varrho\,\underbrace{k_r}_{=0} - \frac{\partial p}{\partial r} \qquad\qquad \Rightarrow \quad p = C(r) \text{ für alle } z$$

$$\text{da } p(R) = p_0 \text{ und } \frac{\partial p}{\partial r} = 0 \qquad \Rightarrow \quad p \,\hat{=}\, 0$$

d) Da es sich um eine Schichtenströmung handelt, vereinfacht sich die z Komponente der Navier-Stokesschen Gleichung zu:

$$0 = \varrho k_z - \underbrace{\frac{\partial p}{\partial z}}_{=0} + \eta \Delta u_z \qquad\qquad \text{R.B. aus a)}$$

$$0 = \varrho g + \eta\left(\frac{\partial^2 u_z}{\partial r^2} + \frac{1}{r}\frac{\partial u_z}{\partial r}\right) \qquad \frac{\partial u_z}{\partial r}\Big|_{r=R} = 0 = -\frac{\varrho g}{2\eta}R + \frac{c_1}{R}$$

$$0 = \varrho g + \eta\,\frac{1}{r}\frac{\partial}{\partial r}\left(r\frac{\partial u_z}{\partial r}\right) \qquad\qquad \Rightarrow \quad c_1 = \frac{\varrho g}{2\eta}R^2$$

$$\frac{\partial}{\partial r}\left(r\frac{\partial u_z}{\partial r}\right) = -\frac{\varrho}{\eta}gr$$

$$\frac{\partial u_z}{\partial r} = -\frac{\varrho g}{2\eta}r + \frac{c_1}{r} \qquad u_z(a) = 0 = -\frac{\varrho g}{4\eta}a^2 + \frac{\varrho g}{2\eta}R^2\ln a + c_2$$

$$u_z(r) = -\frac{\varrho g}{4\eta}r^2 + c_1\ln r + c_2 \qquad \Rightarrow \quad c_2 = \frac{\varrho g}{2\eta}\left(\frac{1}{2}a^2 - R^2\ln a\right)$$

$$\Rightarrow \quad u_z(r) = \frac{\varrho g}{4\eta}\left[(a^2 - r^2) + 2R^2\ln\frac{r}{a}\right]$$

Lösung 4.7

a) Aus der Kontinuitätsgleichung und dem Volumenstrom lässt sich über die Geometrie die Geschwindigkeitskomponente $u_r(r)$ bestimmen, wobei $C = \text{konst.}$.

$$\operatorname{div}\vec{u} = \frac{1}{r}\left[\frac{\partial(u_r)}{\partial r} + \underbrace{\frac{\partial u_\varphi}{\partial \varphi}}_{=0} + \underbrace{\frac{\partial(u_z r)}{\partial z}}_{=0}\right] = 0 \qquad\qquad \Rightarrow \quad \frac{\partial(u_r r)}{\partial r} = 0$$

$$\Rightarrow \quad u_r r = C$$

$$\dot{V} = \iint_{S_1} \vec{u}\cdot\vec{n}\,\mathrm{d}S = \int_0^{2\pi} \frac{C}{R_1}R_1\,\mathrm{d}\varphi \qquad\qquad \Rightarrow \quad \dot{V} = 2\pi C$$

$$\Rightarrow \quad u_r(r) = \frac{\dot{V}}{2\pi r}$$

b) Aus der vereinfachten r-Komponente der Navier-Stokesschen Gleichung berechnet sich die Druckverteilung $p(r)$:

$$\varrho u_r \frac{\partial u_r}{\partial r} = -\frac{\partial p}{\partial r} + \eta\left[\frac{\partial^2 u_r}{\partial r^2} + \frac{1}{r}\frac{\partial u_r}{\partial r} - \frac{1}{r^2}u_r\right]$$

$$\varrho\frac{\dot{V}}{2\pi r}\left(-\frac{\dot{V}}{2\pi r^2}\right) = -\frac{\partial p}{\partial r} + \eta\frac{\dot{V}}{2\pi}\underbrace{\left[\frac{2}{r^3} - \frac{1}{r^3} - \frac{1}{r^3}\right]}_{=0}$$

$$\Rightarrow \quad \frac{\partial p}{\partial r} = \varrho\left(\frac{\dot{V}}{2\pi}\right)^2\frac{1}{r^3}$$

$$p(r) = -\frac{\varrho}{2}\left(\frac{\dot{V}}{2\pi}\right)^2\frac{1}{r^2} + C \quad \text{mit } p(R_1) = p_1$$

$$\Rightarrow \quad p(r) = \frac{\varrho}{2}\left(\frac{\dot{V}}{2\pi}\right)^2\left[\frac{1}{R_1} - \frac{1}{r}\right] + p_1$$

$$\Rightarrow \quad p_2 - p_1 = \frac{\varrho}{2}\left(\frac{\dot{V}}{2\pi}\right)^2\left[\frac{1}{R_1} - \frac{1}{R_2}\right]$$

c) Der Temperaturgradient errechnet sich aus dem Integral der Energiegleichung. Dabei gilt: $T(R_1) = T_1$ und $T(R_2) = T_2$.

$$\frac{\mathrm{d}T}{\mathrm{d}r} = \frac{2\pi\lambda}{\varrho c_v \dot{V}}\frac{\mathrm{d}}{\mathrm{d}r}\left(r\frac{\mathrm{d}T}{\mathrm{d}r}\right) \qquad\qquad \Rightarrow \quad \frac{\mathrm{d}T}{\mathrm{d}r} = \frac{\varrho c_v \dot{V}}{2\pi\lambda}\frac{1}{r}T + \frac{c}{r}$$

Die abgeführte Wärmemenge lässt sich damit wie folgt berechnen:

$$\dot{Q}_1 = -\iint_{S_1}\vec{q}\cdot\underbrace{\vec{n}}_{-\vec{e}_r}\,\mathrm{d}S = \int_0^{2\pi} q_r R_1\,\mathrm{d}\varphi \quad \text{mit } q_r = -\lambda\frac{\mathrm{d}T}{\mathrm{d}r}$$

$$\dot{Q}_1 = -2\pi R_1\lambda\frac{\mathrm{d}T}{\mathrm{d}r}\bigg|_{R_1} = -\varrho c_v \dot{V}T_1 - \tilde{c}$$

Analog dazu:

$$\dot{Q}_2 = - \iint_{S_2} \vec{q} \cdot \underbrace{\vec{n}}_{\vec{e}_r} \, \mathrm{d}S = \varrho c_v \dot{V} T_2 + \tilde{c}$$

$$\dot{Q} = \dot{Q}_1 + \dot{Q}_2 \qquad\qquad \Rightarrow \quad \dot{Q} = \varrho c_v \dot{V} (T_2 - T_1)$$

Lösung 4.8

a) Die Konstanten A und B lassen sich aus dem Gleichungssystem bestimmen, das sich aus den Randbedingungen des Geschwindigkeitsfeldes ergibt:

$$u_\varphi(r = R_1) = 0 = A R_1 + \frac{B}{R_1} \qquad \Rightarrow \quad A = \frac{\Omega R_2^2}{R_2^2 - R_1^2}$$

$$u_\varphi(r = R_2) = \Omega R_2 = A R_2 + \frac{B}{R_2} \qquad \Rightarrow \quad B = \frac{-\Omega R_1^2 R_2^2}{R_2^2 - R_1^2}$$

b) Für den Deformationsgeschwindigkeitstensor in Zylinderkoordinaten gilt:

$$e_{r\varphi} = e_{\varphi r}$$

$$e_{r\varphi} = \frac{1}{2} \left[r \frac{\partial}{\partial} \left(\frac{u_\varphi}{r} \right) + \frac{1}{r} \frac{\partial u_r}{\partial \varphi} \right] = \frac{r}{2} \frac{\partial}{\partial r} \left(A + \frac{B}{r^2} \right) \qquad \Rightarrow \quad e_{r\varphi} = -\frac{B}{r^2}$$

c) Die Dissipationsfunktion vereinfacht sich zu:

$$\Phi = \underbrace{\lambda^* e_{kk} e_{ii}}_{=0} + 2\eta e_{ij} e_{ij} = 2\eta (e_{r\varphi}^2 + e_{\varphi r}^2) = 4\eta e_{r\varphi}^2 \qquad \Rightarrow \quad \Phi = 4\eta \frac{B^2}{r^4}$$

d) Aus der vereinfachten Energiegleichung in Zylinderkoordinaten lässt sich durch einmalige Integration die Funktion des Temperaturgradienten berechnen.

$$\Phi = -\frac{\lambda}{r} \left[\frac{\partial}{\partial r} \left(r \frac{\partial T}{\partial r} \right) \right] \qquad \Rightarrow \quad 4 \frac{\eta}{\lambda} \frac{B^2}{r^3} = -\frac{\partial}{\partial r} \left(r \frac{\partial T}{\partial r} \right)$$

$$\Rightarrow \quad -2 \frac{\eta}{\lambda} \frac{B^2}{r^2} = -r \frac{\partial T}{\partial r} - K \qquad \Rightarrow \quad \frac{\partial T}{\partial r} = 2 \frac{\eta}{\lambda} \frac{B^2}{r^3} - \frac{K}{r}$$

Am Rand $r = R_1$ gilt $q_r = -\lambda \partial T / \partial r$, woraus sich die Konstante K berechnen lässt:

$$q_r \Big|_{r=R_1} = -2\eta \frac{B^2}{R_1^3} + \frac{\lambda K}{R_1} \qquad \Rightarrow \quad K = \frac{q_r}{\lambda R_1} + 2 \frac{\eta}{\lambda} \frac{B^2}{R_1^2}$$

$$\Rightarrow \quad \frac{\partial T}{\partial r} = -\frac{q_r R_1}{\lambda r} + 2 \frac{\eta B^2}{\lambda r} \left(\frac{1}{r^2} - \frac{1}{R_1^2} \right)$$

Lösung 4.9

a) Die Kontinuitätsgleichung in integraler Form liefert zu den drei Oberflächen $S = S_O + S_M + S_B$ jeweils einen Term:

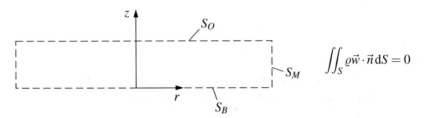

$$\iint_S \varrho\vec{w}\cdot\vec{n}\,\mathrm{d}S = 0$$

$$\iint_{S_O}\vec{w}\cdot\vec{n}\,\mathrm{d}S = \iint_{S_O} w_z\,\mathrm{d}S = \int_0^{2\pi}\int_0^r \dot{h}(r)r\,\mathrm{d}r\,\mathrm{d}\varphi = \dot{h}(t)r^2\pi$$

$$\iint_{S_M}\vec{w}\cdot\vec{n}\,\mathrm{d}S = \int_0^h\int_0^{2\pi} w_r r\,\mathrm{d}\varphi\,\mathrm{d}z = g(r)r2\pi\int_0^h\left(2-\frac{z}{h}\right)\frac{z}{h}\,\mathrm{d}z = g(r)r\pi\frac{4}{3}h$$

$$\iint_{S_B}\underbrace{\vec{w}\cdot\vec{n}}_{=0}\,\mathrm{d}S = 0$$

$$\dot{h}(t)r^2\pi + g(r)r\pi\frac{4}{3}h = 0 \qquad\qquad \Rightarrow \qquad g(r) = -\frac{3}{4}\frac{\dot{h}}{h}r$$

b) Die Scheinkräfte vereinfachen sich wie folgt:

$$-\left[\underbrace{2\vec{\Omega}\times\vec{w}}_{I}+\underbrace{\vec{\Omega}\times\left(\vec{\Omega}\times\vec{x}\right)}_{II}\right]\cdot\vec{e}_r$$

I: $\left[-2\vec{\Omega}\times\vec{w}\right]\cdot\vec{e}_r = -2\left[\Omega\vec{e}_z\times(w_r\vec{e}_r + w_z\vec{e}_z)\right]\cdot\vec{e}_r = -2\left[\Omega w_r\vec{e}_\varphi\right]\cdot\vec{e}_z = 0$

II: $\vec{\Omega}\times\left(\vec{\Omega}\times\vec{x}\right) = \Omega\vec{e}_z\times\underbrace{\left(\Omega\vec{e}_z\times(r\vec{e}_r + z\vec{e}_z)\right)}_{=\Omega r\vec{e}_\varphi} = -\Omega^2 r\vec{e}_r$

$\Rightarrow \quad \left[2\vec{\Omega}\times\vec{w}+\vec{\Omega}\times\left(\vec{\Omega}\times\vec{x}\right)\right]\cdot\vec{e}_r = \Omega^2 r$

$\Rightarrow \quad \varrho\vec{f}\cdot\vec{e}_r = \varrho\Omega^2 r$

c) Mit der Vereinfachten Navier-Stokesschen Gleichung in r-Richtung ergibt sich die Differentialgleichung wie folgt:

$$0 = \varrho \Omega^2 r + \eta \left[\frac{\partial^2 w_r}{\partial r^2} + \frac{1}{r} \frac{\partial w_r}{\partial r} - \frac{w_r}{r^2} + \frac{\partial^2 w_r}{\partial z^2} \right]$$

$$\frac{\partial w_r}{\partial r} = -\frac{3}{4} \frac{\dot{h}}{h} \left(2 - \frac{z}{h} \right) \frac{z}{h} \qquad\qquad \frac{\partial^2 w_r}{\partial r^2} = 0$$

$$\frac{1}{r} \frac{\partial w_r}{\partial r} = -\frac{3}{4} \frac{\dot{h}}{h} \frac{1}{r} \left(2 - \frac{z}{h} \right) \frac{z}{h} \qquad\qquad \frac{\partial w_r}{\partial z} = -\frac{\dot{h}}{h} r \left(\frac{1}{h} - 2\frac{z}{h^2} \right)$$

$$\frac{\partial^2 w_r}{\partial z^2} = \frac{3}{8} \frac{\dot{h}}{h} r \frac{1}{h^2}$$

$$\Rightarrow \quad 0 = \varrho \Omega^2 r + \eta \frac{3}{2} \frac{\dot{h}}{h^3} r$$

d) Mit der Differentialgleichung aus c) und der Anfangsbedingung $h(t=0) = h_0$ berechnet man durch Integration die Filmdicke $h(t)$.

$$0 = \varrho \Omega^2 r + \eta \frac{3}{2} \frac{\dot{h}}{h^3} r \qquad\qquad \Rightarrow \quad \frac{\dot{h}}{h^3} = -\frac{2}{3} \frac{\varrho}{\eta} \Omega^2$$

$$\int_{h_0}^{h} \frac{dh}{h^3} = -\frac{2}{3} \frac{\varrho}{\eta} \Omega^2 \int_{0}^{t} dt$$

$$-\frac{1}{2} \frac{1}{h^2} \Big|_{h_0}^{h} = -\frac{2}{3} \frac{\varrho}{\eta} \Omega^2 t \qquad\qquad \Rightarrow \quad h(t) = \sqrt{\frac{h_0^2}{\frac{4}{3} \frac{\varrho}{\eta} \Omega^2 h_0^2 t + 1}}$$

Lösung 4.10

a) Die Komponenten des Schwerkraftvektors lauten:

$$f_x = \varrho k_x = \varrho g \sin \beta$$

$$f_y = \varrho k_y = -\varrho g \cos \beta$$

b) Die Kontinuitätsgleichung für inkompressible Strömung vereinfacht sich da u nur eine Funktion von y ist.

$$\frac{\partial u}{\partial x} + \frac{\partial v}{\partial y} = 0 \quad \text{mit } \frac{\partial u}{\partial x} = 0$$

$$\frac{\partial v}{\partial y} = 0 \quad \Rightarrow \quad v(y) = \text{konst.} \quad \text{mit } v(0) = 0 \qquad\qquad \Rightarrow \quad v(y) \,\hat{=}\, 0$$

c) Die y-Komponente der stationären Navier-Stokesschen Gleichungen vereinfacht sich zu:

$$\varrho\left(\underbrace{\frac{\partial v}{\partial t}}_{=0} + u\underbrace{\frac{\partial v}{\partial x}}_{=0} + \underbrace{v\frac{\partial v}{\partial y}}_{=0} + w\underbrace{\frac{\partial v}{\partial z}}_{=0}\right) = -\varrho g \cos\beta - \frac{\partial p}{\partial y}$$

$$+ \eta\left(\underbrace{\frac{\partial^2 v}{\partial x^2}}_{=0} + \underbrace{\frac{\partial^2 v}{\partial y^2}}_{=0} + \underbrace{\frac{\partial^2 v}{\partial z^2}}_{=0}\right)$$

$$\Rightarrow \quad \frac{\partial p}{\partial y} = -\varrho g \cos\beta$$

Durch Integration lässt ich dann die Druckverteilung berechnen:

$$p = -\varrho g \cos\beta y + C_1 \quad \text{mit } p(h) = p_0 \qquad \Rightarrow \quad c_1 = p_0 + \varrho g \cos\beta h$$

$$p = p_0 + \varrho g \cos\beta h - \varrho g \cos\beta y \qquad \Rightarrow \quad p = p_0 + \varrho g \cos\beta(h - y)$$

d)

$$n_j \tau_{ji(L)} = n_j \tau_{ji(W)} \qquad\qquad \text{mit } n_1 = 0;\ n_2 = 1;\ n_3 = 0;$$

$$[-p\delta_{2i} + 2\eta e_{2i}]_{(L)} = [-p\delta_{2i} + 2\eta e_{2i}]_{(W)} \qquad \text{für } y = h$$

$$i = 1: \quad [2\eta e_{21}]_L = [2\eta e_{21}]_W \qquad\qquad \Rightarrow \quad \eta_L \underbrace{\left.\frac{\partial u_L}{\partial y}\right|_{y=h}}_{-a} = \eta_W \left.\frac{\partial u_W}{\partial y}\right|_{y=h}$$

$$\Rightarrow \quad \left.\frac{\partial u_W}{\partial y}\right|_{y=h} = -a\frac{\eta_L}{\eta_W}$$

$$i = 2: \quad e_{22} = 0 \qquad\qquad \Rightarrow \quad p_L = p_W = p_0$$

e) Die x-Komponente der Navier-Stokesschen Gleichungen lautet:

$$\varrho\left(\underbrace{\frac{\partial u}{\partial t}}_{=0} + \underbrace{u\frac{\partial u}{\partial x}}_{=0} + \underbrace{v\frac{\partial u}{\partial y}}_{=0} + \underbrace{w\frac{\partial u}{\partial z}}_{=0}\right) = \varrho g \sin\beta - \underbrace{\frac{\partial p}{\partial x}}_{=0}$$

$$+ \eta\left(\underbrace{\frac{\partial^2 u}{\partial x^2}}_{=0} + \frac{\partial^2 u}{\partial y^2} + \underbrace{\frac{\partial^2 u}{\partial z^2}}_{=0}\right)$$

$$\Rightarrow \quad \eta\frac{\partial^2 u}{\partial y^2} = -\varrho g \sin\beta$$

Durch zweifache Integration erhält man die Abhängigkeit der Geschwindigkeit in y Richtung:

$$\eta \frac{\partial u}{\partial y} = -\varrho gy \sin \beta + C_2 \quad \text{mit} \quad \frac{\partial u}{\partial y}\bigg|_{y=h} = -\frac{\eta_L}{\eta} a$$

$$\Rightarrow \quad C_2 = -\eta_L a + \varrho gh \sin \beta$$

$$\eta \frac{\partial u}{\partial y} = -\varrho gy \sin \beta + \varrho gh \sin \beta - \eta_L a$$

$$\eta u(y) = -\frac{1}{2} \varrho gy^2 \sin \beta + \varrho ghy \sin \beta - \eta_L ay + C_3 \quad \text{mit} \quad u(0) = 0$$

$$\Rightarrow \quad C_3 = 0$$

$$u_{(L)}(y) = -\frac{1}{2} \varrho gy^2 \sin \beta + y(\varrho gh \sin \beta - \eta_L a)$$

f) Die Geschwindigkeiten u_L und u_W an der Wasser-Luft Grenzfläche sind identisch.

$$u_{(L)}(y = h) = u_{(W)}(y = h) \qquad \Rightarrow \quad u(h) = \frac{1}{2} \varrho gh^2 \sin \beta - \eta_L ah$$

Lösung 4.11

a) Die Geschwindigkeit ändert sich nur in x_3 Richtung und $u_3 = 0$, wodurch sich die Kontinuitätsgleichung inkompressibler Strömung wie folgt vereinfacht.

$$\underbrace{\frac{\partial u_1}{\partial x_1}}_{=0} + \underbrace{\frac{\partial u_2}{\partial x_2}}_{=0} + \frac{\partial u_3}{\partial x_3} = 0 \qquad \Rightarrow \quad u_3 = C(x_2) \text{ für } 0 \leq x_3 \leq \infty$$

mit $u_3(x_3 = 0) = 0$ $\qquad \Rightarrow \quad u_3 \hat{=} 0$ für alle x_2

b) Der Volumenstrom ergibt sich aus dem Integral des Geschwindigkeitfeldes über das Volumen zwischen den Platten.

$$\dot{V} = \int_0^\infty \int_0^b u_1(x_2, x_3) \, dx_2 dx_3 = U \left\{ \int_0^\infty \exp\left(-\pi \frac{x_3}{b}\right) dx_3 \right\} \left\{ \int_0^b \sin\left(\pi \frac{x_2}{b}\right) dx_2 \right\}$$

$$\dot{V} = U \left\{ -\frac{b}{\pi} e^{-\pi \frac{x_3}{b}} \right\} \bigg|_0^\infty \left\{ -\frac{b}{\pi} \cos\left(\pi \frac{x_2}{b}\right) \right\} \bigg|_0^b \qquad \Rightarrow \quad \dot{V} = 2U \left(\frac{b}{\pi}\right)^2$$

c) Die Kraft lässt sich über die Schubspannung an der Wand berechnen.

$$F_{x_1} = \iint_S t_1 \, \mathrm{d}S; \quad \text{mit } t_1 = \tau_{11} \underbrace{n_1}_{=0} + \tau_{21} \underbrace{n_2}_{=0} + \tau_{31} \underbrace{n_3}_{-1}$$

$$\tau_{31} = \tau_{13} = 2\eta e_{13} = \eta \left(\frac{\partial u_1}{\partial x_3} + \underbrace{\frac{\partial u_3}{\partial x_1}}_{=0} \right)$$

$$\frac{\partial u_1}{\partial x_3} = -\frac{\pi}{b} U \exp\left(-\pi \frac{x_3}{b}\right) \sin\left(\pi \frac{x_2}{b}\right) \quad \Rightarrow \quad \tau_{31}\big|_{x_3=0} = -\eta \frac{\pi}{b} U \sin\left(\pi \frac{x_2}{b}\right)$$

Daraus ergibt sich die Kraft pro Längeneinheit:

$$F_{x_1} = \int_0^b -\tau_{31} \, \mathrm{d}x_2 = -\eta U \cos\left(\pi \frac{x_2}{b}\right) \bigg|_0^b \quad \Rightarrow \quad F_{x_1} = 2\eta U$$

d) Der Impulssatz lautet:

$$\iint_S \varrho \vec{u}(\vec{u} \cdot \vec{n}) \mathrm{d}S = \iint_S \vec{t} \, \mathrm{d}S \bigg| \cdot \vec{e}_1$$

$$\Rightarrow \quad 0 = \iint_S t_1 \, \mathrm{d}S$$

mit $t_1 = \tau_{11} n_1 + \tau_{21} n_2 + \tau_{31} n_3$

$$\left. \begin{array}{ll} S_e : & t_1 = -\tau_{11} = p \\[3em] S_a : & t_1 = \tau_{11} = -p \end{array} \right\} \quad \Rightarrow \quad \iint_{S_e} t_1 \, \mathrm{d}S + \iint_{S_a} t_1 \, \mathrm{d}S = 0$$

$$S_0 : \quad t_1 = \tau_{31} = -\eta \frac{\pi}{b} U e^{-\pi x_3/b} \sin\left(\pi \frac{x_2}{b}\right) \qquad\qquad \Rightarrow \quad \lim_{x_3 \to \infty} \tau_{31} = 0$$

$$0 = \underbrace{\iint_{S_v + S_h} t_1 \, \mathrm{d}S}_{=(-F_{\mathrm{Fl}\to\mathrm{Pl}})_{x_1}} + \iint_{S_u} t_1 \, \mathrm{d}S \qquad\qquad \Rightarrow \quad (F_{\mathrm{Fl}\to\mathrm{Pl}})_{x_1} = 2\eta U$$

Die Kraft entspricht dem Ergebnis aus c).

Lösung 4.12

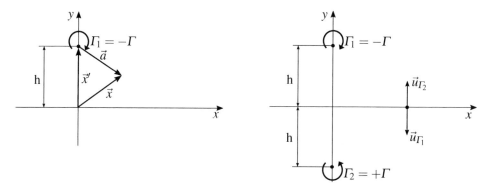

a) Das Biot-Savatsche Gesetz für den unendlich langen, geraden Wirbelfaden lautet:

$$\vec{u} = |\vec{u}|\,\frac{\operatorname{rot}\vec{u}}{|\operatorname{rot}\vec{u}|} \times \frac{\vec{a}}{|\vec{a}|} = \frac{\Gamma}{2\pi a^2}\,\vec{e}_z \times \vec{a} \quad \text{mit} \quad \vec{a} = \vec{x} - \vec{x}' = (x - x')\,\vec{e}_x + (y - y')\,\vec{e}_y$$

hier: $\quad \Gamma_1 = -\Gamma, \quad \vec{a} = x\vec{e}_x + (y - h)\vec{e}_y, \quad \vec{e}_z \times \vec{a} = -(y - h)\vec{e}_x + (x - 0)\vec{e}_y$

$$\Rightarrow \vec{u}(x,y) = -\frac{\Gamma}{2\pi}\,\frac{[-(y - h)\vec{e}_x + x\vec{e}_y]}{x^2 + (y - h)^2}$$

b) Siehe Abbildung (rechts)

c) Das Prinzip der Wirbelfadenspiegelung basiert auf Superposition der induzierten Geschwindigkeiten beider Wirbel im Punkt $\vec{x}$, dabei heben sich die Komponenten normal zur Wand auf.

$$\vec{u}(x,y) = -\frac{\Gamma}{2\pi}\,\frac{[-(y - h)\vec{e}_x + x\vec{e}_y]}{x^2 + (y - h)^2} + \frac{\Gamma}{2\pi}\,\frac{[-(y + h)\vec{e}_x + x\vec{e}_y]}{x^2 + (y + h)^2}$$

d)

$$\vec{u}(x, y = 0) = \frac{\Gamma}{2\pi}\left[\frac{-h}{x^2 + h^2} - \frac{h}{x^2 + h^2}\right]\vec{e}_x = -\frac{\Gamma}{\pi}\,\frac{h}{x^2 + h^2}\,\vec{e}_x$$

e) Der obere Wirbel induziert keine Geschwindigkeit auf sich selbst. Der untere Wirbel induziert auf den oberen die Geschwindigkeit:

$$\vec{u}_{W1} = \vec{u}(x = 0, y = h) = \frac{\Gamma}{2\pi}\,\frac{[-2h\vec{e}_x + 0\vec{e}_y]}{4h^2} = \underbrace{-\frac{\Gamma}{4\pi h}}_{\dot{x}_{W1}}\,\vec{e}_x + \underbrace{0\,\vec{e}_y}_{\dot{y}_{W1}}$$

f) DGL der Bahnlinie: $\quad \dfrac{d\vec{x}_{W1}}{dt} = \vec{u}_{W1}\left(\vec{\xi},t\right) \quad$ mit $\quad \vec{\xi} = 0\,\vec{e}_x + h\,\vec{e}_y \quad$ bei $\quad t = 0$

$$\frac{d\vec{y}_{W1}}{dt} = \dot{y}_{W1}(t) = 0 \qquad\qquad \Rightarrow \quad y_{W1}(t) = C_1$$

$$y_{W1}(t=0) = h \qquad\qquad \Rightarrow \quad y_{W1}(t) = h$$

$$\frac{d\vec{x}_{W1}}{dt} = \dot{x}_{W1}(t) = -\frac{\Gamma}{4\pi h} \qquad \Rightarrow \quad x_{W1}(t) = -\frac{\Gamma}{4\pi}\frac{t}{h} + C_2$$

$$x_{W1}(t=0) = 0 \qquad\qquad \Rightarrow \quad x_{W1}(t) = -\frac{\Gamma}{4\pi}\frac{t}{h}$$

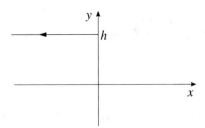

Lösung 4.13

a) Der Widerstandsbeiwert c_{W_K} der Kugel lautet:

$$c_{W_K} = \frac{W_K}{\dfrac{\varrho}{2}U^2\dfrac{\pi}{4}d^2}$$

b) Das Verhältnis der Widerstandskraft der Kugel in Luft W_L zur Widerstandskraft der Kugel in Wasser W_W ist:

$$\frac{W_L}{W_W} = \frac{c_{W_L}\dfrac{\varrho_L}{2}U_L^2}{c_{W_W}\dfrac{\varrho_W}{2}U_W^2} \qquad\qquad \Rightarrow \quad \frac{W_L}{W_W} = \frac{\varrho_L}{\varrho_W}\frac{U_L^2}{U_W^2}$$

Die Gleichheit der Reynoldszahlen in Wasser und Luft liefert:

$$\mathrm{Re}_W = \mathrm{Re}_L \quad \Rightarrow \quad \frac{U_W d}{\nu_W} = \frac{U_W d}{\nu_W} \qquad \Rightarrow \quad \frac{U_L^2}{U_W^2} = \left(\frac{\nu_L}{\nu_W}\right)^2$$

$$\frac{W_L}{W_W} = \frac{\varrho_L}{\varrho_W}\left(\frac{\nu_L}{\nu_W}\right)^2 = \qquad\qquad \Rightarrow \quad \frac{W_L}{W_W} = 0,225$$

Lösung 5.1

a) Druckdifferenz am Gelenk:

$$p(z) = p_0 - \varrho g z; \quad p_0 = 0; \quad \Delta p(z = -H) = \Delta \varrho g H = (\varrho_1 - \varrho_2) g H$$

b)

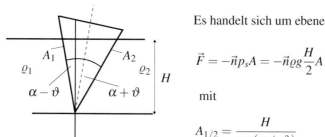

Es handelt sich um ebene Flächen, deswegen gilt:

$$\vec{F} = -\vec{n} p_s A = -\vec{n} \varrho g \frac{H}{2} A$$

mit

$$A_{1/2} = \frac{H}{\cos(\alpha \pm \vartheta)}$$

Betrachtung der x- Komponente:

$$F_{lx} = -\varrho_1 g \frac{H^2}{2\cos(\alpha - \vartheta)} \left[-\cos(\alpha - \vartheta) \right] = \varrho_1 g \frac{H^2}{2}$$

$$F_{rx} = -\varrho_2 g \frac{H^2}{2\cos(\alpha + \vartheta)} \left[-\cos(\alpha + \vartheta) \right] = \varrho_2 g \frac{H^2}{2}$$

$$F_x = (\varrho_1 - \varrho_2) g \frac{H^2}{2}$$

c) Berechnung der Kraft in z-Richtung mit Hilfe des Ersatzkörpers. Mit $p_0 = 0$ erhält man:

$$F_z = p_0 A_z + \varrho g V$$

$$F_{lz} = \varrho_1 g V_l = \varrho_1 g \frac{H^2}{2} \tan(\alpha - \vartheta)$$

$$F_{rz} = \varrho_2 g V_r = \varrho_2 g \frac{H^2}{2} \tan(\alpha + \vartheta) \quad \Rightarrow \quad F_z = \frac{H^2 g}{2} \left[\varrho_1 \tan(\alpha - \vartheta) + \varrho_2 \tan(\alpha + \vartheta) \right]$$

Berechnung ohne Ersatzkörper:

$$F_{lz} = -\varrho_1 g \frac{H^2 \left[-\sin(\alpha - \vartheta) \right]}{2\cos(\alpha - \vartheta)} \quad \Rightarrow \quad F_{lz} = \varrho_1 g \frac{H^2}{2} \tan(\alpha - \vartheta)$$

$$F_{rz} = -\varrho_2 g \frac{H^2 \left[-\sin(\alpha + \vartheta)\right]}{2\cos(\alpha + \vartheta)} \qquad \Rightarrow \qquad F_{rz} = \varrho_2 g \frac{H^2}{2} \tan(\alpha + \vartheta)$$

$$\Rightarrow \qquad F_z = \frac{H^2}{2} g \left[\varrho_1 \tan(\alpha - \vartheta) + \varrho_2 \tan(\alpha + \vartheta)\right]$$

d) Berechnung des Moments mit Hilft von Gleichung (5.13)

$$M_{pl} = -\left(\varrho_1 g \sin(90° - \vartheta + \alpha)\frac{1}{12}\left[\frac{H}{\cos(\alpha - \vartheta)}\right]^3\right.$$

$$\left. -\frac{H}{2\cos(\alpha - \vartheta)}\varrho_1 g \frac{H}{2}\frac{H}{\cos(\alpha - \vartheta)}\right)$$

$$\Rightarrow \qquad M_{pl} = \frac{1}{6}\frac{\varrho_1 g H^3}{\cos^2(\alpha - \vartheta)}$$

$$\Rightarrow \qquad M_{pr} = -\frac{1}{6}\frac{\varrho_1 g H^3}{\cos^2(\alpha + \vartheta)}$$

Gleichgewichtsbedingung für das Moment:

$$M_{pl} + M_{pr} = 0 \qquad \Rightarrow \qquad \frac{\varrho_1}{\varrho_2} = \left(\frac{\cos(\vartheta - \alpha)}{\cos(\vartheta + \alpha)}\right)^2$$

Lösung 5.2

a) Die Kraft F_x berechnet sich pro Tiefeneinheit aus der Druckdifferenz an der Fläche A_x':

$$F_x = (p_s - p_0)A_x',$$

$$\text{mit } A_x' = \cos(\alpha)R = \frac{\sqrt{2}R}{4}$$

$$\text{und } p_S = p_B + \varrho g\left(h - \frac{\sqrt{2}R}{4}\right)$$

$$\Rightarrow \qquad F_x = \left[p_B - p_0 + \varrho g\left(h - \frac{\sqrt{2}R}{4}\right)\right]\frac{\sqrt{2}}{2}R \quad \text{(pro Tiefenheinheit)}$$

b) Das Bestimmen der Kraft F_z pro Tiefeneinheit ist über verschiedene Aufteilungen im Ersatzkörper möglich.

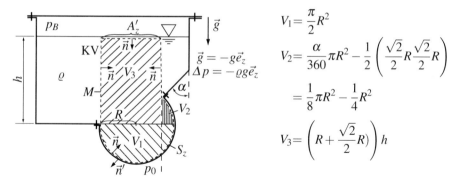

$$V_1 = \frac{\pi}{2}R^2$$

$$V_2 = \frac{\alpha}{360}\pi R^2 - \frac{1}{2}\left(\frac{\sqrt{2}}{2}R\frac{\sqrt{2}}{2}R\right)$$

$$= \frac{1}{8}\pi R^2 - \frac{1}{4}R^2$$

$$V_3 = \left(R + \frac{\sqrt{2}}{2}R\right)h$$

$$V_{ges} = V_1 + V_2 + V_3$$

$$\vec{F} = \iint\limits_{(S_z + M)} -p\vec{n}\,\mathrm{d}S + \iint\limits_{A'_z} p\vec{n}\,\mathrm{d}S + \iint\limits_{M} p\vec{n}\,\mathrm{d}S = -\varrho g V_{ges}\vec{e}_z - p_B A'_z\vec{e}_z + \iint\limits_{M} p\vec{n}\,\mathrm{d}S$$

Nur die z-Komponente ist gesucht:

$$F_z = -p_B A'_z - \varrho g V_{ges} \quad \text{plus dem Beitrag durch } p_0 \text{ auf die Schale } p_0 A'_z$$

$$\Rightarrow F_{ges} = -(p_B - p_0)\left(R + \frac{\sqrt{2}}{2}R\right) - \varrho g R\left[\frac{5}{8}\pi R - \frac{1}{4}R + h\left(1 + \frac{\sqrt{2}}{2}\right)\right]$$

Lösung 5.3

a) Kräftegleichgewicht am Tor 1

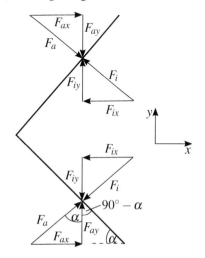

$$|\vec{F}| = F = p_S A$$

$$F_y = p_S A \cos\alpha$$

$$F_x = p_S A \sin\alpha$$

Der Umgebungsdruck p_0 wirkt im gesamten Schleusenbereich und fällt daher weg
$\Rightarrow p_s = \varrho_g h_s$
Fläche einer benetzten Torhälfte:

$$A = \frac{B}{2\sin\alpha}H$$

Tor 1:   Tor 2:

$$F_a = \varrho g \frac{H_1}{2} \frac{B}{2\sin\alpha} H_1 = \varrho g H_1^2 \frac{B}{4\sin\alpha} \qquad F_a = 0$$

$$F_i = \varrho g H_1^2 \frac{B}{4\sin\alpha} \qquad\qquad F_i = \varrho g H_1^2 \frac{B}{4\sin\alpha}$$

Eine Hälfte des Tores 2 muss mit $F_y = \varrho g H_1^2 B/\tan\alpha$ geschlossen gehalten werden.

b) Kraftverlauf und Angriffspunkt auf Schleusenklappe:

Mit $\varphi = \pi/2$ am Schanier bei $x_P' = h/2$,
$\vec{M}_P = M_{P_y}\vec{e}_{y'}$ und $I_{y'} = bh^3/12$ folgt:

$$\vec{M}_P = \left(\varrho g I_{x'y'}\sin\varphi + y_P' p_S A\right)\vec{e}_{x'}$$

$$\qquad - \left(\varrho g I_{y'}\sin\varphi + x_P' p_S A\right)\vec{e}_{y'}$$

$$= -\left(\varrho g \frac{bh^3}{12}\sin\frac{\pi}{2} + \frac{h}{2}\left(H_1 - \frac{h}{2}\right)bh\right)\vec{e}_{y'}$$

$$= -\varrho g \frac{bh^3}{12}\left(\frac{6H_1}{h} - 2\right)$$

Das Moment zum Anheben der Klappe wirkt in die entgegengesetzte Richtung:

$$\Rightarrow M = -M_P$$

c) Aus der Kontinuitätsgleichung:

$$u_S = \frac{A_a}{A_S} u_a \qquad\qquad \Rightarrow \qquad u_S = \frac{2bh}{BL} u_a$$

d) Aufstellen der Bernoulli-Gleichung von [1] → [2]:

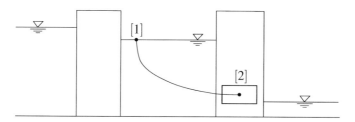

$$\frac{u_1^2}{2} + \frac{p_1}{\varrho} + gz_1 = \frac{u_2^2}{2} + \frac{p_2}{\varrho} + gz_1 \qquad \Rightarrow \qquad \frac{u_S^2}{2} + \frac{p_0}{\varrho} + gH(t) = \frac{u_a^2}{2} + \frac{p_0}{\varrho}$$

$$\text{mit: } u_S^2 = \frac{4b^2h^2}{B^2L^2}u_a^2 \qquad \Rightarrow \qquad u_a = \sqrt{\frac{2gH(t)}{1 - 4\frac{b^2h^2}{B^2L^2}}}$$

$$\dot{V} = A_a u_a \qquad \Rightarrow \qquad \dot{V} = 2bh\sqrt{\frac{2gH(t)}{1 - 4\frac{b^2h^2}{B^2L^2}}}$$

Lösung 5.4

a) Bestimmung von $\vec{F}$:

$$\vec{F} = -\vec{n}p_s A$$

$$\vec{n} = -\frac{\sqrt{2}}{2}\vec{e}_x - \frac{\sqrt{2}}{2}\vec{e}_z$$

$$p_0 = 0$$

$$p_s = \varrho_1 g\left(h_1 - \frac{l}{2}\right)$$

$$\vec{F} = \varrho_1 g\left(h_1 - \frac{l}{2}\right)lb\vec{e}_x + \varrho_1 g\left(h_1 - \frac{l}{2}\right)lb\vec{e}_z$$

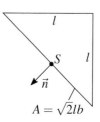

$$A = \sqrt{2}lb$$

b) Hebelarm der Kraft zum Drehpunkt D:

$$\varphi = \frac{3}{4}\pi; \quad x'_d = -\frac{\varrho_1 g \sin\varphi I_{y'}}{p_s A}; \quad p_s = \varrho_1 h\left(h_1 - \frac{l}{2}\right)$$

$$I_{y'} = \frac{b(\sqrt{2}l)^3}{12} = \frac{\sqrt{2}}{6}bl^3; \quad A = \sqrt{2}lb$$

$$x'_d = -\frac{\varrho_1 g \sin(\frac{3}{4}\pi)\frac{\sqrt{2}}{6}bl^3}{\varrho_1 g\left(h_1 - \frac{l}{2}\right)\sqrt{2}lb} = -\frac{\sqrt{2}l^3}{12\left(h_1 - \frac{l}{2}\right)}$$

$$\Rightarrow \text{ Hebelarm: } a = \frac{\sqrt{2}}{2}l + \frac{\sqrt{2}l^2}{12\left(h_1 - \frac{l}{2}\right)}$$

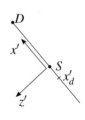

c) Moment M_{zu} wird berechnet aus:

$$M = |\vec{F}|a - G\frac{2}{3}l; \quad |\vec{F}| = \sqrt{2}\varrho_1 g\left(h_1 - \frac{l}{2}\right)lb$$

$$M = \sqrt{2}\varrho_1 g\left(h_1 - \frac{l}{2}\right)lb\left(\frac{\sqrt{2}}{2}l + \frac{\sqrt{2}l^2}{12\left(h_1 - \frac{l}{2}\right)}\right) - G\frac{2}{3}l$$

$$M = \varrho_1 g\left(h_1 - \frac{l}{2}\right)l^2b + \frac{1}{6}\varrho_1 g l^3 b - G\frac{2}{3}l$$

d) Berechnung der Dichte ϱ_2

$$M_{zu} = F_{x2}a_{x2} + F_{z2}a_{z2}$$

$$F_{x2} = p_{s2}A_x \quad \text{mit } p_{s2} = \varrho_2 g\left(h_2 - \frac{l}{2}\right) \quad \Rightarrow \quad F_{x2} = \varrho_2 g\left(h_2 - \frac{l}{2}\right)lb$$

$$x'_{d2} = -\frac{\varrho_2 g \sin\varphi I'_y}{p_{s2}A} \quad \text{mit } \varphi = -\frac{\pi}{2}, \quad \sin\varphi = -1, \quad I'_y = \frac{bl^3}{12}$$

$$\Rightarrow \quad x'_{d2} = \frac{l^2}{12\left((h_2 - \frac{l}{2})\right)}$$

$$\Rightarrow \quad a_{x2} = \frac{l}{2} + \frac{l^2}{12\left(h_2 - \frac{l}{2}\right)}$$

Bestimmung von F_{z2}

$$F_{z2} = \varrho_2 g(h_2 - l)lb; \qquad a_{z2} = \frac{l}{2}$$

$$M_{zu} = \varrho_2 g\left(h_2 - \frac{l}{2}\right)lb\left[\frac{l}{2} + \frac{l^2}{12\left(h_2 - \frac{l}{2}\right)}\right] + \varrho_2 gl(h_2 - l)b\frac{l}{2}$$

$$\Rightarrow \quad \varrho_2 = \frac{M_{zu}}{g\left(h_2 - \frac{l}{2}\right)lb\left(l + \frac{l^2}{12\left(h_2 - \frac{l}{2}\right)}\right)}$$

Lösung 5.5

a) Es wird der Betrag der Kräfte auf die Platte zwischen beiden Becken gesucht.

$$\vec{F} = -\vec{n}p_s A; \qquad\qquad p_s = p_0 - \varrho g(-h_s)$$

Zuerst wird das linke Sammelbecken betrachtet.

$$|\vec{F}_L| = p_{s_L}A_L; \qquad p_{s_L} = p_0 + \varrho g(h_L + \frac{l}{2}\sin\alpha); \quad A_L = bl; \quad p_0 = 0$$

$$|\vec{F}_L| = \varrho g(h_L + \frac{l}{2}\sin\alpha)bl$$

Analog dazu kann der Betrag der Kraft im Ausgleichsbecken bestimmt werden.

$$|\vec{F}_R| = \varrho g(h_R + \frac{l}{2}\sin\alpha)bl$$

b) Linke Seite: Es wird Gleichung (5.16) verwendet.

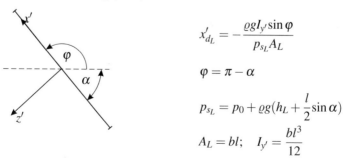

$$x'_{d_L} = -\frac{\varrho g I_{y'}\sin\varphi}{p_{s_L}A_L}$$

$$\varphi = \pi - \alpha$$

$$p_{s_L} = p_0 + \varrho g(h_L + \frac{l}{2}\sin\alpha)$$

$$A_L = bl; \quad I_{y'} = \frac{bl^3}{12}$$

$$x'_{d_L} = -\frac{\varrho g \sin(\pi - \alpha) b l^3}{\varrho g (h_L + \frac{l}{2}\sin\alpha)12bl} \qquad\Rightarrow\qquad x'_{d_L} = -\frac{l^2 \sin\alpha}{12(h_L + \frac{l}{2}\sin\alpha)}$$

Hilfskoordinatensystem auf Aufhängepukt beziehen:

$$l_{A-d_L} = \frac{l}{2} - |x'_{d_L}|$$

Rechte Seite: Wie für die linke Seite wird Gleichung (5.16) verwendet.

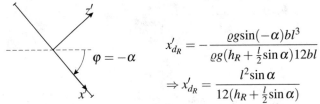

$$x'_{d_R} = -\frac{\varrho g \sin(-\alpha) b l^3}{\varrho g (h_R + \frac{l}{2}\sin\alpha)12bl}$$

$$\Rightarrow x'_{d_R} = \frac{l^2 \sin\alpha}{12(h_R + \frac{l}{2}\sin\alpha)}$$

Hilfkoordinatensystem auf Aufhängepukt beziehen:

$$l_{A-d_R} = \frac{l}{2} - |x'_{d_R}|$$

c) Wenn $\vec{M}_A = 0$, heben sich alle drei Momente gegenseitig auf.

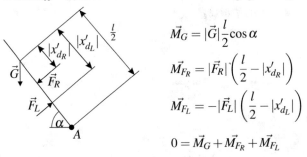

$$\vec{M}_G = |\vec{G}|\frac{l}{2}\cos\alpha$$

$$\vec{M}_{F_R} = |\vec{F}_R|\left(\frac{l}{2} - x'_{d_R}\right)$$

$$\vec{M}_{F_L} = -|\vec{F}_L|\left(\frac{l}{2} - |x'_{d_L}|\right)$$

$$0 = \vec{M}_G + \vec{M}_{F_R} + \vec{M}_{F_L}$$

Mit $G = |\vec{G}|$ und den Lösungen der ersten beiden Aufgabenteile, erhält man:

$$|\vec{G}|\frac{l}{2}\cos\alpha + |\vec{F}_R|\left(\frac{l}{2} - |x'_{d_R}|\right) - |\vec{F}_L|\left(\frac{l}{2} - |x'_{d_L}|\right) \qquad = 0$$

$$G\frac{l}{2}\cos\alpha + \varrho g(h_R + \frac{l}{2}\sin\alpha)bl\left(\frac{l}{2} - \frac{l^2\sin\alpha}{12(h_R + \frac{l}{2}\sin\alpha)}\right)$$

$$-\varrho g(h_L + \frac{l}{2}\sin\alpha)bl\left(\frac{l}{2} - \frac{l^2\sin\alpha}{12(h_L + \frac{l}{2}\sin\alpha)}\right) \qquad = 0$$

$$\Rightarrow h_L - h_R = \frac{G\cos\alpha}{\varrho gbl}$$

Lösung 5.6

a) Bestimmung der Kräfte F_x und F_z auf die gekrümmte Fläche.

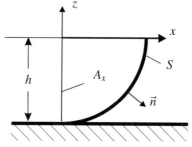

Mit Gleichung (5.21):

$$F_x = \vec{F} \cdot \vec{e}_x = -\iint_S p\vec{n} \cdot \vec{e}_x \, \mathrm{d}S = -\iint_{A_x} p \, \mathrm{d}A_x$$

$$F_x = -p_S A_x; \quad p_S = p_0 + \varrho g\frac{h}{2}; \quad p_0 = 0; \quad A_x = hb \qquad \Rightarrow \qquad F_x = -\varrho g\frac{h}{2}hb$$

Mit Gleichung (5.20 und der Information, dass das Wehr ein 1/4 Kreiszylinder ist:

$$F_z = p_0 A_z + \varrho g V; \quad V = \frac{\pi h^2}{4}b \qquad \Rightarrow \qquad F_z = \varrho g\frac{\pi h^2}{4}b$$

b) Wirkungslinie der Auftriebskraft F_z durch den Schwerpunkt der verdrängten Flüssigkeit: $x_s = 4h/3\pi$ Die Wirkungslinie von F_x läuft durch ihren Druckpunkt x'_d.

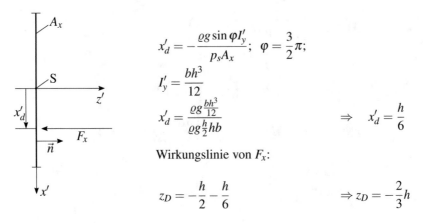

$$x'_d = -\frac{\varrho g \sin \varphi I'_y}{p_s A_x}; \quad \varphi = \frac{3}{2}\pi;$$

$$I'_y = \frac{bh^3}{12}$$

$$x'_d = \frac{\varrho g \frac{bh^3}{12}}{\varrho g \frac{h}{2} hb} \qquad\qquad \Rightarrow \quad x'_d = \frac{h}{6}$$

Wirkungslinie von F_x:

$$z_D = -\frac{h}{2} - \frac{h}{6} \qquad\qquad \Rightarrow z_D = -\frac{2}{3}h$$

c) Moment $\vec{M}_D$:

$$\vec{M}_D = \iint_S \vec{t} \times \vec{x}\, dS; \quad \vec{t} = -p\vec{n}; \quad \vec{x} = h\vec{e}_r$$

Mit $\vec{n} \| \vec{e}_r \Rightarrow \vec{t} \times \vec{x} = 0$ \qquad\qquad\qquad $\Rightarrow \vec{M}_D = 0$

Lösung 5.7

a) Der Geometrische Zusammenhang zwischen h_{R1} und h_{L1} wird über das verdrängte Volumen hergestellt.

$$V = \pi r^2 h_{L1} = \pi R^2 h_{R1} \qquad\qquad \Rightarrow \quad h_{L1} = \frac{R^2}{r^2} h_{R1}$$

b) Die Drücke an der unterseite des Kolbens (1) und im rechten Zylinder auf der selben Höhe in z-Richtung (2) müssen gleich sein.

$$p_1 = p_0 + p_k; \quad p_k = \frac{F_{GK}}{A_K} = \varrho_k g K \qquad p_1 = p_0 + \frac{F_{GK}}{A_K} = p_0 + \varrho_K g K$$

$$p_2 = p_0 + \varrho g(h_{L1} + h_{R1}) \qquad\qquad \Rightarrow \quad p_2 = p_0 + \varrho g h_{R1}\left(\frac{R^2}{r^2} + 1\right)$$

Durch gleichsetzen derDrücke p_1 und p_2 ergibt sich h_{R1}

$$p_0 + \varrho_k g K = p_0 + \varrho g h_{R1}\left(\frac{R^2}{r^2} + 1\right) \qquad \Rightarrow \quad h_{R1} = \frac{K}{\frac{R^2}{r^2} + 1}\frac{\varrho_k}{\varrho}$$

c) Berechnung der Höhendifferenz in Abhängigkeit von K

$$\Delta h = h_{L1} + h_{R1} - K \qquad \Rightarrow \quad \Delta h = K \left(\frac{\varrho_k}{\varrho} - 1 \right)$$

d) Zur Berechnung wird die Fläche $A = \pi r^2$, sowie das Flächenträgheitsmoment $I'_y = \left(\frac{\pi}{4} \right) r^4$ benötigt. Die Kräfte auf die Klappe ergeben sich aus den Drücken in den Plattenschwerpunkten und der Oberfläche der Klappe.

$$p_{S_L} = \varrho g \left(h_0 + h_{R1} \right) \qquad \Rightarrow \quad F_L = p_{S_L} A = \varrho g \left(h_0 + h_{R1} \right) \pi r^2$$

$$p_{S_R} = \varrho g \left(h_0 + \varepsilon h_{R1} \right) \qquad \Rightarrow \quad F_R = p_{S_R} A = \varrho g \left(h_0 + \varepsilon h_{R1} \right) \pi r^2$$

Der Klappenschwerpunkt x'_d errechnet mit $\varphi = \frac{\pi}{2}$ für x'_{dL}, sowie $\varphi = \frac{3\pi}{2}$ für x'_{dR}:

$$x'_d = -\frac{\varrho g \sin \varphi I'_y}{p_S A} \qquad \Rightarrow \quad x'_{dL} = -\frac{r^2}{4 \left(h_0 + h_{R1} \right)}$$

$$\Rightarrow \quad x'_{dR} = \frac{r^2}{4 \left(h_0 + \varepsilon h_{R1} \right)}$$

Die Hebelarme im Bezug zu Punkt D ergibt sich daraus zu:

$$a_L = r - x'_{dL} \qquad \Rightarrow \quad a_L = r + \frac{r^2}{4 \left(h_0 + h_{R1} \right)}$$

$$a_R = r - x'_{dR} \qquad \Rightarrow \quad a_R = r + \frac{r^2}{4 \left(h_0 + \varepsilon h_{R1} \right)}$$

e) Das Auftretende Moment berechnet sich zu:

$$M_D = a_R F_R - a_L F_L \qquad \Rightarrow \quad M_D = 2 h_{R1} \varrho g \pi r^3$$

Lösung 5.8

a) p_0 hat keinen Einfluss

$$F_x = p_S A_x \quad (A_x \text{ ist projezierte Fläche}) \qquad \Rightarrow F_x = \varrho g \left(H - \frac{R}{2} \right) R b$$

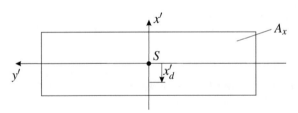

$$x'_d = -\frac{\varrho g \sin\varphi I_{y'}}{psA}; \quad \varphi = \frac{\pi}{2}; \quad I_{y'} = \frac{bR^3}{12}$$

$$x'_d = -\frac{\varrho g b R^3}{\varrho g \left(H - \frac{R}{2}\right) R b 12}$$

$$x'_d = -\frac{R^2}{12\left(H - \frac{R}{2}\right)} \qquad\qquad z = -\left[\left(H - \frac{R}{2}\right) + \frac{R^2}{12\left(H - \frac{R}{2}\right)}\right]$$

$$R \to H:$$

$$x'_d = -\frac{R}{6} \qquad\qquad\qquad \Rightarrow \quad z = -\left[H - \frac{1}{3}R\right]$$

b) F_z mit Ersatzkörper V_{Er}

$$V_{Er} = \left[HR - \left(R^2 - \frac{\pi R^2}{4}\right)\right]b$$

$$F_z = \varrho g R b \left[H - R\left(1 - \frac{\pi}{4}\right)\right]$$

c) Es gilt $F_z = G$, wenn das Wehr gerade geöffnet wird. Es gilt $H = \frac{7}{2}R$:

$$\sum_i M_i = 0$$

$$0 = F_z x_{F_z} + F_x\left(\frac{R}{2} + \frac{R^2}{12\left(H - \frac{R}{2}\right)}\right) - GR$$

$$x_{F_z} = \frac{G}{F_z}R - \frac{F_x}{F_z}\left(\underbrace{\frac{R}{2} + \frac{R^2}{12\left(H - \frac{R}{2}\right)}}_{\frac{19}{36}R}\right) \qquad \text{mit } \frac{F_x}{F_z} = \frac{\varrho g R b\left(H - \frac{R}{2}\right)}{\varrho g R b\left[H - R\left(1 - \frac{\pi}{4}\right)\right]} = \frac{12}{10 + \pi}$$

$$x_{F_z} = R - \frac{12}{10 + \pi}\frac{19}{36}R \qquad\qquad \Rightarrow x_{F_z} = \left(1 - \frac{19}{30 + 3\pi}\right)R = 0{,}51807R$$

Lösung 5.9

①

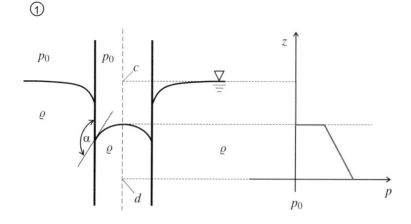

②

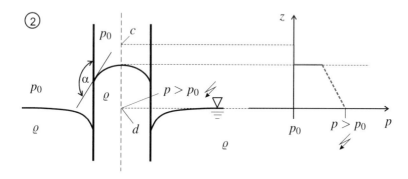

◯ Fall ① ist nicht möglich

Ⓧ Fall ② ist nicht möglich

Lösung 6.1

a) Randbedingungen:

$x_2 = 0: \quad u_1 = U; \quad u_2 = 0$

$x_2 = h: \quad u_1 = 0; \quad u_2 = 0$

b) Vertikalkomponente im Spalt:

$$\frac{\partial u_1}{\partial x_1} + \frac{\partial u_2}{\partial x_2} = 0 \qquad\qquad \text{mit } \frac{\partial u_1}{\partial x_1} = 0$$

$u_2 = \text{konst.} \quad \Rightarrow \quad u_2(0) = 0 \qquad\qquad \Rightarrow \quad u_2 = 0$

c) Vereinfachen der Navier-Stokesschen Gleichungen:

$$i = 1: \quad \varrho \left[\frac{\partial u_1}{\partial t} + u_1 \frac{\partial u_1}{\partial x_1} + u_2 \frac{\partial u_1}{\partial x_2} \right] = -\frac{\partial p}{\partial x_1} +$$

$$\frac{\partial}{\partial x_1} \left[\eta \left(\frac{\partial u_1}{\partial x_1} + \frac{\partial u_1}{\partial x_1} \right) \right] + \frac{\partial}{\partial x_2} \left[\eta \left(\frac{\partial u_1}{\partial x_2} + \frac{\partial u_2}{\partial x_1} \right) \right]$$

$$\frac{\partial u_1}{\partial t} = 0; \quad \frac{\partial u_1}{\partial x_1} = 0; \quad u_2 = 0$$

$$\frac{\partial p}{\partial x_1} = 0 \text{ wegen } p = \text{konstant}$$

$$\frac{\partial u_1}{\partial x_1} = 0; \quad \frac{\partial u_2}{\partial x_1} = 0; \quad \frac{\partial u_2}{\partial x_1} = 0$$

$$\Rightarrow 0 = \frac{\partial}{\partial x_2} \left(\eta \frac{\partial u_1}{\partial x_2} \right)$$

$i = 2: \quad 0 = 0$

d) Geschwindigkeitsfeld der Strömung:

$$0 = \frac{\partial}{\partial x_2} \left(\eta \frac{\partial u_1}{\partial x_2} \right) \qquad\qquad \Rightarrow \eta \frac{\partial u_1}{\partial x_2} = c_1$$

Da Schichtenströmung $c_1 \neq f(x_1)$

$$\frac{\partial u_1}{\partial x_2} = \frac{c_1}{\eta_u} e^{\alpha \Delta T (x_2/H)} \qquad\qquad \Rightarrow \quad u_1(x_2) = \frac{c_1}{\eta_u} \frac{H}{\alpha \Delta T} e^{\alpha \Delta T (x_2/H)} + c_2$$

Randbedingungen:

$$\left.\begin{array}{l} u_1(0) = U = \dfrac{c_1}{\eta_u} \dfrac{H}{\alpha \Delta T} + c_2 \\[4mm] u_1(H) = 0 = \dfrac{c_1}{\eta_u} \dfrac{H}{\alpha \Delta T} e^{\alpha \Delta T} + c_2 \end{array}\right\}$$

$$\Rightarrow \quad c_1 = \dfrac{\eta_u \alpha \Delta T U}{H} \left[1 - e^{\alpha \Delta T}\right]^{-1}$$

$$c_2 = -\dfrac{c_1}{\eta_u} \dfrac{H}{\alpha \Delta T} e^{\alpha \Delta T}$$

$$\Rightarrow \quad u_1(x_2) = \dfrac{U \left[e^{\alpha \Delta T (x_2/H)} - e^{\alpha \Delta T}\right]}{1 - e^{\alpha \Delta T}}$$

Lösung 6.2

a) Druckgradient und mittlere Geschwindigkeit lauten:

$$K = \frac{8\eta}{\pi R^4} \dot{V}; \quad \bar{U} = \frac{\dot{V}}{\pi R^2}$$

b) Geschwindigkeitsprofil:

$$u_z(r) = 2\bar{U} \left[1 - \left(\frac{r}{R}\right)^2\right] \qquad \Rightarrow \quad u_z(r) = 2\frac{\dot{V}}{\pi R^2} \left[1 - \left(\frac{r}{R}\right)^2\right]$$

Dissipationsfunktion für inkompressible Strömung in Zylinder-Koordinaten:

$$\Phi = 2\eta e_{ij} e_{ij}$$

Bis auf $e_{rz} = e_{zr}$ verschwinden alle Komponenten von e_{ij}.

$$e_{rz} = e_{zr} = \frac{1}{2} \frac{\partial u_z}{\partial r} = -2\bar{U} \frac{r}{R^2}$$

$$\Phi = 2\eta \left[e_{rz} e_{rz} + e_{zr} e_{zr}\right] \qquad \Rightarrow \Phi = 16\eta \bar{U}^2 \frac{r^2}{R^4} = 16\eta \frac{\dot{V}^2}{\pi^2} \frac{r^2}{R^8}$$

c) Vereinfachung der Energiegleichung für inkompressible und stationäre Strömung:

$$\varrho c \underbrace{\frac{\mathrm{D}T}{\mathrm{D}t}}_{=0} - \frac{p}{\varrho} \underbrace{\frac{\mathrm{D}\varrho}{\mathrm{D}t}}_{=0} = \Phi + \lambda \Delta T \qquad \text{mit } \Delta T = \frac{1}{r} \frac{\partial}{\partial r} \left(r \frac{\partial T}{\partial r}\right)$$

$$\frac{\lambda}{r} \frac{\mathrm{d}}{\mathrm{d}r} \left(r \frac{\mathrm{d}T}{\mathrm{d}r}\right) = -16\eta \bar{U}^2 \frac{r^2}{R^4} \qquad \Rightarrow \quad \frac{\lambda}{r} \frac{\mathrm{d}}{\mathrm{d}r} \left(r \frac{\mathrm{d}T}{\mathrm{d}r}\right) = -16\eta \frac{\dot{V}^2}{\pi^2} \frac{r^2}{R^8}$$

d) Temperaturgradient an der Rohrwand $r = 0$:

$$\frac{d}{dr}\left(r\frac{dT}{dr}\right) = -16\frac{\eta}{\lambda}\overline{U}^2\frac{r^3}{R^4}$$

$$\frac{dT}{dr} = -4\frac{\eta}{\lambda}\overline{U}^2\frac{r^3}{R^4} + \frac{C}{r}$$

mit $\left.\frac{dT}{dr}\right|_{r=0} = 0$ $\qquad\qquad \Rightarrow \quad C = 0$

$\left.\frac{dT}{dr}\right|_{r=R} = -4\frac{\eta}{\lambda}\frac{\overline{U}^2}{R}$ $\qquad\qquad \Rightarrow \quad \left.\frac{dT}{dr}\right|_{r=R} = -4\frac{\eta}{\lambda}\frac{\dot{V}^2}{\pi^2 R^5}$

e) Wärmestrom

$$\dot{Q} = -\iint\limits_{S} \overline{q}\cdot\overline{n}\, dS, \qquad\qquad \text{mit } q_r|_{r=R} = -\lambda\left.\frac{\partial T}{\partial r}\right|_{r=R}$$

$$\dot{Q} = -\int\limits_{0}^{L}\int\limits_{0}^{2\pi} \lambda 4\frac{\eta\overline{U}^2}{\lambda R}R\, d\varphi\, dz$$

$$\dot{Q} = -8\pi L\eta\overline{U}^2 \quad \text{(abgeführte Wärme!)} \quad \Rightarrow \quad \dot{Q} = -8\pi\frac{L\eta}{\pi}\frac{\dot{V}^2}{R^4}$$

$$p_1 - p_2 = KL = \frac{8\eta}{\pi R^4}\dot{V}L = \frac{8\eta\overline{U}L}{\pi R^2}$$

$$|\dot{Q}| = \dot{V}(p_1 - p_2) \qquad\qquad \Rightarrow \quad |\dot{Q}| = 8\pi L\eta\overline{U}^2$$

Lösung 6.3

a) Geschwindigkeitsprofil

$$u(y) = U_W\frac{y}{h} + \frac{K}{2\eta}\left(hy - y^2\right)$$

b) Druckgradient damit $\dot{V}\overset{!}{=}0$:

$$\dot{V} = \int\limits_{0}^{h} u_y\, dy$$

$$\dot{V} = \int\limits_{0}^{h} U_W\frac{y}{h} + \frac{K}{2\eta}\left(hy - y^2\right)\, dy \overset{!}{=} 0$$

$$\frac{1}{2}U_W\frac{y^2}{h}\bigg|_0^h + \frac{K}{2\eta}\left(\frac{1}{2}hy^2 - \frac{1}{3}y^3\right)\bigg|_0^h = 0$$

$$\frac{1}{2}U_w h + \frac{K}{2\eta}\left(\frac{1}{2}h^3 - \frac{1}{3}h^3\right) = 0$$

$$\frac{1}{2}U_w h + \frac{K}{12\eta}h^3 = 0 \qquad\qquad \Rightarrow K = -\frac{6\eta U_W}{h^2}$$

$$\Rightarrow \frac{\partial p}{\partial x} = \frac{6\eta U_W}{h^2}$$

$$u(y) = U_W\frac{y}{h} - 3U_W\left(\frac{y}{h} - \frac{y^2}{h^2}\right)$$

$$u(y) = U_W\left(3\frac{y^2}{h^2} - 2\frac{y}{h}\right)$$

c) Dissipationsfunktion, Gleichung (6.4):

$$\Phi = 2\eta e_{ij}e_{ij}$$

$$e_{ij} = \frac{1}{2}\left(\frac{\partial u_i}{\partial x_j} + \frac{\partial u_j}{\partial x_i}\right)$$

$$e_{xx} = \frac{\partial u}{\partial x} = 0; \ e_{yy} = \frac{\partial v}{\partial y} = 0$$

$$e_{xy} = e_{yx} = \frac{1}{2}\frac{\partial u}{\partial y} = U_W\left(3\frac{y}{h^2} - \frac{1}{h}\right) = \quad \frac{U_W}{h}\left(3\frac{y}{h} - 1\right)$$

$$\Phi = 2\eta\left(e_{xy}^2 + e_{yx}^2\right) = 4\eta e_{xy}^2 \qquad \Rightarrow \quad \Phi = 4\eta\left[\frac{U_W}{h}\left(3\frac{y}{h} - 1\right)\right]^2$$

Die vereinfachte Energiegleichung lautet:

$$0 = \Phi + \lambda\frac{d^2T}{dy^2} \qquad \Rightarrow \quad \frac{d^2T}{dy^2} = -4\frac{\eta}{\lambda}\left[\frac{U_W}{h}\left(3\frac{y}{h} - 1\right)\right]^2$$

d) Wärmestrom:

$$q_y\big|_{y=0} = -\lambda \frac{\mathrm{d}T}{\mathrm{d}y}\bigg|_{y=0}$$

$$\frac{\mathrm{d}T}{\mathrm{d}y} = -4\frac{\eta}{\lambda}\frac{U_W^2}{h^2} \int \left(9\frac{y^2}{h^2} - 6\frac{y}{h} + 1\right) \mathrm{d}y + C$$

$$\frac{\mathrm{d}T}{\mathrm{d}y} = -4\frac{\eta}{\lambda}\frac{U_W^2}{h} \left(3\frac{y^3}{h^3} - 3\frac{y^2}{h^2} + \frac{y}{h}\right) + C$$

Wärmeisolierte Wand: $\dfrac{\mathrm{d}T}{\mathrm{d}y}\bigg|_{y=H} = 0 \qquad \Rightarrow \qquad C = 4\dfrac{\eta}{\lambda}\dfrac{U_W^2}{h}$

$$\frac{\mathrm{d}T}{\mathrm{d}y} = -4\frac{\eta}{\lambda}\frac{U_W^2}{h} \left(3\frac{y^3}{h^3} - 3\frac{y^2}{h^2} + \frac{y}{h} - 1\right) \quad \Rightarrow \quad q_y\big|_{y=0} = -4\eta\frac{U_W^2}{h}$$

< 0 d.h. Wärme wird abgeführt

Lösung 6.4

a) Da die Geschwindigkeit u_1 linear von x_2 abhängt und keine Bewegung in x_2 stattfinden kann folgt:

$$u_1(x_2) = -U_W + \frac{2U_W}{H}x_2 = U_W\left(\frac{2}{H}x_2 - 1\right)$$

$$u_2 = 0$$

b) Ist die Rotation der Geschwindigkeit gleich Null, besitzt die Strömung ein Potential. Da es sich hier um eine ebene Schichtenströmung handelt, vereinfacht sich die Rotation der Geschwindigkeit zu:

$$u_3 = 0; \quad u_2 = 0; \quad \frac{\partial}{\partial x_1} = 0; \quad \frac{\partial}{\partial x_3} = 0$$

$$\mathrm{rot}(\vec{u}) = -\frac{\partial u_1}{\partial x_2}\vec{e}_3 = -\frac{2U_W}{H} \neq 0 \qquad \Rightarrow \qquad \text{keine Potentialströmung}$$

c) Dissipationsfunktion Φ:

$$\Phi = 2\eta e_{ij} e_{ij} = 2\eta \left(e_{11}e_{11} + e_{21}e_{21} + e_{12}e_{12} + e_{22}e_{22} \right)$$

$$e_{11} = \frac{\partial u_1}{\partial x_1} = 0; \quad e_{22} = \frac{\partial u_2}{\partial x_2} = 0$$

$$e_{21} = e_{12} = \frac{1}{2} \left(\frac{\partial u_1}{\partial x_2} + \frac{\partial u_2}{\partial x_1} \right) = \frac{1}{2} \frac{\partial u_1}{\partial x_2} = \frac{U_W}{H}$$

$$\Phi = 2\eta \left[2e_{12}e_{12} \right] = 4\eta e_{12}e_{12} \qquad \Rightarrow \Phi = 4\eta \frac{U_W^2}{H^2}$$

d) Da eine Schichtenströmung vorliegt werden außer $\tau_{21} = \tau_{12}$ alle Komponente von τ_{ij} zu Null:

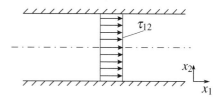

$$\tau_{ij} = -p\delta_{ij} + 2\eta e_{ij}$$

$$\tau_{12} = \tau_{21} = 2\eta e_{12} = 2\eta \frac{U_W}{H}$$

e) Da die Strömung stationär und in x_1-Richtung unendlich ausgedeht ist, vereinfacht sich die Energiegleichung zu:

$$\underbrace{\varrho \frac{De}{Dt} - \frac{p}{\varrho} \frac{D\varrho}{Dt}}_{=0} = \Phi + \frac{\partial}{\partial x_i} \left(\lambda \frac{\partial T}{\partial x_i} \right), \qquad \text{mit } \lambda = \text{konstant}, u_2 = 0 \text{ und } \frac{\partial}{\partial x_1} = 0$$

$$\frac{\partial^2 T}{\partial x_2^2} = \frac{d^2 T}{dx_2^2} = -\frac{\Phi}{\lambda} = -4\frac{\eta}{\lambda} \frac{U_W^2}{H^2}$$

Über x_2 integriert:

$$\frac{dT}{dx_2} = -4\frac{\eta}{\lambda} \frac{U_W^2}{H^2} x_2 + C_1; \quad C_1 \in \mathbb{R}$$

Randbedingung: Abführen der Wärme in gleichem Maße über obere und untere Wand:

$$\lambda \left. \frac{dT}{dx_2} \right|_{x_2=0} = -\lambda \left. \frac{dT}{dx_2} \right|_{x_2=H}$$

$$C_1 = 4\frac{\eta}{\lambda} \frac{U_W^2}{H} - C_1 \qquad \Rightarrow \quad C_1 = 2\frac{\eta}{\lambda} \frac{U_W^2}{H}$$

$$\int \frac{dT}{dx_2} dx_2 = T(x_2) = -2\frac{\eta}{\lambda} \frac{U_W^2}{H^2} x_2^2 + C_1 x_2 + C_2; \quad C_2 \in \mathbb{R}$$

Randbedingung: $T(x_2 = 0) = T_0 = C_2$

$$\Rightarrow \quad T(x_2) = 2\frac{\eta}{\lambda}\frac{U_W^2}{H}\left(x_2 - \frac{x_2^2}{H}\right) + T_0$$

Lösung 6.5

a) Aus der Kontinuitätsgleichung folgt v:

$$\underbrace{\frac{\partial \varrho}{\partial t}}_{=0} + \varrho\left(\underbrace{\frac{\partial u}{\partial x}}_{=0} + \frac{\partial v}{\partial y} + \underbrace{\frac{\partial w}{\partial z}}_{=0}\right) = 0 \qquad \Rightarrow \quad \frac{\partial v}{\partial y} = 0$$

$$v = \text{konst.} \quad \text{mit } v(y=0) = 0 \qquad \Rightarrow \quad v = 0$$

b) Die x-Komponente der Navier-Stokesschen Gleichungen vereinfacht sich zu:

$$\varrho\left(\underbrace{\frac{\partial u}{\partial t}}_{=0} + \underbrace{u\frac{\partial u}{\partial x}}_{=0} + \underbrace{v\frac{\partial u}{\partial y}}_{=0} + \underbrace{w\frac{\partial u}{\partial z}}_{=0}\right) = \varrho k_x - \underbrace{\frac{\partial p}{\partial x}}_{=0} + \eta\left(\underbrace{\frac{\partial^2 u}{\partial x^2}}_{=0} + \frac{\partial^2 u}{\partial y^2} + \underbrace{\frac{\partial^2 u}{\partial z^2}}_{=0}\right)$$

$$0 = \varrho k_x + \eta\frac{\partial^2 u}{\partial y^2} \qquad \Rightarrow \quad 0 = \varrho k_0\left(1 - \frac{y}{2b}\right) + \eta\frac{\partial^2 u}{\partial y^2}$$

c) Das Geschwndigkeitsprofil ergibt sich aus zweifacher Integration des Ergebnisses aus b), sowie der Bestimmung der auftretenden Integrationskonstanten mit den Randbedingungen zu:

RB: $u(y=0) = 0, \ u(y=b) = 0$

$$\frac{\partial^2 u}{\partial y^2} = -\frac{\varrho}{\eta}k_0\left(1 - \frac{y}{2b}\right)$$

$$\Rightarrow \quad u(y) = -\frac{\varrho}{\eta}k_0\left(\frac{y^2}{2} - \frac{y^3}{12b}\right) + \frac{5}{12}\frac{\varrho}{\eta}k_0 by$$

d) Der Volumenstrom pro Tiefeneinheit berechnet sich als Flächenintegral über das Geschwindigkeitsprofil

$$\dot{V} = \int_0^b u(y)\,\mathrm{d}S = \frac{1}{16}\frac{\varrho}{\eta}k_0 b^3$$

e) Die Schubspannung berechnet sich zu:

$$\tau_{yx} = \eta\frac{\partial u}{\partial y} \qquad\qquad \text{mit } \frac{\partial u}{\partial y} = \frac{\varrho}{\eta}k_0\left(\frac{1}{4}\frac{y^2}{b} - y + \frac{5}{12}b\right)$$

$$\tau_{yx}(y) = \varrho k_0\left(\frac{1}{4}\frac{y^2}{b} - y + \frac{5}{12}b\right) \qquad \Rightarrow \quad \tau_{yx}(0) = \frac{5}{12}\varrho k_0 b$$

Lösung 6.6

a) Die erste Komponente der Navier-Stokessche Gleichungen vereinfacht sich zu:

$$0 = -\frac{\partial p}{\partial x} + \eta \frac{\partial^2 u}{\partial y^2} \qquad\qquad \Rightarrow \quad 0 = K + \eta \frac{d^2 u}{dy^2}$$

b) Die Randbedingungen lauten:

$$u(y = 0) = U \qquad\qquad\qquad u(y = h) = 0$$

c) Integration der vereinfachten Navier-Stokesschen Gleichung aus a) und einsetzen der Randbedingungen aus b):

$$u(y) = -\frac{K}{2\eta} y^2 + c_1 y + c_2$$

$$u(0) = U = c_2$$

$$u(h) = 0 = -\frac{K}{2\eta} h^2 + c_1 h + U \qquad\qquad \Rightarrow \quad c_1 = \frac{K}{2\eta} h - \frac{U}{h}$$

$$u(y) = \frac{K}{2\eta}(hy - y^2) - \frac{y}{h} U + U \qquad \Rightarrow \quad \frac{u(y)}{U} = \frac{K}{2\eta U} h^2 \left(\frac{y}{h} - \frac{y^2}{h^2}\right) - \frac{y}{h} + 1$$

d) Das Maximum der Geschwindigkeit berechnet sich als Extremwertproblem durch gleichsetzen der Ableitung mit Null.

$$\left.\frac{du}{dy}\right|_{y=0} \overset{!}{=} 0$$

$$0 = \frac{K}{2\eta} h - \frac{U}{h} \qquad\qquad\qquad \Rightarrow \quad K = \frac{2\eta U}{h^2} \overset{!}{=} \frac{p_1 - p_2}{l}$$

$$p_1 = \frac{2\eta U l}{h^2} \qquad\qquad\qquad \Rightarrow \quad p(x) = p_1 \left(1 - \frac{x}{l}\right) \text{ für } 0 \le x \le l$$

e) Die Scherkraft an der Wand berechnet sich zu:

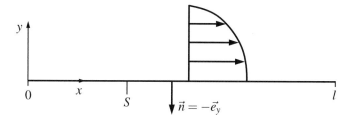

$$\vec{F} = \iint_S \vec{t}\, dS \qquad\qquad \Rightarrow \quad F_x = \iint_S t_x\, dS \quad .$$

$$t_i = \tau_{ji} n_j \qquad\qquad \Rightarrow \quad t_x = t_{xx}\, \underbrace{n_x}_{=0} + \tau_{xy}\, \underbrace{n_y}_{=-1}$$

$$t_x = -\tau_{yx} \qquad\qquad \text{mit } \tau_{yx}\Big|_{y=0} = 2\eta e_{yx}\Big|_{y=0} = \eta \frac{\partial u}{\partial y}\Big|_{y=0} = 0$$

$$t_x = 0 \text{ für } 0 \le x \le l \qquad \Rightarrow \quad F_x = 0$$

f) Mit Hilfe der Kontinuitätsgleichung berechnet sich die Beschichtungsdicke s:

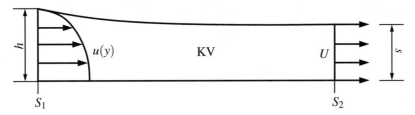

$$\iint_S \vec{u} \cdot \vec{n}\, dS = 0 \qquad\qquad \Rightarrow \quad \iint_{S_1} \vec{u} \cdot \vec{n}\, dS = -\iint_{S_2} \vec{u} \cdot \vec{n}\, dS$$

$$U \int_0^h \left[\frac{y}{h} - \frac{y^2}{h^2} - \frac{y}{h} + 1 \right] dy = U s$$

$$\left[\frac{1}{2}\frac{y^2}{h} - \frac{1}{3}\frac{y^3}{h^2} - \frac{1}{2}\frac{y^2}{h} + y \right]_0^h = s \qquad \Rightarrow \quad s = \frac{2}{3} h$$

Lösung 7.1

a) Die Geschwindigkeit u_3 berechnet sich über den Volumenstrom $\dot{V}$ und die Fläche A:

$$u_3 = \frac{\dot{V}}{A}$$

b) Aus der Kontinuitätsgleichung ergibt sich die Geschwindigkeit u_2:

$$u_2 \frac{A}{2} + (1 - \varepsilon) u_2 \frac{A}{2} = u_3 A$$

$$u_2 = \frac{2}{2 - \varepsilon} \frac{\dot{V}}{A} \qquad\qquad\qquad\qquad\qquad\qquad \text{(L.12)}$$

Entlang einer Stromlinie von [0] bis [2] lässt sich die Druckdifferen $p_0 - p_2$ berechnen:

$$p_0 + \frac{\varrho}{2} u_0^2 = p_2 + \frac{\varrho}{2}(1-\varepsilon)^2 u_2^2$$

$$\Rightarrow \quad p_0 - p_2 = 2\varrho \left(\frac{1-\varepsilon}{2-\varepsilon}\right)^2 \left(\frac{\dot{V}}{A}\right)^2 \tag{L.13}$$

c) p_3 ergibt sich mit Hilfe des Impulssatzes um die Vermischungszone in $\vec{e}_x$-Richtung:

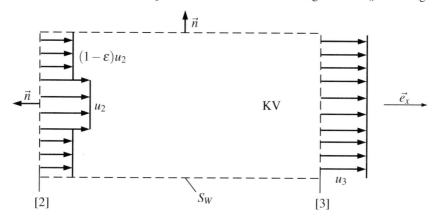

$$\iint\limits_{S_2} \varrho \vec{u}(\vec{u}\cdot\vec{n})\,\mathrm{d}S + \iint\limits_{S_3} \varrho \vec{u}(\vec{u}\cdot\vec{n})\,\mathrm{d}S = \iint\limits_{S_2} -p_2\vec{n}\,\mathrm{d}S + \iint\limits_{S_3} -p_3\vec{n}\,\mathrm{d}S + \underbrace{\iint\limits_{S_W} \vec{\tau}\,\mathrm{d}S}_{=0} \quad \Bigg| \cdot \vec{e}_x$$

$$\Rightarrow \quad -\varrho\left[u_2^2 \frac{A}{2} + (1-\varepsilon)^2 u_2^2 \frac{A}{2}\right] + \varrho u_3^2 A = p_2 A - p_3 A$$

$$\Rightarrow \quad p_3 - p_2 = \varrho\left[\frac{1}{2}u_2^2 + \frac{1}{2}(1-\varepsilon)^2 u_2^2 - u_3^2\right] \qquad \text{mit (L.12)}$$

$$\Rightarrow \quad p_3 - p_2 = \left[\frac{2}{(2-\varepsilon)^2} + \frac{2(1-\varepsilon)^2}{(2-\varepsilon)^2} - \frac{(2-\varepsilon)^2}{(2-\varepsilon)^2}\right] \varrho\left(\frac{\dot{V}}{A}\right)^2$$

$$\Rightarrow \quad p_3 - p_2 = \left(\frac{\varepsilon}{2-\varepsilon}\right)^2 \varrho\left(\frac{\dot{V}}{A}\right)^2 \tag{L.14}$$

d) Für $p_3 = p_0$ können (L.13) und (L.14) gleichgesetzt werden.

$$\left(\frac{\varepsilon}{2-\varepsilon}\right)^2 = 2\left(\frac{1-\varepsilon}{2-\varepsilon}\right)^2 \qquad\qquad \Rightarrow \quad \varepsilon^2 - 4\varepsilon + 2 = 0$$

$$\varepsilon_{1/2} = 2 \pm \sqrt{4-2} \quad \text{nur } (-) \text{ ist Lösung} \quad \Rightarrow \quad 0 \le \varepsilon = 2 - \sqrt{2} \le 1!$$

e) Bernoulli entlang der Stromlinie von [0] nach [1] wobei $u_1 = u_2$:

$$p_0 = p_1 + \frac{\varrho}{2}u_1^2 \qquad\qquad \Rightarrow \quad p_1 = p_0 - \frac{\varrho}{2}\left(\frac{2}{2-\varepsilon}\right)^2\left(\frac{\dot{V}}{A}\right)^2$$

f) Die Leistung P_g berechnet sich über den Volumenstrom $\tilde{V}$ durch das Gebläse und der Druckdifferenz Δp:

$$P_g = \tilde{V}\Delta p = \tilde{V}(p_2 - p_1)$$

$$p_2 - p_1 = \frac{\varrho}{2}\left(\frac{\dot{V}}{A}\right)^2\left[\left(\frac{2}{2-\varepsilon}\right)^2 - 4\left(\frac{1-\varepsilon}{2-\varepsilon}\right)^2\right] = \frac{\varrho}{2}\left(\frac{\dot{V}}{A}\right)^2\left(4\sqrt{2}-4\right)$$

$$\tilde{V} = u_2\frac{A}{2} = \frac{\dot{V}}{2-\varepsilon} = \frac{\dot{V}}{\sqrt{2}} \qquad\qquad \Rightarrow \quad P_g = \varrho\frac{\dot{V}^2}{A^2}(2-\sqrt{2})$$

Lösung 7.2

a) u_{2a} lässt sich mit Hilfe der Kontinuitätsgleichung und der Druck p_2 über Bernoulli entlang der Stromlinie zwischen [1] und [2] ermitteln:

$$u_1A_1 = u_{2a}A_{2a} \qquad\qquad \Rightarrow \quad u_{2a} = u_1\frac{A_1}{A_{2a}}$$

$$p_1 + \frac{\varrho}{2}u_1^2 = p_2 + \frac{\varrho}{2}u_{2a}^2 \qquad\qquad \Rightarrow \quad p_2 = p_1 + \frac{\varrho}{2}u_1^2\left[1 - \left(\frac{A_1}{A_{2a}}\right)^2\right]$$

b) Mit Bernoulli entlang der Stromlinie zwischen [0] und [2] errechnet sich u_{2b}:

$$p_0 = p_2 + \varrho g h + \frac{\varrho}{2}u_{2b}^2 \quad \Rightarrow \quad u_{2b} = \sqrt{\frac{2}{\varrho}(p_0 - p_2 - \varrho g h)}$$

$$\Rightarrow \quad u_{2b} = \sqrt{\frac{2}{\varrho}(p_0 - p_1) - u_1^2\left(1 - \frac{A_1^2}{A_{2a}^2}\right) - 2gh}$$

c)

$$\dot{m}_a = \varrho u_{2a}A_{2a}$$

$$\dot{m}_b = \varrho u_{2b}A_{2b} \qquad\qquad \Rightarrow \quad \frac{\dot{m}_a}{\dot{m}_b} = \frac{\varrho u_{2a}A_{2a}}{\varrho u_{2b}A_{2b}}$$

$$\Rightarrow \quad \frac{\dot{m}_a}{\dot{m}_b} = \frac{u_1}{\sqrt{\frac{2}{\varrho}(p_0 - p_1) - u_1^2\left(1 - \frac{A_1^2}{A_{2a}^2}\right) - 2gh}}\frac{A_1}{A_{2b}}$$

d) Mit Hilfe der Kontinuitätsgleichung erhält man u_3 und mit dem Impulssatz für reibungsfreie inkompressible Strömung in x-Richtung den Druck p_3:

$$\varrho u_3 A_3 - \varrho u_{2a} A_{2a} - \varrho u_{2b} A_{2b} = 0 \qquad \Rightarrow \qquad u_3 = \frac{u_{2a} A_{2b} + u_{2b} A_{2b}}{A_{2a} + A_{2b}}$$

$$\iint_A \varrho \vec{u}(\vec{u} \cdot \vec{n}) \, \mathrm{d}S = \iint_A \vec{t} \, \mathrm{d}S$$

$$\varrho u_3^2 A_2 - \varrho u_{2a}^2 A_{2a} - \varrho u_{2b}^2 A_{2b} = p_2(A_{2a} + A_{2b}) - p_3 A_3$$

$$p_3 = p_2 - \varrho u_3^2 + \varrho u_{2a}^2 \frac{A_{2a}}{A_{2a} + A_{2b}} + \varrho u_{2b} \frac{A_{2b}}{A_{2a} + A_{2b}}$$

$$\Rightarrow \quad p_3 = p_2 - \varrho \left[\left(\frac{u_{2a} A_{2a} + u_{2b} A_{2b}}{A_{2a} + A_{2b}} \right)^2 + u_{2a} \frac{A2a}{A_{2a} + A_{2b}} + u_{2b} \frac{A_{2b}}{A_{2a} + A_{2b}} \right]$$

Lösung 7.3

a) Der Gesammtdruckverlust im Leistungsstück Δp_{VL} besteht aus den Reibungsverlusten Δp_{Vra}, Δp_{Vrb} und dem Krümmungsverlust Δp_{Vkr}.

$$u = \frac{\dot{V}}{A} \qquad\qquad\qquad \Rightarrow \quad u = 1{,}99 \, \frac{\mathrm{m}}{\mathrm{s}}$$

$$\Delta p_{Vra} = \lambda \frac{l_a}{d} \frac{\varrho}{2} u^2 \qquad\qquad \Rightarrow \quad \Delta p_{Vra} = 99 \, \mathrm{Pa}$$

$$\Delta p_{Vrb} = \lambda \frac{l_b}{d} \frac{\varrho}{2} u^2 \qquad\qquad \Rightarrow \quad \Delta p_{Vrb} = 495 \, \mathrm{Pa}$$

$$\Delta p_{Vkr} = \zeta \frac{\varrho}{2} u^2 \qquad\qquad\quad \Rightarrow \quad \Delta p_{Vkr} = 990 \, \mathrm{Pa}$$

$$\Delta p_{VL} = \Delta p_{Vra} + \Delta p_{Vrb} + \Delta p_{Vkr} \qquad \Rightarrow \quad \Delta p_{VL} = 1584 \, \mathrm{Pa}$$

Ein anderer gleichwertiger Lösungsansatz in findet sich in der Lösung zur Aufgabe b).

b) Der Gesammtdruckverlust nach dem Pumpenaustritt Δp_{VN} besteht aus den Reibungsverlusten Δp_{Vrc}, Δp_{Vrd}, Δp_{Vre}, den beiden Krümmungsverlusten Δp_{Vkr} und einem Carnot-Stoß Δp_{Vc}:

$$\Delta p_{VN} = \Delta p_{Vrc} + \Delta p_{Vrd} + \Delta p_{Vre} + 2\Delta p_{Vkr} + \Delta p_{Vc}$$

$$\Delta p_{VN} = \left(\lambda \frac{l_c + l_d + l_e}{d} + 2\zeta + 1 \right) \frac{\varrho}{2} u^2 \quad \Rightarrow \quad \Delta p_{VN} = 28712{,}6 \, \mathrm{Pa}$$

c) Die zugeführte Leistung berrechnet sich aus der Druckdifferenz am Ein- und Austritt der Pumpe. Die Drücke p_E und p_A ergeben sich über Bernoulli entlang der Stromlinien von der Pumpe bis zur Oberfläche des Unter- bzw. Oberwassers:

$$p_0 = p_E + \frac{\varrho}{2}u^2 + \varrho g h_1 + \Delta p_{VL} \qquad \Rightarrow \qquad p_E = 91531\,\text{Pa}$$

$$p_A + \frac{\varrho}{2}u^2 = p_0 + \varrho g h_2 + \Delta p_{VN} \qquad \Rightarrow \qquad p_A = 19,906\,\text{bar} \quad (10^5\,\text{Pa} = 1\,\text{bar})$$

$$P_{zu} = \dot{V}(p_A - p_E) \qquad\qquad\quad \Rightarrow \qquad P_{zu} = 0,498\,\text{MW}$$

d) Bernoulli entlang der Stromlinie von der Oberfläche des Unterwassers zum Pumpeneintritt:

$$p_0 = p_{min} + \frac{\varrho}{2}u^2 + \varrho g h_{max} + \Delta p_{VL} \qquad \Rightarrow \qquad h_{max} = 1,166\,\text{m}$$

Lösung 7.4

a) Die Geschwindigkeiten u_1, u_2 und u_4 können jeweils über die Fläche und den gegebenen Volumenstrom berechnet werden. u_3 dagegen ergibt sich aus der Kontinuitätsgleichung:

$$u_1 = \frac{\dot{V}}{A}$$

$$u_2 = \frac{\delta}{k}\frac{\dot{V}}{A} \qquad\qquad \Rightarrow \qquad u_2 = \frac{\delta}{k}u_1$$

$$u_3 = \frac{\dot{V} - \delta\dot{V}}{A - kA} \qquad\qquad \Rightarrow \qquad u_3 = \frac{1-\delta}{1-k}u_1$$

$$u_4 = \frac{\dot{V}}{A} \qquad\qquad\qquad \Rightarrow \qquad u_4 = u_1$$

b) Da es sich um parallele Stromlinien handelt gilt $p_2 = p_3$. Mit Bernoulli von ① nach ② und von ① nach ③ kann Δp_G berechnet werden:

$$p_1 + \frac{\varrho}{2}u_1^2 + \Delta p_G = p_2 + \frac{\varrho}{2}u_2^2 + \zeta\frac{\varrho}{2}u_2^2$$

$$\Rightarrow \quad \Delta p_G = p_2 - p_1 + (1+\zeta)\frac{\varrho}{2}u_2^2 - \frac{\varrho}{2}u_1^2$$

$$p_1 + \frac{\varrho}{2}u_1^2 = p_3 + \frac{\varrho}{2}u_3^2 \qquad\qquad \Rightarrow \quad p_2 - p_1 = \frac{\varrho}{2}u_1^2 - \frac{\varrho}{2}u_3^2$$

$$\Rightarrow \quad \Delta p_G = (1+\zeta)\frac{\varrho}{2}u_2^2 - \frac{\varrho}{2}u_3^2$$

$$\Rightarrow \quad \Delta p_G = \frac{\varrho}{2}\left(\frac{\dot{V}}{A}\right)^2\left[(1+\zeta)\left(\frac{\delta}{k}\right)^2 - \left(\frac{1-\delta}{1-k}\right)^2\right]$$

c) Die Druckdifferenz zwischen den Stellen ④ und ① lässt sich in Schritten zwischen ④ zu ③ und ③ zu ① darstellen. Anstatt die Stromlinie über ③ kann aber auch die über ② gewählt werden:

$$p_4 - p_1 = p_4 - p_3 + p_3 - p_1 \qquad \text{mit } p_3 - p_1 = p_2 - p_1 = \frac{\varrho}{2}u_1^2 - \frac{\varrho}{2}u_3^2$$

$$\Rightarrow \quad p_3 - p_1 = \frac{\varrho}{2}\left(\frac{\dot{V}}{A}\right)^2\left[1 - \left(\frac{1-\delta}{1-k}\right)^2\right]$$

$p_4 - p_3$ kann über den Impulssatz berechnet werden:

$$\iint_S \varrho\vec{u}(\vec{u}\cdot\vec{n})\,\mathrm{d}S = \iint_S \vec{t}\,\mathrm{d}S$$

In z-Komponente:

$$\iint_S \varrho(\vec{u}\cdot\vec{e}_z)(\vec{u}\cdot\vec{n})\,\mathrm{d}S = \iint_S \vec{t}\cdot\vec{e}_z\,\mathrm{d}S$$

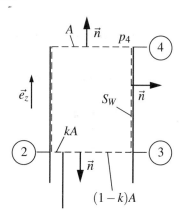

$$-\iint_{kA} \varrho u_2^2\,\mathrm{d}S - \iint_{(1-k)A} \varrho u_3^2\,\mathrm{d}S + \underbrace{\iint_{S_W} \varrho(\vec{u}\cdot\vec{e}_z)\,(\vec{u}\cdot\vec{n})\,\mathrm{d}S}_{=0} + \iint_A \varrho\,\underbrace{u_4^2}_{u_1^2}\,\mathrm{d}S$$

$$= \iint_{kA} \underbrace{p_2}_{p_3}\,\mathrm{d}S + \iint_{(1-k)A} p_3\,\mathrm{d}S - \iint_A p_4\,\mathrm{d}S + \iint_A p_4\,\mathrm{d}S + \underbrace{\iint_{S_W} \vec{t}\cdot\vec{e}_z\,\mathrm{d}S}_{=0}$$

$$\Rightarrow \quad -\varrho u_2^2 k A - \varrho u_3^2 (1-k) A + \varrho u_1^2 A = (p_3 - p_4) A$$

$$p_4 - p_3 = \varrho u_2^2 k + \varrho u_3^2 (1-k) - \varrho u_1^2$$

$$\Rightarrow \quad p_4 - p_1 = \frac{\varrho}{2} \left(\frac{\dot{V}}{A} \right)^2 \left[1 - \left(\frac{1-\delta}{1-k} \right)^2 + 2 \left(\frac{\delta^2}{k} + \frac{(1-\delta)^2}{1-k} - 1 \right) \right]$$

$$\Rightarrow \quad p_4 - p_1 = \frac{\varrho}{2} \left(\frac{\dot{V}}{A} \right)^2 \left[1 - \left(\frac{1-\delta}{1-k} \right)^2 + \frac{2(\delta - k)^2}{k(1-k)} \right]$$

Lösung 7.5

a) Mit Hilfe der Bernoulligleichung lässt sich der Differenzdruck Δp_K berechnen, dabei soll der Druckverlust durch Einschnürung vernachlässigt werden:

$$\frac{\varrho}{2} u_K^2 + p_K = \frac{\varrho}{2} u_L^2 + p_L + \Delta p_v \qquad \text{mit } \Delta p_v = 0$$

$$\Rightarrow \quad p_K - p_L = \Delta p_K = \frac{\varrho}{2} (u_L^2 - u_K^2)$$

b) Zur Berechnung des Differenzdruckes $p_K - p_R$ muss zusätzlich ein Druckverlust durch einen Carnot-Stoß berücksichtigt werden:

$$\frac{\varrho}{2} u_K^2 + p_K = \frac{\varrho}{2} u_R^2 + p_R + \Delta p_v$$

$$\Delta p_v = \frac{\varrho}{2} (u_{\min} - u_R)^2 \qquad \text{mit } u_{\min} = \frac{A}{A_{\min}} u_R$$

$$\Delta p_v = \frac{\varrho}{2} u_R^2 \left(\frac{A}{A_{\min}} - 1 \right)^2 \qquad \Rightarrow \quad \Delta p_v = 4 \varrho u_R^2$$

$$\Rightarrow \quad \Delta p_K = \frac{\varrho}{2} \left(9 u_R^2 - u_K^2 \right)$$

c) Zur Berechung von $\dot{V}_L$ und $\dot{V}_R$ müssen die Geschwindigkeiten u_L und u_R in Abhängigkeit von u_K berechnet werden. Dazu wird die Kontinuitätsgleichung verwendet und die Druckdifferenzen $p_K - p_L = p_K - p_R$ gleichgesetzt.

$$Au_K = Au_L + Au_R$$

$$p_K - p_L = \Delta p_K = p_K - p_R$$

$$\frac{\varrho}{2}\left(u_L^2 - u_K^2\right) = \frac{\varrho}{2}\left(9u_R^2 - u_K^2\right) \qquad \Rightarrow \quad u_L = 3u_R$$

$$Au_K = Au_L + A\frac{1}{3}u_L \qquad\qquad\qquad Au_K = Au_L + A\frac{1}{3}u_L$$

$$\Rightarrow \quad u_L = \frac{3}{4}u_K \qquad\qquad\qquad \Rightarrow \quad u_R = \frac{1}{4}u_K$$

$$\Rightarrow \quad \dot{V}_L = \frac{3}{4}Au_K \qquad\qquad\qquad \Rightarrow \quad \dot{V}_R = \frac{1}{4}Au_K$$

Lösung 7.6

a) Um entlang der Stromlinie von [1] nach [2] Bernoulli anwenden zu können, muss der Druckverlust Δp_{vc2} durch Einschnürung berücksichtigt werden.

$$\Delta p_{vc2} = \frac{\varrho}{2}u_4^2\left(1 - \frac{\alpha A_0}{\frac{A}{2}}\right)^2$$

$$u_4\alpha A_0 = u_2\frac{A}{2} \qquad\qquad \Rightarrow \quad u_4 = u_2\frac{A}{2\alpha A_0}$$

$$A_0 = \frac{A}{2} - \frac{A}{2}\sin\beta \qquad\qquad \Rightarrow \quad A_0 = \frac{A}{2}(1 - \sin\beta)$$

$$\Rightarrow \quad \Delta p_{vc2} = \frac{\varrho}{2}u_2^2\left(\frac{1}{\alpha(1 - \sin\beta)} - 1\right)^2$$

Bernoulli von [1] nach [2]

$$p_1 + \frac{\varrho}{2}u_1^2 = p_2 + \frac{\varrho}{2}u_2^2 + \Delta p_{vc2}$$

$$p_1 + \frac{\varrho}{2}u_1^2 = p_2 + \frac{\varrho}{2}u_2^2\left[1 + \left(\frac{1}{\alpha(1 - \sin\beta)} - 1\right)^2\right]$$

$$\Rightarrow \quad u_2 = \sqrt{\frac{\frac{2}{\varrho}(p_1 - p_0) + u_1^2}{1 + \left(\frac{1}{\alpha(1-\sin\beta)} - 1\right)^2}}$$

b) Aus der Kontinuitätsgleichung folgt u_3:

$$\varrho A u_1 = \varrho \frac{A}{2} u_2 + \varrho \frac{A}{2} u_3 \qquad\qquad \Rightarrow \quad u_3 = 2u_1 - u_2$$

$$\Rightarrow \quad u_3 = 2u_1 - \sqrt{\frac{\frac{2}{\varrho}(p_1 - p_0) + u_1^2}{1 + \left(\frac{1}{\alpha(1 - \sin\beta)} - 1\right)^2}}$$

c) Die x-Komponente der Kraft auf die Drossekappe lässt sich über den Impulssatz in x-Richtung berechnen.

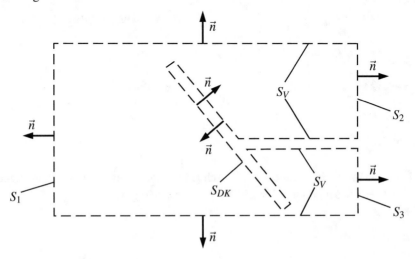

$$\iint_S \varrho \vec{u}(\vec{u} \cdot \vec{n}) \, \mathrm{d}S = \iint_S \vec{\bar{\tau}} \, \mathrm{d}S \quad \bigg| \cdot \vec{e}_x$$

$$-\varrho u_1^2 A + \varrho u_2^2 \frac{A}{2} + \varrho u_3^2 \frac{A}{2} = p_1 A - p_0 A - (F_x)_{\text{Fl}\to\text{DK}}$$

$$(F_x)_{\text{Fl}\to\text{DK}} = (p_1 - p_0)A + \varrho A \left[u_1^2 - \frac{1}{2}\left(u_2^2 + u_3^2\right) \right] \qquad\qquad \text{mit } u_3 = 2u_1 - u_2$$

$$(F_x)_{\text{Fl}\to\text{DK}} = (p_1 - p_0)A - \varrho A (u_1 - u_2)^2$$

$$\Rightarrow \quad (F_x)_{\text{Fl}\to\text{DK}} = (p_1 - p_0)A - \varrho A \left[u_1 - \sqrt{\frac{\frac{\varrho}{2}(p_1 - p_0) + u_1^2}{1 + \left(\frac{1}{\alpha(1 - \sin\beta)} - 1\right)^2}} \right]$$

Lösung 7.7

a) Mit $A_2 = mA_3$ und $m \ll 1$ entspricht der Übergang von ② nach ③ einem Carnot-Stoß, der Druckverlust berechnet sich zu:

$$\Delta p_{vc} = \frac{\varrho}{2}u_2^2\left(1 - \frac{A_2}{A_3}\right)^2 \qquad \Rightarrow \qquad \Delta p_{vc} = \frac{\varrho}{2}u_2^2$$

b) Die Geschwindigkeit u_2 erhält man aus der Beziehung nach Bernoulli entlang der Stromlinie von ① nach ③ :

$$\underbrace{p_1}_{p_0} + \frac{\varrho}{2}\underbrace{u_1^2}_{=0} + \varrho g \underbrace{z_1}_{=0} = \underbrace{p_3}_{p_0} + \frac{\varrho}{2}u_3^2 + \varrho g \underbrace{z_3}_{-(H-h_3)} + \Delta p_{vc}$$

$$0 = \frac{\varrho}{2}u_3^2 - \varrho g(H - h_3) + \frac{\varrho}{2}u_2^2$$

Über die Kontinuitätsgleichung ergibt sich eine Beziehung zwischen u_3 und u_2, welche dann eingesetzt werden kann:

$$u_3 A_3 = u_2 A_2 \qquad \Rightarrow \qquad u_3^2 = u_2^2\left(\frac{A_2}{A_3}\right)^2 = m^2 u_2^2$$

$$u_2 = \sqrt{\frac{2g(H - h_3)}{1 + m^2}} \;\; \text{mit } m^2 \ll 1 \qquad \Rightarrow \qquad u_2 = \sqrt{2g[H - h_3(t)]}$$

c) Die Geschwindigkeit u_3 kann als Ableitung der Höhe h_3 nach der Zeit t dargestellt werden. Über die Kontinuitätsgleichung lässt sich diese Ableitung mit dem Ergebnis aus a) kombinieren:

$$u_3 A_3 = u_2 A_2 \qquad \Rightarrow \qquad u_3 = m u_2$$

$$u_3 = \frac{dh_3}{dt} \qquad \Rightarrow \qquad u_2 = \frac{A_3}{A_2}\frac{dh_3}{dt}$$

$$\Rightarrow \qquad \frac{dh_3}{dt} = \frac{A_2}{A_3}\sqrt{2g[H - h_3(t)]}$$

Integration dieser Differentialgleichung liefert die Zeit t in der das Wasser von h_0 auf $h_3(t)$ in der Taucherglocke ansteigt:

$$\int_{h_0}^{h_3}\frac{dh}{\sqrt{H - h}} = \sqrt{2g}\frac{A_2}{A_3}\int_0^t dt \qquad \Rightarrow \qquad -2\sqrt{H - h}\Big|_{h_0}^{h_3} = \sqrt{2g}\frac{A_2}{A_3}t$$

$$\sqrt{H - h_0} - \sqrt{H - h_3} = \sqrt{\frac{g}{2}}\frac{A_2}{A_3}t \qquad \Rightarrow \qquad t = \sqrt{\frac{2}{g}}\frac{A_3}{A_2}\left(\sqrt{H - h_0} - \sqrt{H - h_3}\right)$$

d) Die Beschleunigung $\partial u/\partial t$ ergibt sich aus der instationären Bernoulligleichung zwischen den Stellen $\textcircled{1}$ und $\textcircled{3}$:

$$\varrho \int_1^3 \frac{\partial u}{\partial t} \, \mathrm{d}S + \underbrace{p_3}_{p_0} + \frac{\varrho}{2} u_3^2 + \varrho g z_3 + \Delta p_{vc} = \underbrace{p_1}_{p_0} + \frac{\varrho}{2} \underbrace{u_1^2}_{=0} + \varrho g \underbrace{z_1}_{=0}$$

$$\Rightarrow \quad \varrho \int_0^L \frac{\partial u}{\partial t} \, \mathrm{d}S + \frac{\varrho}{2} u_3^2 - \varrho g(H - h_3) + \frac{\varrho}{2} u_2^2 = 0$$

$$\Rightarrow \quad \varrho L \frac{\mathrm{d}u_2}{\mathrm{d}t} + \frac{\varrho}{2} u_2^2 \underbrace{\left[1 + \left(\frac{u_3}{u_2} \right)^2 \right]}_{=1+m^2 \approx 1} = \varrho g(H - h_3)$$

$$\Rightarrow \quad L \frac{\mathrm{d}u_2}{\mathrm{d}t} = -\frac{1}{2} u_2^2 + g(H - h_3)$$

Mit $t^* = 0$ und $h_3(0) = h_{03}$ $\qquad \Rightarrow \qquad \dfrac{\mathrm{d}u_2}{\mathrm{d}t} = g \dfrac{H - h_{03}}{L}$

Lösung 7.8

a) Die erforderliche Austrittsgeschwindigkeit erhält man mit:

$$u_4(H = 20\,\mathrm{m}) = \sqrt{2gH} = 19,81 \frac{\mathrm{m}}{\mathrm{s}}$$

b) Die Druckverluste setzen sich zusammen aus Reibungsverlusten in den beiden Rohrteilstücken und den Verlusten an der Querschnittsverengung.
   Erstes Teilstück: Reibungsverlust

$$u_2 A_2 = u_4 A_4 \quad \text{mit } A = \frac{\pi}{4} d^2 \qquad \Rightarrow \qquad u_2 = 0,79 \frac{\mathrm{m}}{\mathrm{s}}$$

$$Re = \frac{u_2 d_2}{v} \approx 4 \cdot 10^5 \qquad \Rightarrow \qquad \text{turbulente Strömung}$$

Aus dem Colebrookschen-Widerstandsdiagramm 7.1 $\frac{k}{d}$ 0,027

$2 \cdot 10^{-3}$

$$\Delta p_{v1} = \varrho \frac{u_2^2}{2} \lambda_2 \frac{l_2}{d_2} \qquad \Rightarrow \qquad \Delta p_{v1} = 3391 \frac{\mathrm{N}}{\mathrm{m}^2}$$

Übergang: Querschnittsverengung von A_2 auf A_3 mit $u_3 = u_4 = 19,81 \frac{\mathrm{m}}{\mathrm{s}}$

$$\Delta p_{v2} = \varrho \frac{u_3^2}{2} \left(\frac{1-\alpha}{\alpha} \right)^2 \qquad \Rightarrow \qquad \Delta p_{v2} = 102892 \frac{\mathrm{N}}{\mathrm{m}^2}$$

Zweites Teilstück: Reibungsverlust

$$Re = 1{,}98 \cdot 10^6; \quad \frac{k}{d} = 1 \cdot 10^{-2} \qquad \Rightarrow \quad \lambda_3 = 0{,}0375$$

$$\Delta p_{v3} = \varrho \frac{u_3^2}{2} \lambda_3 \frac{l_3}{d_3} \qquad \Rightarrow \quad \Delta p_{v3} = 1103727 \, \frac{N}{m^2}$$

$$\Delta p_{vRohr} = \Delta p_{v1} + \Delta p_{v2} + \Delta p_{v3} \qquad \Rightarrow \quad \Delta p_{vRohr} = 1210010 \, \frac{N}{m^2}$$

c) Aus dem Energiesatz erhält man eine Beziehung zwischen der Leistung und den Drücken p_1 und p_2. Diese können über Bernoulli von [0] nach [1] und von [2] nach [4] errechnet werden.

$$P = \dot{V}(p_2 - p_1)$$

$$\varrho \frac{u_0^2}{2} + p_0 + \varrho g h_0 = \varrho \frac{u_1^2}{2} + p_1 + \varrho g h_1 \qquad \Rightarrow \quad p_1 = p_0 - \varrho \frac{u_1^2}{2}$$

$$\varrho \frac{u_2^2}{2} + p_2 \varrho g h_2 = \varrho \frac{u_4^2}{2} + p_0 + \varrho g h_4 + \Delta p_{vRohr}$$

$$\Rightarrow \quad \varrho p_2 = \frac{u_4^2 - u_2^2}{2} + p_0 + \varrho g h + \Delta p_{vRohr}$$

$$P = u_4 \frac{\pi d_4^2}{4} \underbrace{\left(\varrho \frac{u_4^2}{2} + \varrho g h + \Delta p_{vRohr} \right)}_{p_2 - p_1} \qquad \Rightarrow \quad P = 234{,}1 \, kW$$

Lösung 7.9

a) Die Geschwindigkeit ergibt sich über das gleichsetzen der Volumenströme $\dot{V}$ in [1] und [6].

$$U A_1 = u_6 A_6 \quad \text{mit } A = \frac{D^2 \pi}{4} \qquad \Rightarrow \quad u_6 = U \frac{D_1^2}{D_3^2} = 45 \frac{m}{s}$$

$$Re = \frac{u_6 D_3 \varrho_L}{\eta_L} = 8100 \qquad \Rightarrow \quad \text{turbulente Strömung}$$

b) Bernoulli zwischen den Stellen [4] und [6] ergibt den Druck p_L. Dabei treten zwischen [5] und [6] Reibungsverluste durch turbulente Strömung auf.

$$\varrho_L \frac{u_4^2}{2} + p_L = \varrho_L \frac{u_6^2}{2} + p_0 + \Delta p_{v[5]-[6]} \qquad \text{mit } u_4 = U$$

$$p_L = p_0 + \varrho_L \frac{u_6^2}{2} - \varrho_L \frac{U^2}{2} + \Delta p_{v[5]-[6]} \qquad \text{mit } \Delta p_{v[5]-[6]} = \lambda_{56} \frac{L_3}{D_3} \varrho_L \frac{u_6^2}{2}$$

Aus dem Widerstandsdiagramm ermittelt man λ_{56} mit $Re = 8100$ und $\frac{k}{d} = 0$ zu: $\lambda_{56} = 0.0325$. Damit ergibt sich für p_L:

$$p_L = p_0 + \varrho_L \frac{u_6^2}{2} - \varrho_L \frac{U^2}{2} + \lambda_{56} \frac{L_3}{D_3} \varrho_L \frac{u_6^2}{2} \qquad \Rightarrow \quad p_L = 101873,12 \, \text{Pa}$$

c) Bernoulli von [1] nach [4] ergibt:

$$\varrho_E \frac{U^2}{2} + p_1 = \varrho_E \frac{u_4^2}{2} + p_L + \Delta p_{v[2]} + \Delta p_{v[2]-[3]}$$

$$\Rightarrow \quad p_1 = p_L + \Delta p_{v[2]} + \Delta p_{v[2]-[3]}$$

An der Stelle [2] treten Druckverluste infolge der Querschnittsverengung auf. Die dafür benötigte Geschwindigkeit u_3 berechnet sich über die Kontinuitätsgleichung.

$$u_3 = U \frac{D_1^2}{D_3^2} = 4,05 \, \frac{\text{m}}{\text{s}}$$

$$\Delta p_{v[2]} = \varrho_E \frac{u_3^2}{2} \left(\frac{1-\alpha}{\alpha} \right)^2 \qquad \Rightarrow \quad \Delta p_{v[2]} = 33544,19 \, \text{Pa}$$

Die Verluste $\Delta p_{v[2]-[3]}$ sind Reibungsverluste in dem Rohr. Die Widerstandszahl ermittelt sich wie im Aufgabenteil a) aus dem Widerstandsdiagramm.

$$Re = \frac{u_3 D_2 \varrho_E}{\eta_E} = 17550 \quad \text{(turbulent)} \qquad \Rightarrow \quad \lambda_{23} = 0.026$$

$$p_{v[2]-[3]} = \lambda_{23} \frac{L_2}{D_2} \varrho_E \frac{u_3^2}{2} \qquad \Rightarrow \quad p_{v[2]-[3]} = 33264,30 \, \text{Pa}$$

$$p_1 = p_L + p_{v[2]} + p_{v[2]-[3]} = 168681,61 \, \text{Pa}$$

$$\Rightarrow \quad F = (p_1 - p_0) \frac{D_1^2 \pi}{4} = 437 \, \text{N}$$

Lösung 7.10

a) Über eine verlustfreie Betrachtung mit Bernoulli zwischen [1] und [2], lässt sich u_2 und damit die Reynoldszahl ermitteln.

$$p_1 + \frac{\varrho}{2} u_1^2 + \varrho g z_1 = p_2 + \frac{\varrho}{2} u_2^2 + \varrho g z_2 \qquad \Rightarrow \quad u_2 = \sqrt{2gH} = 10 \, \frac{\text{m}}{\text{s}}$$

$$Re = \frac{\varrho u_2 d}{\eta} = 10^6 \qquad \qquad \Rightarrow \quad \text{turbulente Rohrströmung}$$

b) Mit Reibungsverlusten erhält man:

$$p_1 + \frac{\varrho}{2}u_1^2 + \varrho g z_1 = p_2 + \frac{\varrho}{2}u_2^2 + \varrho g z_2 + \Delta p_v \quad \text{mit } \Delta p_v = \lambda \frac{L}{d}\frac{\varrho}{2}u_2^2$$

$$\varrho g H = \frac{\varrho}{2}u_2^2\left(1 + \lambda\frac{L}{d}\right) \qquad \Rightarrow \quad u_2 = \sqrt{\frac{2gH}{1 + \lambda\frac{L}{d}}} \tag{L.15}$$

c) Der Startwert für die Geschwindigkeit führt auf die Reynoldszahl. Mithilfe des Rauheitswertes und der Reynolszahl lässt sich im Widerstandsdiagramm 7.11 die Widerstandszahl ermitteln. Über die Gleichung (L.15) erhält man dann die Geschwindigkeit für die neue Iteration.

Startwerte: $u^{(0)} = 10\,\frac{\text{m}}{\text{s}}$; $\quad \frac{k}{d} = 2 \cdot 10^{-3}$

$$\Rightarrow \quad Re^{(0)} = 10^6 \qquad \Rightarrow \quad \lambda^{(0)} = 0,0235 \quad \Rightarrow \quad u_2^{(1)} = 2,80\,\frac{\text{m}}{\text{s}}$$

$$\Rightarrow \quad Re^{(1)} = 2,8 \cdot 10^5 \qquad \Rightarrow \quad \lambda^{(1)} = 0,0240 \quad \Rightarrow \quad u_2^{(2)} = 2,77\,\frac{\text{m}}{\text{s}}$$

$$\Rightarrow \quad Re^{(2)} = 2,77 \cdot 10^5 \qquad \Rightarrow \quad \lambda^{(2)} = 0,0241 \quad \Rightarrow \quad u_2^{(3)} = 2,77\,\frac{\text{m}}{\text{s}}$$

Lösung 7.11

Die relative Rauheit in den Rohren ergibt sich zu:

$$\text{Rohr 1}: \frac{k}{d_1} = 2 \cdot 10^{-3}; \quad \text{Rohr 2}: \frac{k}{d_2} = 4 \cdot 10^{-3}$$

$$Re = \frac{ud}{\nu}; \quad \Delta p = \lambda\frac{l}{d}\frac{\varrho}{2}u^2; \quad A = \frac{\pi}{4}d^2$$

Iteration 1:

Annahme: $\dot{V}_1^{(1)} = 0,8\dot{V} = 0,48\,\frac{\text{m}^3}{\text{s}}$ $\qquad \Rightarrow \quad u_1^{(1)} = \frac{4\dot{V}_1^{(1)}}{\pi d_1^2} = 2,445\,\frac{\text{m}}{\text{s}}$

$$\Rightarrow \quad Re_1^{(1)} = 1,222 \cdot 10^6 \quad \Rightarrow \quad \lambda_1^{(1)} = 0,02356 \quad \Rightarrow \quad \Delta p_1^{(1)} = 0,4224\,\text{bar}$$

Der Druckabfall muss über verbundene parallel verlaufende Rohre gleich sein. Über Bernoulli lässt sich dann die Geschwindigkeit u_2 über Δp_2 bzw. Δp_1 ausdrücken.

$$\Delta p_1^{(1)} = \Delta p_2^{(1)} \qquad \Rightarrow \quad u_2^{(1)} = \sqrt{\frac{2\Delta p_1^{(1)}d_2}{\lambda_2\varrho l_2}} \tag{L.16}$$

Um $\lambda_2^{(1)}$ zu ermitteln wird angenommen das $\lambda_2 \neq f(Re)$, also Re_2 sehr groß ist. Das entspricht der vorgegebenen Annahme, dass das Rohr 2 vollkommen rau ist.

$$\frac{1}{\sqrt{\lambda}} = 1{,}74 - 2\log\left(\frac{2k}{d} + \underbrace{\frac{18{,}7}{Re\lambda}}_{=0}\right) \qquad \Rightarrow \qquad \lambda_2 = 0{,}0284$$

Mit λ_2 lässt sich über u_2 der Volumenstrom $\dot{V}_2^{(1)}$ berechnen.

$$\dot{V}_2^{(1)} = u_2^{(1)} d_2^2 \frac{\pi}{4} = 0{,}0669\,\frac{\text{m}^3}{\text{s}}$$

$$\dot{V}_{ges}^{(1)} = \dot{V}_1^{(1)} + \dot{V}_2^{(1)} = 0{,}5457\,\frac{\text{m}^3}{\text{s}} \qquad \Rightarrow \qquad \dot{V}_{ges}^{(2)} = 0{,}9115\dot{V} < \dot{V}$$

Iteration 2:

$$\dot{V}_1^{(2)} = \frac{V_1^{(1)}}{0{,}9115} = 0{,}5266\,\frac{\text{m}^3}{\text{s}} \qquad\qquad \Rightarrow \qquad u_1^{(2)} = 2{,}682\,\frac{\text{m}}{\text{s}}$$

$$\Rightarrow \quad Re_1^{(2)} = 1{,}341 \cdot 10^6 \quad \Rightarrow \quad \lambda_1^{(2)} = 0{,}02355 \quad \Rightarrow \quad \Delta p_1^{(2)} = 0{,}51\,\text{bar}$$

$$\lambda_2 = 0{,}0284 \quad \text{unverändert} \qquad \text{über (L.16)} \qquad\quad \Rightarrow \qquad u_2^{(2)} = 1{,}51\,\frac{\text{m}}{\text{s}}$$

$$\dot{V}_2^{(2)} = 0{,}0739\,\frac{\text{m}^3}{\text{s}}$$

$$\dot{V}_{ges}^{(2)} = \dot{V}_1^{(2)} + \dot{V}_2^{(2)} \qquad\qquad\qquad \Rightarrow \qquad \dot{V}_{ges}^{(2)} = 0{,}60\,\frac{\text{m}^3}{\text{s}} = \dot{V}$$

$$\Rightarrow \qquad \Delta p_1^{(2)} = 0{,}51\,\text{bar}$$

Lösung 8.1

a) Die ebene stationäre Strömung ist divergenzfrei:

$$\text{div}\,\vec{u} = 0 \qquad\qquad\qquad\qquad \Rightarrow \qquad \frac{\partial u_1}{\partial x_1} = -\frac{\partial u_2}{\partial x_2}$$

$$\frac{\partial u_2}{\partial x_2} = -\frac{U_\infty}{l}\cos\left(\frac{x_2}{l}\right)e^{-x_1/l} \qquad \Rightarrow \qquad u_2 = -\frac{U_\infty}{l}\sin\left(\frac{x_2}{l}\right)e^{-x_1/l} + c(x_1)$$

$$\text{RB: } u_2(x_1, 0) = 0 \quad \Rightarrow \quad c_1(x_1) = 0 \qquad \Rightarrow \qquad u_2 = -\frac{U_\infty}{l}\sin\left(\frac{x_2}{l}\right)e^{-x_1/l}$$

b) Für eine Potentialströmung muss $\text{rot}\,\vec{u} = 0$ gelten:

$$\operatorname{rot}\vec{u} = \frac{\partial u_2}{\partial x_1} - \frac{\partial u_1}{\partial x_2}$$

$$= \frac{U_\infty}{l} \sin\left(\frac{x_2}{l}\right) e^{-x_1/l} - \frac{U_\infty}{l} \sin\left(\frac{x_2}{l}\right) e^{-x_1/l} = 0 \quad \text{d.h. Potentialströmung}$$

c)

$$e_{11} = \frac{\partial u_1}{\partial x_1} = \frac{U_\infty}{l} \cos\left(\frac{x_2}{l}\right) e^{-x_1/l}$$

$$e_{22} = \frac{\partial u_2}{\partial x_2} = -\frac{U_\infty}{l} \cos\left(\frac{x_2}{l}\right) e^{-x_1/l} = -e_{11}$$

$$e_{12} = e_{21} = \frac{1}{2}\left(\frac{\partial u_1}{\partial x_2} + \frac{\partial u_2}{\partial x_1}\right) = \frac{U_\infty}{l} \sin\left(\frac{x_2}{l}\right) e^{-x_1/l}$$

$$P_{ij} = 2\eta e_{ij}$$

$$P_{11} = 2\eta \frac{U_\infty}{l} \cos\left(\frac{x_2}{l}\right) e^{-x_1/l}$$

$$P_{22} = -2\eta \frac{U_\infty}{l} \cos\left(\frac{x_2}{l}\right) e^{-x_1/l} = -P_{11}$$

$$P_{12} = P_{21} = 2\eta \frac{U_\infty}{l} \sin\left(\frac{x_2}{l}\right) e^{-x_1/l}$$

d)

$$\Phi = P_{ij} e_{ij}$$

$$= P_{11} e_{11} + P_{12} e_{12} + P_{21} e_{21} + P_{22} e_{22}$$

$$= 4\eta \left[\frac{U_\infty}{l} \cos\left(\frac{x_2}{l}\right) e^{-x_1/l}\right]^2 + 4\eta \left[\frac{U_\infty}{l} \sin\left(\frac{x_2}{l}\right) e^{-x_1/l}\right]^2$$

$$\Phi = 4\eta \left(\frac{U_\infty}{l}\right)^2 e^{-2x_1/l}$$

e) Die dissipierte Energie der Flüssigkeit ergibt sich durch Integration der Dissipationsfunktion:

$$P_D = \int\limits_0^\infty \int\limits_0^{2\pi l} 4\eta \left(\frac{U_\infty}{l}\right)^2 e^{-2x_1/l} \, dx_2 \, dx_1 \quad \Rightarrow \quad P_D = 8\pi l\eta \left(\frac{U_\infty}{l}\right)^2 \left[-\frac{l}{2} e^{-2x_1/l}\right]_0^\infty$$

$$\Rightarrow \quad P_D = 4\pi\eta U_\infty^2$$

Lösung 8.2

a) Die Geschwindigkeit eines Teilchens ist durch die zeitliche Änderung der Bahnkoordinaten bei festen $\vec{\xi}$ gegeben:

$$u_i(\xi_j, t) = \left(\frac{\partial x_i(\xi_j, t)}{\partial t}\right)_{\xi_j} \qquad \Rightarrow \quad u_1(\xi_j, t) = \frac{U}{b^2}(b^2 - \xi_2^2)$$

$$u_i(\xi_j, t) = \left(\frac{\partial x_i(\xi_j, t)}{\partial t}\right)_{\xi_j} \qquad \Rightarrow \quad u_2(\xi_j, t) = 0$$

b) Um die Geschwindigkeit in der Form $u_i(x_j, t)$ zu erhalten, sind die materiellen Koordinaten in $u_i(\xi_j, t)$ durch $\xi_i = \xi_i(x_j, t)$ zu ersetzen:

$$\xi_2 = x_2 \quad \Rightarrow \quad u_1(x_j, t) = \frac{U}{b^2}(b^2 - x_2^2)$$

$$\Rightarrow \quad u_2(x_j, t) = 0$$

c) Der Drehgeschwindikgeitstensor berechnet sich aus:

$$\Omega_{ij} = \frac{1}{2}\left\{\frac{\partial u_i}{\partial x_j} - \frac{\partial u_j}{\partial x_i}\right\} \qquad \Rightarrow \quad \Omega_{ij} = \begin{bmatrix} 0 & -\dfrac{U}{b^2}x_2 \\ \dfrac{U}{b^2}x_2 & 0 \end{bmatrix}$$

$$\omega_k = \frac{1}{2}\varepsilon_{ijk}\Omega_{ji}$$

$$\omega_3 = \frac{1}{2}(\varepsilon_{123}\Omega_{21} + \varepsilon_{213}\Omega_{12})$$

$$\Rightarrow \quad \omega_3 = \frac{U}{b^2}x_2$$

d)

$$e_{ij} = \frac{1}{2}\left\{\frac{\partial u_i}{\partial x_j} + \frac{\partial u_j}{\partial x_i}\right\} \qquad \Rightarrow \qquad e_{ij} = \begin{bmatrix} 0 & -\dfrac{U}{b^2}x_2 \\ -\dfrac{U}{b^2}x_2 & 0 \end{bmatrix}$$

$$\frac{1}{dV}\frac{D(dV)}{Dt} = e_{ii} = e_{11} + e_{22} = 0 \qquad \Rightarrow \qquad \text{inkompressibel}$$

e) Die Dissipationsfunktion vereinfacht sich zu:

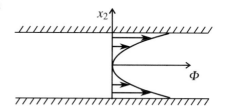

$$\Phi = 2\eta e_{ij}e_{ij} = 2\eta(e_{12}e_{12} + e_{21}e_{21})$$

$$= 4\eta e_{12}^2 = 4\eta\left(\frac{U}{b^2}x_2\right)^2$$

f) Die Energiegleichung vereinfacht sich für die stationäre, inkompressible und ebene Strömung zu:

$$\varrho\underbrace{\frac{De}{Dt}}_{=0} - \underbrace{\frac{p}{\varrho}\frac{D\varrho}{Dt}}_{=0} = \Phi + \lambda\frac{\partial^2 T}{\partial x_i \partial x_i}; \qquad T = T(x_2)$$

$$\frac{d^2 T}{dx_2^2} = -\frac{\Phi}{\lambda} = -4\frac{\eta}{\lambda}\left(\frac{U}{b^2}\right)^2 x_2^2$$

Durch zweifache Integration erhält man die Temperaturverteilung.

$$\frac{dT}{dx_2} = -\frac{4}{3}\frac{\eta}{\lambda}\left(\frac{U}{b^2}\right)^2 x_2^3 + C_1$$

$$\left.\frac{dT}{dx_2}\right|_{x_2=0} = 0 \qquad \Rightarrow \qquad C_1 = 0$$

$$T(x_2) = -\frac{1}{3}\frac{\eta}{\lambda}\left(\frac{U}{b^2}\right)^2 x_2^4 + C_2$$

$$T(b) = T_0 = -\frac{1}{3}\frac{\eta}{\lambda}\left(\frac{U}{b^2}\right)^2 b^4 + C_2 \qquad \Rightarrow \qquad C_2 = T_0 + \frac{1}{3}\frac{\eta}{\lambda}\left(\frac{U}{b^2}\right)^2 b^4$$

$$\Rightarrow \qquad T(x_2) = T_0 + \frac{1}{3}\frac{\eta}{\lambda}\left(\frac{U}{b^2}\right)^2 (b^4 - x^4)$$

Lösung 8.3

a) Da der Hubschrauber schwebt entspricht die Schubkraft der Gewichtskraft.

$$\vec{F}_S = Mg\vec{e}_z$$

b) Die Druckunterschied Δp auf der Fläche der Rotor-Kreisscheibe ergibt die Schubkraft.

$$\vec{F}_S = \iint_{A_2} -p_2\vec{n}_2\,\mathrm{d}S + \iint_{A_3} -p_3\vec{n}_3\,\mathrm{d}S \qquad \text{mit } A_2 = A_3 = \pi R^2$$

$$\vec{F}_S = \underbrace{(p_3 - p_2)}_{=\Delta p}\pi R^2 \vec{e}_z \qquad\qquad \Rightarrow \quad \Delta p = \frac{Mg}{\pi R^2}$$

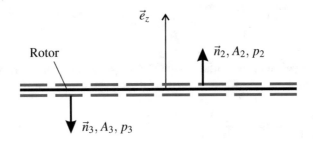

c) Bernoulli entlang der Stromlinien von ① nach ② und von ③ nach ④ liefert mit der schon berechneten Druckerhöhung Δp und der Kontinuität zwischen ② und ③ die Geschwindigkeit u_4.

$$p_3 + \frac{\varrho}{2}u_3^2 = \underbrace{p_4}_{=p_0} + \frac{\varrho}{2}u_4^2$$

$$\underbrace{p_1}_{=p_0} + \frac{\varrho}{2}u_1^2 = p_2 + \frac{\varrho}{2}u_2^2 \qquad\qquad \text{mit } u_1^2 \approx 0$$

$$u_2 A_2 = u_3 A_3 \qquad\qquad\qquad \Rightarrow \quad u_2 = u_3$$

$$p_3 - p_2 = \frac{\varrho}{2}u_4^2 \qquad\qquad\qquad \Rightarrow \quad u_4 = \sqrt{\frac{2}{\varrho}\Delta p} = \sqrt{\frac{2Mg}{\varrho\pi R^2}}$$

d) Aus dem Impulssatz ergibt sich der Massenstrom $\dot{m}$:

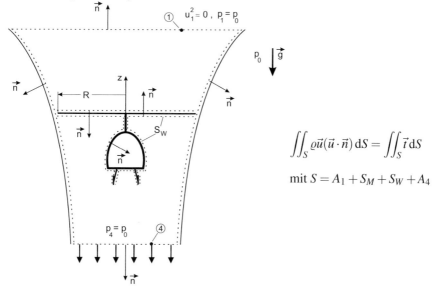

$$\iint_S \varrho \vec{u}(\vec{u} \cdot \vec{n})\,\mathrm{d}S = \iint_S \vec{t}\,\mathrm{d}S$$

mit $S = A_1 + S_M + S_W + A_4$

$$\iint_{A_4} \varrho \vec{u}(\vec{u} \cdot \vec{n})\,\mathrm{d}S = \underbrace{\int_S -p_0\vec{n}\,\mathrm{d}S}_{=0} + \underbrace{\iint_{S_W} \vec{t}\,\mathrm{d}S}_{=\vec{F}_{\mathrm{H}\to\mathrm{Fl}} = -\vec{F}_S} \quad\Bigg| \cdot \vec{e}_z$$

Dabei gilt: $\vec{u} \cdot \vec{e}_z\big|_{A_4} = -u_4$ und $-\vec{F}_S \cdot \vec{e}_z = -Mg$

$$-u_4 \underbrace{\iint_{A_4} \varrho \vec{u} \cdot \vec{n}\,\mathrm{d}S}_{-\dot{m}} = -Mg \qquad\qquad \Rightarrow \qquad \dot{m} = \frac{Mg}{u_4}$$

$$\Rightarrow \qquad \dot{m} = \sqrt{\frac{\varrho}{2}Mg\pi R^2}$$

Die Geschwindigkeiten u_3 und u_4 lassen sich in Abhängigkeit des Massenstroms $\dot{m}$ ausdrücken.

$$u_3 = \frac{\dot{m}}{\varrho \pi R^2}$$

$$u_4 = \frac{Mg}{\dot{m}} \qquad\qquad\qquad \Rightarrow \qquad \frac{u_3}{u_4} = \frac{\dot{m}^2}{\varrho Mg\pi R^2} = \frac{1}{2}$$

Lösung 8.4

a) Über den Volumenstrom berechnet sich die Geschwindigkeit $\vec{c}_1$:

$$\dot{V} = \iint_{S_1} = \vec{c} \cdot \vec{n}\, dS = 2\pi r_1 h c_{r_1} \qquad\qquad \Rightarrow \qquad \vec{c}_1 = c_{r_1}\, \vec{e}_r = \frac{\dot{V}}{2\pi r h}\, \vec{e}_r$$

b) Analog zu $\vec{c}_1$ kann auch c_{r_2} berechnet werden. c_{u_2} ergibt sich aus der Eulerschen Turbinengleichung:

$$c_{r_2} = \frac{\dot{V}}{2\pi r_2 h} = \frac{\dot{V}}{4\pi r h}$$

$$M = \dot{m}(c_{u_a} r_a - \underbrace{c_{u_e} r_e}_{=0}) \qquad\qquad \Rightarrow \qquad c_{u_2} = \frac{M}{2\varrho \dot{V} r} = \frac{P}{2\varrho \dot{V} r \Omega}$$

Die Umfangskomponente der Absolutgeschwindigkeit c_{u_2} berechnet sich aus der Umfangsgeschwindigkeit und der Umfangskomponente der Relativgeschwindigkeit. Die Radialkomponenten der Absolut- under Relativgeschwindigkeit müssen gleich sein.

$$c_{u_2} = w_{u_2} + u_2; \quad c_{r_2} = w_{r_2}$$

$$\tan\beta_2 = \frac{|w_{u_2}|}{|w_{r_2}|} = \frac{|c_{u_2} - u_2|}{|c_{r_2}|} \qquad\qquad \Rightarrow \qquad \tan\beta_2 = \left| \frac{2\pi h P}{\varrho \dot{V}^2 \Omega} \right| - \left| \frac{8\pi r^2 h \Omega}{\dot{V}} \right|$$

c) Aus der Kontinuitätsgleichung errechnet sich die für den Winkel α_3 benötigte Umfangskomponente der Absolutgeschwindigkeit c_{u_3}.

$$c_{u_3} r_3 = c_{u_2} r_2 \qquad\qquad \Rightarrow \qquad c_{u_3} = \frac{P}{3\varrho \dot{V} r \Omega}$$

$$\tan\alpha_3 = \frac{c_{u_3}}{c_{r_3}} \qquad\qquad \Rightarrow \qquad \tan\alpha_3 = \frac{2\pi h P}{\varrho \Omega \dot{V}^2}$$

d)

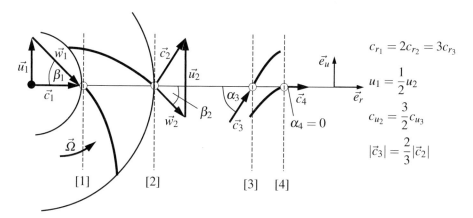

$$c_{r_1} = 2c_{r_2} = 3c_{r_3}$$

$$u_1 = \frac{1}{2}u_2$$

$$c_{u_2} = \frac{3}{2}c_{u_3}$$

$$|\vec{c}_3| = \frac{2}{3}|\vec{c}_2|$$

[1]   [2]   [3] [4]

e) Mit Bernoulli lässt sich entlang der Stromlinie zwischen [3] und [4] die Druckdifferenz Δp_{LE} berechnen:

$$|\vec{c}_4| = c_{r_4} = \frac{\dot{V}}{8\pi rh}$$

$$|\vec{c}_3| = \sqrt{c_{r_3}^2 + c_{u_2}^2} = \sqrt{\left(\frac{\dot{V}}{6\pi rh}\right)^2 + \left(\frac{P}{3\varrho\dot{V}r\Omega}\right)^2}$$

$$p_4 + \frac{\varrho}{2}|\vec{c}_4|^2 = p_3 + \frac{\varrho}{2}|\vec{c}_3|^2$$

$$\Rightarrow \quad p_4 - p_3 = \frac{\varrho}{2}\left(\frac{\dot{P}}{3\varrho\dot{V}r\Omega}\right)^2 + \frac{7\varrho}{1152}\left(\frac{\dot{V}}{\pi rh}\right)^2$$

Lösung 8.5

a) Mit der Bernoullischen Gleichung entlang der Stromlinie von ① nach ② berechnet sich die Geschwindigkeit u_2:

$$\underbrace{p_1}_{=p_0} + \frac{\varrho}{2}\underbrace{u_1^2}_{=0} + \underbrace{\varrho g\,z_1}_{=H} = \underbrace{p_2}_{p_0} + \frac{\varrho}{2}u_2^2 + \underbrace{\varrho g\,z_2}_{=0}$$

$$u_2 = \sqrt{2gh} \qquad\qquad \Rightarrow \quad u_2 = 15\,\frac{\mathrm{m}}{\mathrm{s}}$$

$$Re = \frac{\varrho u_2 d}{\eta} \qquad\qquad \Rightarrow \quad Re = 1{,}5 \times 10^6 \quad \text{turb. Rohrstr.}$$

b) Um die Geschwindigkeit u_2 zu berechnen, müssen die Druckverluste bestehend aus Einschnürungs-, Krümmungs- und Reibungsverlusten berücksichtigt werden:

$$p_1 + \frac{\varrho}{2}u_1^2 + \varrho g z_1 = p_2 + \frac{\varrho}{2}u_2^2 + \varrho g z_2 + \Delta p_{v_E} + \Delta p_{v_K} + \Delta p_{v_R}$$

$$\Delta p_{v_E} = \frac{\varrho}{2}u_2^2\left(\frac{1-\alpha}{\alpha}\right)^2 \qquad\qquad \text{Verlust durch Einschnürung}$$

$$\Delta p_{v_K} = \zeta_K \frac{\varrho}{2}u_2^2 \qquad\qquad\qquad \text{Krümmungsverlust}$$

$$\Delta p_{v_R} = \lambda\left(Re, \frac{k}{d}\right)\frac{L}{d}\frac{\varrho}{2}u_2^2 \qquad \text{Reibungsverlust}$$

$$\varrho g H = \frac{\varrho}{2}u_2^2 + \frac{\varrho}{2}u_2^2\left(\frac{1-\alpha}{\alpha}\right)^2 + \zeta_K \frac{\varrho}{2}u_2^2 + \lambda\frac{L}{d}\frac{\varrho}{2}u_2^2$$

$$2gH = u_2^2\left[1 + \left(\frac{1-\alpha}{\alpha}\right)^2 + \zeta_K + \lambda\frac{L}{d}\right] \quad \Rightarrow \quad u_2 = \sqrt{\frac{2gH}{2,8244 + 500\lambda}}$$

c) Startwerte der Iteration: $Re = 1,5 \times 10^6$, $k/d = 2 \times 10^{-4}$. Der Widerstandskoeffizient $\lambda = f(Re, k/d) = 0,0143$ ergibt sich aus dem Widerstandsdiagramm 7.11.

$$Re^{(1)} = 1,50 \times 10^6 \quad \Rightarrow \quad \lambda^{(1)} = 0,0143 \quad \Rightarrow \quad u_2^{(1)} = 4,75\,\frac{m}{s}$$

$$Re^{(2)} = 4,75 \times 10^5 \quad \Rightarrow \quad \lambda^{(2)} = 0,0155 \quad \Rightarrow \quad u_2^{(2)} = 4,61\,\frac{m}{s}$$

$$Re^{(3)} = 4,61 \times 10^5 \quad \Rightarrow \quad \lambda^{(3)} = 0,0154 \quad \Rightarrow \quad u_2^{(3)} = 4,61\,\frac{m}{s}$$

Lösung 8.6

a)

$$\tau_{rz} = 2\eta e_{rz} = \eta\left(\underbrace{\frac{\partial u_r}{\partial z}}_{=0} + \frac{\partial u_z}{\partial r}\right) \qquad\qquad \text{mit}\quad u_z(r) = u(r) = U_{max}\left[1 - \left(\frac{r}{R}\right)^2\right]$$

$$\tau_W = -\tau_{rz}(R) = 2\eta\frac{U_{max}}{R} \qquad\qquad \Rightarrow \quad \tau_W = 0,08\,\text{N/m}^2$$

b) Startwert:

$$u_*^{(0)} = \sqrt{\tau_W^{(0)}/\varrho}, \text{ mit } \tau_W^{(0)} = 0,08\,\text{N/m}^2 \quad \Rightarrow \quad u_*^{(0)} = 8,94 \times 10^{-3}\,\text{m/s}$$

Die Iterationsvorschrift ergibt sich aus dem logarithmischen Wandgesetz:

$$u_*^{(n+1)} = \kappa U_{max} \left[\ln \left(\frac{u_*^{(n)} R}{\nu} \right) + \kappa B \right]^{-1} \quad \text{für } n = 0, 1, 2, 3....$$

$$u_*^{(n+1)} = 0,4 \frac{m}{s} \left[\ln \left(u_*^{(n)} 25 \times 10^3 \frac{s}{m} \right) + 2 \right]^{-1}$$

$$\Rightarrow \quad u_*^{(1)} = 53,9854 \times 10^{-3} \frac{m}{s}$$

$$\Rightarrow \quad u_*^{(2)} = 43,4424 \times 10^{-3} \frac{m}{s}$$

$$\Rightarrow \quad u_*^{(3)} = 44,4923 \times 10^{-3} \frac{m}{s}$$

$$\Rightarrow \quad u_*^{(4)} = 44,3745 \times 10^{-3} \frac{m}{s} =: u_*$$

c) Die über den Querschnitt gemittelte Geschwindigkeit ergibt sich damit zu:

$$\overline{U} = U_{max} - 3,75 u_* \qquad\qquad \Rightarrow \quad \overline{U} = 0,834 \frac{m}{s}$$

$$Re = \frac{\overline{U} 2R}{\nu} \qquad\qquad \Rightarrow \quad Re = 4,17 \times 10^4 \gg 2300 = Re_{krit}$$

$$\Rightarrow \quad \text{Die Strömung ist turbulent}$$

$$\Rightarrow \quad \frac{U_{max}}{\overline{U}} = 1,2$$

d)

$$\tau_W = \varrho u_*^2 \qquad\qquad \Rightarrow \quad \tau_W = 1,97 \frac{N}{m^2}$$

$$K = \frac{2\tau_W}{R} \qquad\qquad \Rightarrow \quad K = 157,53 \frac{N}{m^3}$$

$$\dot{V} = \overline{U} \pi R^2 \qquad\qquad \Rightarrow \quad \dot{V} = 1,637 \times 10^{-3} \frac{m^3}{s}$$

Berechnung der Kraft auf die Rohrwand in die z-Richtung erfolgt durch die Integration der Wandschubspannung über die Mantelfläche des Rohres:

$$F_z = \vec{F} \cdot \vec{e}_z = \iint\limits_{S_M} -\vec{t} \cdot \vec{e}_z \, dS = \iint\limits_{S_M} -t_z \, dS = \iint\limits_{S_M} -\tau_{rz} \, dS = \iint\limits_{S_M} \tau_W \, dS$$

$$F_z = \tau_W 2R\pi L \qquad\qquad \Rightarrow \quad F_z = 3,09 \, N$$

e) Zum Vergleich die Strömungsgrößen bei angenommener laminarer Strömung und gleichem Volumenstrom:

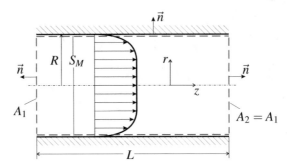

$$K = \frac{8\eta \overline{U}}{R^2} \qquad\qquad \Rightarrow \quad K = 10,67\,\frac{\text{N}}{\text{m}^3},$$

der erforderliche Druckgradient ist sehr viel geringer!

Die Kraft auf die Rohrwand berechnen wir nun mit dem Impulssatz. Der Impulsfluss am Rohreintritt ist genauso groß wie der Impulsfluss am Austritt, nur mit umgekehrtem Vorzeichen. Die Impulsflüsse heben sich gegenseitig auf. Es bleibt nur die Integration des Spannungsvektors $\vec{t}$ über die Ein- und Austrittsfläche sowie über die Mantelfläche auszuführen.

$$0 = \underbrace{\iint\limits_{S_M} t_z\,\mathrm{d}S}_{=-F_z} + \iint\limits_{A_1} p_1\,\mathrm{d}S - \iint\limits_{A_2} p_2\,\mathrm{d}S$$

$$F_Z = -(p_2 - p_1)A_1 = KLA_1 \qquad\qquad \Rightarrow \quad F_z = 0,2095\,\text{N}$$

Lösung 8.7

a)

$$\overline{U} = \frac{\dot{V}}{\frac{\pi}{4}d^2} \qquad\qquad \Rightarrow \quad \overline{U}_P = 3,06\,\frac{\text{m}}{\text{s}}$$

$$\Rightarrow \quad \overline{U}_T = 4,28\,\frac{\text{m}}{\text{s}}$$

$$Re = \frac{\overline{U}d}{\nu} \qquad\qquad \Rightarrow \quad Re_P = 1,53 \times 10^6$$

$$\Rightarrow \quad Re_T = 2,14 \times 10^6$$

b) Die Reibungsverluste ergeben sich mit Hilfe des Widerstandsdiagramms zu:

$$\lambda = \lambda \left(Re, \frac{k}{d} \right) \qquad \Rightarrow \quad \lambda_P = 0,0145$$

$$\Rightarrow \quad \lambda_T = 0,0143$$

$$\Delta p_{vR} = \lambda \frac{L}{d} \frac{\varrho}{2} \bar{U}^2 \qquad \Rightarrow \quad (\Delta p_{vR})_P = 0,38 \, \text{bar}$$

$$\Rightarrow \quad (\Delta p_{vR})_T = 0,73 \, \text{bar}$$

Die Austrittsverluste entsprechen einem Carnot-Stoß mit unendlicher Querschnittserweiterung:

$$\Delta p_{vA} = \frac{\varrho}{2} \bar{U}^2 \qquad \Rightarrow (\Delta p_{vA})_P = 0,047 \, \text{bar}$$

$$\Rightarrow (\Delta p_{vA})_T = 0,092 \, \text{bar}$$

c) Die Druckdifferenz $p_2 - p_1$ berechnet sich über Bernoulli entlang der Stromlinien von $\textcircled{0}$ nach $\textcircled{1}$ und $\textcircled{2}$ nach $\textcircled{3}$:

$$p_0 + \varrho g \underbrace{z_0}_{=0} + \frac{\varrho}{2} \underbrace{u_0^2}_{=0} = p_1 + \varrho g z_1 + \frac{\varrho}{2} u_1^2$$

$$p_1 = p_0 - \varrho g z_1 - \frac{\varrho}{2} u_1^2$$

$$p_2 + \varrho g \underbrace{z_2}_{z_1} + \frac{\varrho}{2} \underbrace{u_2^2}_{=u_1^2} = \underbrace{p_3}_{=p_0} + \varrho g \underbrace{z_3}_{=H} + \frac{\varrho}{2} \underbrace{u_3^2}_{=0} + (\Delta p_{vR})_P + (\Delta p_{vA})_P$$

$$p_2 = p_0 + \varrho g (H_3 - z_1) + (\Delta p_{vR})_P + (\Delta p_{vA})_P - \frac{\varrho}{2} u_1^2$$

$$p_2 - p_1 = \underbrace{\varrho g H}_{=19,62 \, \text{bar}} + \underbrace{\lambda \frac{L}{d} \frac{\varrho}{2} \bar{U}_P^2}_{=0,38 \, \text{bar}} + \underbrace{\frac{\varrho}{2} \bar{U}_P^2}_{=0,047 \, \text{bar}} \qquad \Rightarrow \quad p_2 - p_1 = 20,047 \, \text{bar}$$

d) Die der Flüssigkeit zugeführte Leistung berechet sich über den Volumenstrom und der Druckdifferenz an der Pumpe. Über den Wirkungsgrad der Pumpe erhält man dann die gesammte zugeführte Leistung.

$$P_P = (p_2 - p_1) \dot{V}_P \qquad \Rightarrow \quad P_P = 1202,82 \, \text{kW}$$

$$P_{P_{zu}} = \frac{P_P}{\eta_P} \qquad \Rightarrow \quad P_{P_{zu}} = 1718,31 \, \text{kW}$$

e) Der Turbine zugeführte Leistung erhält man analog zur Aufgabe c) und d):

$$p_2 - p_1 = \underbrace{\varrho g H}_{19,62\,\text{bar}} - \underbrace{(\Delta p_{vR})_T}_{=0,73\,\text{bar}} - \underbrace{(\Delta p_{vA})_T}_{=0,092\,\text{bar}} \quad \Rightarrow \quad p_2 - p_1 = 18,798\,\text{bar}$$

$$P_T = (p_2 - p_1)\dot{V}_T \qquad\qquad\qquad \Rightarrow \quad P_T = 1579,03\,\text{kW}$$

$$P_{T_{ab}} = \eta_T P_T \qquad\qquad\qquad\qquad \Rightarrow \quad P_{T_{ab}} = 1263,23\,\text{kW}$$

f) Der Hydraulische Wirkungsgrad bei gleichem umgesetzten Volumen V:

$$\eta_h = \frac{E_{T_{ab}}}{E_{P_{zu}}} = \frac{t_T P_{T_{ab}}}{t_P P_{P_{zu}}} \qquad\qquad \text{mit } t_T \text{ und } t_P \text{ als Laufzeit}$$

$$V = t_P \dot{V}_P \overset{!}{=} t_T \dot{V}_T \qquad\qquad \Rightarrow \quad \frac{t_T}{t_P} = \frac{\dot{V}_P}{\dot{V}_T}$$

$$\eta_h = \frac{\dot{V}_P}{\dot{V}_T} \frac{P_{T_{ab}}}{P_{P_{zu}}} \qquad\qquad\qquad \Rightarrow \quad \eta_h = 0,525$$

Lösung 8.8

a) Die Geschwindigkeiten ergeben sich aus dem Volumenstrom pro Fläche:

$$u_1 = \frac{\dot{V}}{A_1} = \frac{4\dot{V}}{\pi d^2} \qquad\qquad \Rightarrow u_1 = 5,09\,\frac{\text{m}}{\text{s}}$$

$$u_2 = \frac{\dot{V}}{A_2} = \frac{\dot{V}}{A_1}\frac{A_1}{A_2} \qquad\qquad \Rightarrow u_2 = 10,19\,\frac{\text{m}}{\text{s}}$$

b) Mit der Reynoldszahl und der Rohrrauigkeit erhält man die Widerstandszahl:

$$Re = \frac{\varrho u_1 d}{\eta} \qquad\qquad\qquad \Rightarrow \quad Re = 5,09 \times 10^5 \quad \text{turbulent}$$

$$\lambda = \lambda\left(Re, \frac{k}{d}\right) \qquad\qquad \Rightarrow \quad \lambda = 0,02$$

c) Der Gesammtdruckverlust Δp_v besteht aus Reibungs- und Krümmungsverlust:

$$\Delta p_{v_k} = \zeta_k \frac{\varrho}{2} u_1^2; \qquad\qquad \Delta p_{v_r} = \lambda \frac{L_{R1} + L_{R2}}{d} \frac{\varrho}{2} u_1^2$$

$$\Delta p_v = \Delta p_{v_k} + \Delta p_{v_r} \qquad\qquad \Rightarrow \quad \Delta p_v = 34,33 \times 10^3\,\text{Pa}$$

d) Über die Bernoullische Gleichung mit den Druckverlusten von ⓪ nach ② berechnet sich der Wasserstand H.

$$p_0 + \varrho g (L_{R1} + H) - \Delta p_v = \frac{\varrho}{2} u_2^2 + p_0$$

$$H = \frac{1}{2g} u_2^2 + \frac{1}{\varrho g} \Delta p_v - L_{R1} \qquad \Rightarrow \qquad H = 4{,}79\,\mathrm{m}$$

e) Die Normalkraft F_N kann über den Impulssatz berechnet werden:

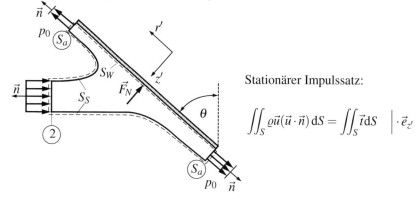

Stationärer Impulssatz:

$$\iint_S \varrho \vec{u}(\vec{u} \cdot \vec{n})\,\mathrm{d}S = \iint_S \vec{t}\,\mathrm{d}S \quad \Big| \cdot \vec{e}_{z'}$$

Mit der Flächenaufteilung: $S = S_2 + S_S + S_a + S_W$ schreibt sich der Impulssatz zu:

$$\iint_{S_2} \varrho \underbrace{\vec{u} \cdot \vec{e}_z}_{u_2 \cos\theta}\underbrace{(\vec{u} \cdot \vec{n})}_{-u_2}\,\mathrm{d}S + \iint_{S_S + S_W} \varrho\, \vec{u} \cdot \vec{e}_z \underbrace{(\vec{u} \cdot \vec{n})}_{0}\,\mathrm{d}S + \iint_{S_a} \varrho \underbrace{\vec{u} \cdot \vec{e}_z}_{0}\underbrace{(\vec{u} \cdot \vec{n})}_{-u_2}\,\mathrm{d}S = \underbrace{\iint_{S_W} \vec{t} \cdot \vec{e}_z\,\mathrm{d}S}_{F_N, W \to FL}$$

$$- u_2^2 \cos\theta\, \frac{\pi}{4} d^2 = F_{N,W \to FL} \qquad \Rightarrow \qquad F_{N,Fl \to W} = 203{,}72\,\mathrm{N}$$

Lösung 8.9

a) Der Druck p_2 wird über Bernoulli entlang der Stromlinie von der Stelle 1 zur Stelle 2 berechnet:

$$u_1 = \frac{\dot{V}}{A_1} \qquad\qquad u_2 = \frac{\dot{V}}{A_2}$$

$$p_1 + \frac{\varrho}{2} u_1^2 = p_2 + \frac{\varrho}{2} u_2^2 \qquad \Rightarrow \qquad p_2 = p_1 - \frac{\varrho}{2}\frac{\dot{V}^2}{A_2^2}\Big(1 - \underbrace{\frac{A_2^2}{A_1^2}}_{\ll 1}\Big)$$

$$\Rightarrow \qquad p_2 = p_1 - \frac{\varrho}{2}\frac{\dot{V}^2}{A_2^2}$$

b) Der Druck p_2 wird über Bernoulli entlang der Stromlinie von der Stelle 2 zur Stelle 3 berechnet, dabei ist der Druckverlust durch einen Carnot-Stoß zu beachten:

$$p_2 + \frac{\varrho}{2}u_2^2 = p_3 + \frac{\varrho}{2}u_3^2 + \Delta p_{v_c} \qquad \text{mit } \Delta p_{v_c} = \frac{\varrho}{2}u_2^2\underbrace{\left(1 - \frac{A_2}{A_3}\right)^2}_{\ll 1} = \frac{\varrho}{2}u_2^2$$

$$p_3 = p_2 - \frac{\varrho}{2}u_3^2 \qquad \Rightarrow \quad p_3 = p_1 - \frac{\varrho}{2}\frac{\dot{V}^2}{A_2^2}\left(1 + \underbrace{\frac{A_2^2}{A_3^2}}_{\ll 1}\right)$$

$$\Rightarrow \quad p_3 = p_1 - \frac{\varrho}{2}\frac{\dot{V}^2}{A_2^2} = p_2 !$$

D.h die Druckerhöhung aufgrund der Querschnitterweiterung, geht hier durch den Stoßverlust wieder verloren.

c) Aus dem Impulsatz in z-Komponente folgt die Kraft auf den Schwebekörper:

$$\iint_S \varrho\vec{u}(\vec{u}\cdot\vec{n})\,\mathrm{d}S = \iint_S \vec{t}\,\mathrm{d}S \ \bigg|\cdot\vec{e}_z$$

$$-\varrho u_1^2 A_1 + \varrho u_3^2 A_3 = p_1 A_1 - p_3 A_3 - F_z$$

$$F_z = p_1(A_1 - A_3) + \varrho\dot{V}^2\left(\frac{1}{2}\frac{A_3}{A_2^2} + \frac{1}{A_1} - \frac{1}{A_3}\right)$$

d) Die Gewichtskraft G und die Kraft in folge des Volumenstroms F_z heben sich gegenseitig auf:

$$\vec{F} + \vec{G} = 0 \qquad\qquad \Rightarrow \quad F_z = G$$

$$\dot{V} = \sqrt{\frac{G - p_1(A_1 - A_3)}{\frac{\varrho}{A_3}\left(\frac{A_3^2}{2k^2h^2} + \frac{A_3}{A_1} - 1\right)}}$$

Grenzfall $A_3 = A_1$ $\qquad\qquad \Rightarrow \quad \dot{V} = \sqrt{\frac{2G}{\varrho A_1}}kh$

Lösung 8.10

a) Zwischen dem Punkt $(r = 0, z = 0)$ und einem beliebigen Punkt auf der mittleren Stromlinie gilt:

$$\underbrace{p_1}_{p_u} + \frac{\varrho}{2}\underbrace{u_{z,1}^2}_{u_0^2} + \underbrace{\varrho g \ z_1}_{0} = \underbrace{p_2}_{p_u} + \frac{\varrho}{2}\underbrace{u_{z,2}^2}_{u^2(z)} + \underbrace{\varrho g \ z_2}_{z}$$

$$\Rightarrow \quad u_z(z) = -\sqrt{u_0^2 - 2gz}$$

b) Die Kontinuitätsgleichung in differentieller Form lässt sich durch Annahme einer stationären und axialsymmetrischen Strömung vereinfachen:

$$\underbrace{\frac{\partial \varrho}{\partial t}}_{=0} + \frac{1}{r}\frac{\partial}{\partial r}(\varrho u_r r) + \frac{1}{r}\underbrace{\frac{\partial}{\partial \varphi}(\varrho u_\varphi)}_{=0} + \frac{\partial}{\partial z}(\varrho u_z) = 0$$

Einsetzen von $u_z(z)$ und Integration liefert:

$$\frac{1}{r}\frac{\partial}{\partial r}(\varrho u_r r) = -\frac{\varrho g}{\sqrt{u_0^2 - 2gz}} \quad \Big| \int dr$$

$$u_r = -\frac{gr}{2\sqrt{u_0^2 - 2gz}} + C_1$$

RB: $u_r(r = 0, z) = 0 \quad \Rightarrow \quad C_1 = 0 \quad \Rightarrow \quad u_r = -\frac{gr}{2\sqrt{u_0^2 - 2gz}}$

c) Die Berechnung der Stromlinie erfolgt durch Division der Differentialgleichung der Stromlinien, Trennung der Veränderlichen und anschließender Integration:

$$\frac{dr}{ds} = \frac{u_r}{|\vec{u}|}, \quad \frac{dz}{ds} = \frac{u_z}{|\vec{u}|} \qquad \Rightarrow \qquad \frac{dr}{dz} = \frac{u_r}{u_z}$$

$$\frac{dr}{dz} = \frac{u_r}{u_z} = \frac{gr}{2(u_0^2 - 2gz)} \qquad \Rightarrow \qquad \frac{dr}{r} = \frac{g}{2(u_0^2 - 2gz)}\,dz \Big| \int$$

$$\ln r = \ln(2u_0^2 - 4gz)^{-1/4} + \ln C_2 \qquad \Rightarrow \qquad r = (2u_0^2 - 4gz)^{-1/4}C_2$$

RB: $r = r_0, z = 0 \quad \Rightarrow \quad r_0 = \frac{C_2}{\sqrt{u_0}} \qquad \Rightarrow \qquad C_2 = r_0\sqrt{u_0}$

$$\Rightarrow \qquad r(z) = \frac{r_0\sqrt{u_0}}{\sqrt[4]{u_0^2 - 2gz}}$$

Damit liegt auch die Form des Wasserstrahls fest.

Lösung 8.11

a) Da die Winkelgeschwindigkeit $\Omega = U_0/r_0$ innerhalb des Tornados als konstant angenommen wird gilt:

$$\text{für } 0 \leq r \leq r_0: \quad u_\varphi(r) = \Omega r \qquad\qquad \Rightarrow \quad u_\varphi(r) = U_0 \frac{r}{r_0}$$

$$\text{rot}\,\vec{u} = \left[\frac{1}{r}\frac{\partial u_z}{\partial \varphi} - \frac{\partial u_\varphi}{\partial z}\right]\vec{e}_r + \left[\frac{\partial u_r}{\partial z} - \frac{\partial u_z}{\partial r}\right]\vec{e}_\varphi + \left[\frac{1}{r}\left(\frac{\partial\left(u_\varphi r\right)}{\partial r} - \frac{\partial u_r}{\partial \varphi}\right)\right]\vec{e}_z$$

Unter der Annahme, das im Kern: $u_r = 0$, $\quad u_z = 0$ $\quad$ und $\quad \dfrac{\partial}{\partial \varphi} = 0$

$$\text{rot}\,\vec{u} = \frac{1}{r}\left[\frac{\partial\left(u_\varphi r\right)}{\partial r}\right]\vec{e}_z \qquad\qquad \Rightarrow \quad \text{rot}\,\vec{u} = 2\frac{U_0}{r_0}\vec{e}_z \quad \begin{array}{l}\text{keine}\\ \text{Potentialströmung}\end{array}$$

b) Außerhalb des Kerns ist das Geschwindigkeitspotential gegeben. Aus dessen Ableitung nach φ berechnet sich die Geschwindigkeit:

$$\text{für } r_0 \leq r < \infty: \quad \Phi = \Omega r_0^2 \varphi \qquad\qquad \Rightarrow \quad \Phi = U_0 r_0 \varphi$$

$$u_\varphi = \frac{1}{r}\frac{\partial \Phi}{\partial \varphi} \qquad\qquad\qquad\qquad \Rightarrow \quad u_\varphi(r) = U_0 \frac{r_0}{r}$$

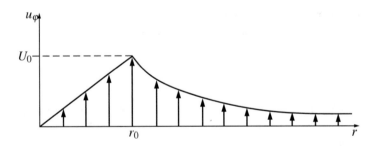

c) Außerhalb des Kerns handelt es sich um eine Potentialströmung:

$$\text{für } r_0 \leq r < \infty: \quad p(r) + \frac{\varrho}{2}u_\varphi^2(r) = C_1 \qquad \text{Potentialst.} \Rightarrow \; C_1 \text{ ist überall gleich!}$$

$$\text{mit } u_\varphi = 0 \text{ für } r \to \infty \quad \Rightarrow \quad C_1 = p_\infty \quad \Rightarrow \quad p(r) = p_\infty - \frac{\varrho}{2}U_0^2\left(\frac{r_0}{r}\right)^2$$

für $r_0 \leq r < \infty$:

Innerhalb des Kerns vereinfacht sich die r-Komponente des Impulssatzes für stationäre reibungsfreie Strömungen ohne Volumenkräfte in Polarkoordinaten zu:

$$\varrho \left[\underbrace{\frac{\partial u_r}{\partial t}}_{=0} + \underbrace{u_r \frac{\partial u_r}{\partial r}}_{=0} + \frac{1}{r}\left(\underbrace{u_\varphi \frac{\partial u_r}{\partial \varphi}}_{=0} - u_\varphi^2 \right) \right] = -\frac{\partial p}{\partial r}$$

$$\frac{\partial p}{\partial r} = \varrho \frac{u_\varphi^2}{r} \qquad\qquad \Rightarrow \qquad \frac{\partial p}{\partial r} = \varrho \left(\frac{U_0}{r_0} \right)^2 r$$

$$p(r) = \frac{\varrho}{2} \left(\frac{U_0}{r_0} \right)^2 r^2 + C_2$$

RB: $p(r_0) = p_\infty - \dfrac{\varrho}{2} U_0^2$ $\qquad\qquad \Rightarrow \qquad C_2 = p_\infty - \varrho U_0^2$

damit lautet der Druckverlauf im Kern $\qquad \Rightarrow \qquad p(r) = p_\infty + \dfrac{\varrho}{2} U_0^2 \left(\dfrac{r^2}{r_0^2} - 2 \right)$

d)

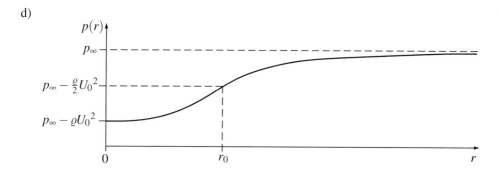

e) Die Kraft auf das Dach berechnet sich als Integral der Druckdifferenz $p(r) - p_\infty$ über dessen Fläche:

$$\vec{F} = -\iint_S (p(r) - p_\infty) \vec{n} \, \mathrm{d}S$$

$$\vec{F} = -\frac{\varrho}{2} U_0^2 \int_0^{2\pi} \int_0^{r_0} \left(\frac{r^2}{r_0^2} - 2 \right) r \, \mathrm{d}r \, \mathrm{d}\varphi \, \vec{e}_z$$

$$\vec{F} = -\varrho U_0^2 \pi \left(\frac{1}{4} \frac{r^4}{r_0^2} - \frac{1}{2} r^2 \right) \Big|_0^{r_0} \vec{e}_z \qquad\qquad \Rightarrow \qquad \vec{F} = \frac{\varrho}{2} U_0^2 \pi r_0^2 \vec{e}_z$$

$$\Rightarrow \qquad \vec{F} = 2{,}86 \times 10^6 \, \mathrm{N} \, \vec{e}_z$$

Die Kraft auf das Dach wirkt von innen nach außen in z-Richtung und entpricht einem Gewicht von ca. 292 t.

Lösung 8.12

a)

$$\dot{m} = \varrho u_1 A_1$$

$$u_1 A_1 = u_2 A_2 \qquad\qquad \Rightarrow \quad u_2 = u_1 \frac{A_1}{A_2}$$

b) Unter Berücksichtigung des Stroßverlustes gilt entlang der Stromlinie vom Eintritt zum Kolben:

$$p_1 + \frac{\varrho}{2} u_1^2 = p_2 + \frac{\varrho}{2} u_2^2 + \Delta p_{vc} \qquad\qquad \text{mit } \Delta p_{vc} = \frac{\varrho}{2} u_1^2 \left(1 - \frac{A_1}{A_2}\right)^2$$

$$p_2 = p_1 + \frac{\varrho}{2} u_1^2 \left(1 - \frac{A_1^2}{A_2^2}\right) - \varrho u_1^2 \left(1 - \frac{A_1}{A_2}\right)^2$$

$$\Rightarrow \quad p_2 = p_1 + \varrho u_1^2 \frac{A_1}{A_2} \left(1 - \frac{A_1}{A_2}\right)$$

c) Das Reynolssche Transporttheorem wird wie folgt angewand:

$$\frac{DK}{Dt} = \underbrace{\frac{\partial}{\partial t} \iiint_V \varrho \frac{\vec{u} \cdot \vec{u}}{2} \, dV}_{=0 \text{ stationär}} + \iint_S \varrho \frac{\vec{u} \cdot \vec{u}}{2} (\vec{u} \cdot \vec{n}) \, dS$$

$$\frac{DK}{Dt} = -\dot{m} \frac{u_1^2}{2} + \dot{m} \frac{u_2^2}{2} \qquad\qquad \Rightarrow \quad \frac{DK}{Dt} = \varrho A_1 \frac{u_1^3}{2} \left(\frac{A_1^2}{A_2^2} - 1\right)$$

d) An den Wänden wird die Reibung vernachlässigt $\vec{t} = -p\vec{n}$:

$$P = \iint_S \vec{u} \cdot t \, dS$$

$$P = u_1 p_1 A_1 - u_2 p_2 A_2 \qquad\qquad \Rightarrow \quad P = u_1 A_1 (p_1 - p_2)$$

$$P = u_1 A_1 \left[\varrho u_1^2 \frac{A_1}{A_2} \left(\frac{A_1}{A_2} - 1\right)\right] \qquad \Rightarrow \quad P = \underbrace{\varrho u_1 A_1}_{=\dot{m}} u_1^2 \frac{A_1}{A_2} \left(\frac{A_1}{A_2} - 1\right) \; (<0)$$

e) Die Energiegleichung vereinfacht sich zu:

$$\frac{DK}{D} + \frac{DE}{Dt} = P + \dot{Q} \qquad \Rightarrow \qquad \dot{Q} = \frac{DK}{Dt} + \underbrace{\frac{DE}{Dt}}_{=0} - P$$

$$\dot{Q} = \varrho u_1 A_1 \left[\frac{u_1^2}{2} \left(\frac{A_1^2}{A_2^2} - 1 \right) - u_1^2 \frac{A_1}{A_2} \left(\frac{A_1}{A_2} - 1 \right) \right]$$

$$\dot{Q} = \varrho A_1 u_1^3 \left(\frac{A_1}{A_2} - \frac{1}{2} \frac{A_1^2}{A_2^2} - \frac{1}{2} \right) \qquad \Rightarrow \qquad \dot{Q} = -\varrho A_1 \frac{u_1^3}{2} \left(1 - \frac{A_1}{A_2} \right)^2 \quad (\dot{Q} < 0)$$

Lösung 8.13

a) Die Druckdifferenzen $p_0 - p_1$ und $p_2 - p_3$ berrechnen sich über Bernoulli entlang der Stromlinien von [0] nach [1] und [2] nach [3]:

$$p_0 + \varrho \frac{u_0^2}{2} = p_1 + \varrho \frac{u_1^2}{2} \qquad \Rightarrow \qquad p_1 - p_0 = -\varrho \frac{u_1^2}{2} = -\frac{\varrho}{2} \left(\frac{\dot{V}}{A_1} \right)^2$$

$$p_2 + \varrho \frac{u_2^2}{2} = p_3 + \varrho \frac{u_3^2}{2} \qquad \Rightarrow \qquad p_2 - p_3 = \frac{\varrho}{2} \left(u_3^2 - u_2^2 \right)$$

Die Kontinuiätsgleichung liefert:

$$u_1 A_1 = u_2 A_2 \quad \Rightarrow \quad u_1 = u_2 \qquad \Rightarrow \qquad p_2 - p_3 = \frac{\varrho}{2} \left(u_3^2 - u_1^2 \right)$$

$$\Rightarrow \qquad p_2 - p_3 = \frac{\varrho}{2} \left[\left(\frac{\dot{V}}{A_3} \right)^2 - \left(\frac{\dot{V}}{A_1} \right)^2 \right]$$

b) Mit den Ergebnissen aus a) berechnet sich der Drucksprung $\Delta p = p_2 - p_1$ zu:

$$\Delta p = p_2 - p_1 = \frac{\varrho}{2} \left[\left(\frac{\dot{V}}{A_3} \right)^2 - \left(\frac{\dot{V}}{A_1} \right)^2 \right] + \underbrace{p_3}_{=p_0} + \frac{\varrho}{2} \left(\frac{\dot{V}}{A_1} \right)^2 - p_0$$

$$\Rightarrow \qquad \Delta p = \frac{\varrho}{2} \left(\frac{\dot{V}}{A_3} \right)^2$$

c) Die Kraft in x-Richtung ergibt sich aus dem Impulssatz für stationäre Strömung, ohne Volumenkräfte, mit konstanten Strömungsverhältnissen auf Ein- und Austrittsflächen zu:

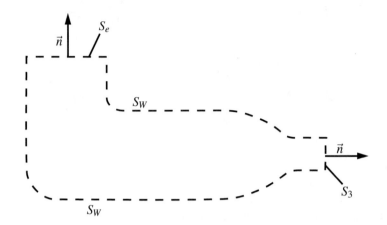

$$\varrho \iint_{S_e} \underbrace{(\vec{e}_x \cdot \vec{u})}_{=0}(\vec{u} \cdot \vec{n})\, \mathrm{d}S + \varrho \iint_{S_3} (\vec{e}_x \cdot \vec{u})(\vec{u} \cdot \vec{n})\, \mathrm{d}S = -\iint_{S_e} p \underbrace{(\vec{e}_x \cdot \vec{n})}_{=0}\, \mathrm{d}S$$

$$-\iint_{S_3} p\,(\vec{e}_x \cdot \vec{n})\, \mathrm{d}S + \iint_{S_W} \vec{t}\, \mathrm{d}S$$

$$\varrho u_3^2 A_3 = -p_3 A_3 + F_{x,\mathrm{F}_z \to \mathrm{Fl}} \qquad\qquad \Rightarrow \qquad F_{x,\mathrm{Fl} \to \mathrm{F}_z} = -\varrho u_3^2 A_3 = -\varrho \frac{\dot{V}^2}{A_3}$$

d) Gleichsetzen der gegebenen Funktion der Druckdifferenz mit dem Ergebnis aus b):

$$\Delta p = a - b\dot{V}^2 = \frac{\varrho}{2}\left(\frac{\dot{V}}{A_3}\right)^2 \qquad\qquad \Rightarrow \qquad \dot{V} = \sqrt{\frac{a}{\frac{\varrho}{2A_3^2} + b}}$$

d) Um die optimale Düsenfläche A_3 zu berechnen ist ein Extremwertproblem zu lösen:

$$F_{x,\mathrm{F}_z \to \mathrm{Fl}} = \frac{-\varrho a}{A_3\left(\frac{\varrho}{2A_3^2} + b\right)} \qquad\qquad \Rightarrow \qquad \frac{\mathrm{d}F_{x,\mathrm{F}_z \to \mathrm{Fl}}}{\mathrm{d}A_3} \overset{!}{=} 0$$

$$\frac{\mathrm{d}F_{x,\mathrm{F}_z \to \mathrm{Fl}}}{\mathrm{d}A_3} = -\varrho a \frac{\mathrm{d}}{\mathrm{d}A_3}\left(\frac{\varrho}{2A_3} + bA_3\right)^{-1}$$

$$= -\varrho a \left(-\frac{\varrho}{2A_3^2} + b\right)\left(\frac{\varrho}{2A_3} + bA_3\right)^{-2}$$

$$0 \overset{!}{=} \varrho a \left(b - \frac{\varrho}{2A_3^2}\right) \qquad\qquad \Rightarrow \qquad A_3 = \pm\sqrt{\frac{\varrho}{2b}}$$

$$\Rightarrow \qquad A_3 = \sqrt{\frac{\varrho}{2b}} \quad \text{da } A_3 > 0$$

Lösung 8.14

a) Im Rohr in Strömungsrichtung misst sich der Gesammtdruck p_g bestehend aus dem dynamischen Druck und dem statischen Druck. Im Rohr senkrecht zur Strömungsrichtung dagegen misst man nur den statische Druck. Δp_{I} ist also ein Maß für den dynamischen Druckanteil der Strömung. Δp_{II} gibt den Unterschied zweier statischen Drücke an.

$$\Delta p_{\mathrm{I}} = p_g - p_1 \qquad\qquad\qquad p_g\text{ist der Gesamtdruck}$$

$$\Delta p_{\mathrm{I}} = p_1 + \frac{\varrho}{2}u_1^2 - p_1 \qquad\qquad \Rightarrow \quad \Delta p_{\mathrm{I}} = \frac{\varrho}{2}u_1^2$$

$$\Rightarrow \quad \Delta p_{\mathrm{II}} = p_1 - p_2$$

b) Zunächst wird die Widerstandskraft F_w mit dem Impulssatz berechnet:

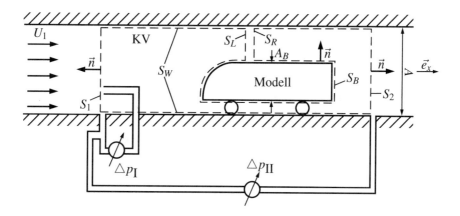

$$\iint_S \varrho\vec{u}(\vec{u}\cdot\vec{n})\,\mathrm{d}S = \iint_S \vec{t}\,\mathrm{d}S$$

$$S = S_1 + S_W + S_2 + S_R + S_B + S_L$$

Linke Seite:
Die Integrale über die Flächen $S_R + S_L$ und $S_1 + S_2$ heben sich gegenseitig auf. Das Integrale S_W und S_B sind Null, da die Geschwindigkeit normal zur U-bahnwand gleich Null ist, $\vec{u}\cdot\vec{n}$.

$$\iint_S \varrho\vec{u}(\vec{u}\cdot\vec{n})\,\mathrm{d}S = 0$$

Rechte Seite: ohne Wandreibung und in $\vec{e}_x$-Richtung

$$\iint_S \vec{t} \cdot \vec{e}_x \, dS = \iint_{S_1} \underbrace{-p_1 \vec{n} \cdot \vec{e}_x}_{=-1} \, dS + \iint_{S_W} \underbrace{-p \vec{n} \cdot \vec{e}_x}_{=0} \, dS + \iint_{S_2} \underbrace{-p_2 \vec{n} \cdot \vec{e}_x}_{=1} \, dS$$

$$+ \underbrace{\iint_{S_R + S_L} -p \vec{n} \cdot \vec{e}_x \, dS}_{=0} + \underbrace{\iint_{S_B} \vec{t} \cdot \vec{e}_x \, dS}_{=\vec{F}_{S_b \to FL} = -F_W}$$

$$0 = (p_1 - p_2)A - F_W \qquad\qquad \Rightarrow \quad F_W = (p_1 - p_2)A$$

$$c_W = \frac{F_W}{\frac{\varrho}{2} u_1^2 A_B} \qquad\qquad\qquad \Rightarrow \quad c_W = \frac{\Delta p_{II} A}{\Delta p_I A_B}$$

Lösung 8.15

a) Die r-Komponente der Navier-Stokesschen Gleichungen vereinfacht sich zu:

$$\left[\underbrace{\frac{\partial u_r}{\partial t}}_{=0} + \underbrace{u_r \frac{\partial u_r}{\partial r}}_{=0} + \underbrace{u_z \frac{\partial u_r}{\partial z}}_{=0} + \frac{1}{r} \left(\underbrace{u_\varphi \frac{\partial u_r}{\partial \varphi} - u_\varphi^2}_{=0} \right) \right] = \underbrace{k_r}_{=0} - \frac{1}{\varrho} \frac{\partial p}{\partial r}$$

$$+ v \left[\underbrace{\Delta \, u_r}_{=0} + 2 \underbrace{\frac{\partial u_\varphi}{\partial \varphi}}_{u_\varphi \neq f(\varphi)} \right]$$

$$\Rightarrow \quad -\frac{\varrho}{r} u_\varphi^2 = -\frac{\partial p}{\partial r}$$

b) Das Druckfeld im Starrkörperwirbel lässt sich durch Integration des Ergebnisses aus a) berechnen.

$$\frac{\partial p_1}{\partial r} = \frac{\varrho}{r} u_\varphi^2 \qquad\qquad \text{mit } u_\varphi = \frac{U_0}{r_k} r \text{ für } 0 \leq r \leq r_k$$

$$\frac{dp_1}{dr} = \frac{\varrho}{r} \left(\frac{U_0}{r_k} \right)^2 r^2 \quad \Big| \int dr$$

$$p_1(r) = \varrho \frac{U_0^2}{r_k^2} \frac{1}{2} r^2 + c_1 \qquad\qquad \text{mit } p_1(r = 0) = p_s \quad \Rightarrow \quad c_1 = p_s$$

$$\Rightarrow \quad p_1(r) = \frac{1}{2} \varrho \frac{U_0^2}{r_k^2} r^2 + p_s$$

c) Das Druckfeld im Potentialwirbel lässt sich über die r-Komponente Navier-Stokesschen Gleichungen oder Bernoulli berechnen:

$$\frac{\partial p_2}{\partial r} = \frac{\varrho}{r} u_\varphi^2 \qquad\qquad \text{mit } u_\varphi = \frac{U_0}{r} r_k \text{ für } r_k \leq r \leq r_w$$

$$\frac{d p_2}{dr} = \frac{\varrho}{r}\left(\frac{U_0}{r}\right)^2 r_K^2 \quad \Big| \int dr$$

$$p_2(r) = -\frac{\varrho}{2}U_0^2 \frac{r_k^2}{r^2} + c_2 \qquad\qquad \text{mit } p_1(r_k) = p_2(r_k)$$

$$\frac{\varrho}{2}U_0^2 + p_s = -\frac{\varrho}{2}U_0^2 + c_2 \qquad\qquad \Rightarrow \quad c_2 = \varrho U_0^2 + p_s$$

$$\Rightarrow \quad p_2(r) = \frac{\varrho}{2}U_0^2 \left[2 - \left(\frac{r_k}{r}\right)^2\right] + p_s$$

d)

$$p_1(0) = p_s$$

$$p_1(r_k) = p_2(r_k) = \frac{\varrho}{2}U_0^2 + p_s$$

$$p_2(r_w) = \frac{\varrho}{2}U_0^2 \left[2 - \left(\frac{r_k}{r_w}\right)^2\right] + p_s$$

$$p_2(r \to \infty) = \varrho U_0^2 + p_s$$

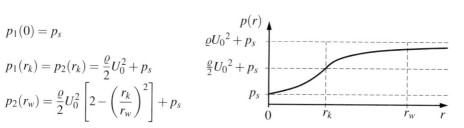

e) Die Kraft pro Tiefeneinheit auf die Rohrhalbfläche $0 \leq \varphi \leq \pi$ berechnet sich durch integration des Druckes über die Fläche.

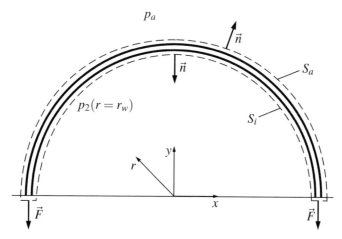

$$\vec{F} = \iint\limits_{S_a+S_i} -p\vec{n}\,\mathrm{d}S$$

$$= \iint\limits_{S_a} -p_a \underbrace{\vec{n}}_{\vec{e}_r}\,\mathrm{d}S + \iint\limits_{S_i} -p_2(r_w)\underbrace{\vec{n}}_{-\vec{e}_r}\,\mathrm{d}S$$

$$= \iint\limits_{S_a} -p_a\vec{e}_r r\,\mathrm{d}\varphi\,\mathrm{d}z + \iint\limits_{S_i} -p_2(r_w)(-\vec{e}_r)r\,\mathrm{d}\varphi\,\mathrm{d}z$$

$$\frac{\vec{F}}{z} = -\int_0^\pi p_a\vec{e}_r r_w\,\mathrm{d}\varphi - \int_0^\pi p_2(r_w)(-\vec{e}_r)r_w\,\mathrm{d}\varphi$$

$$= -p_a r_w \underbrace{\int_0^\pi \vec{e}_r\,\mathrm{d}\varphi}_{2\vec{e}_y} + p_2(r_w)\,r_w \underbrace{\int_0^\pi \vec{e}_r\,\mathrm{d}\varphi}_{2\vec{e}_y} \qquad \text{mit } \vec{e}_r = \cos\varphi\vec{e}_x + \sin\varphi\vec{e}_y$$

$$= 2r_w \left\{ \frac{\varrho}{2}U_0^2 \left[2 - \left(\frac{r_k}{r_w}\right)^2 \right] + p_s - p_a \right\}\vec{e}_y$$

Lösung 8.16

a)

$$\frac{\partial u_1}{\partial x_1} = a, \quad \frac{\partial u_2}{\partial x_2} = -a \qquad\qquad \Rightarrow \qquad \frac{\partial u_1}{\partial x_1} + \frac{\partial u_2}{\partial x_2} = 0 \text{ inkompressibel}$$

b) Es gilt zu zeigen, dass $\mathrm{rot}\,\vec{u} \neq 0$.

$$\varepsilon_{3jk}\frac{\partial u_k}{\partial x_j} = \frac{\partial u_2}{\partial x_1} - \underbrace{\frac{\partial u_1}{\partial x_2}}_{=0} = -2b \qquad\qquad \Rightarrow \qquad \text{wirbelbehaftete Strömung}$$

c) Mit der Navier-Stokes Gleichung in x_1- und x_2-Richtung:

$$u_1\frac{\partial u_1}{\partial x_1} + u_2\frac{\partial u_1}{\partial x_2} = -\frac{1}{\varrho}\frac{\partial p}{\partial x_1} + \nu\left(\underbrace{\frac{\partial^2 u_1}{\partial x_1^2}}_{=0} + \underbrace{\frac{\partial^2 u_1}{\partial x_2^2}}_{=0} \right)$$

$$(ax_1 + 2bx_2)a - ax_2 2b = -\frac{1}{\varrho}\frac{\partial p}{\partial x_1}$$

$$\frac{\partial p}{\partial x_1} = -a^2\varrho x_1 \qquad\qquad \Rightarrow \qquad p(x_1,x_2) = -a^2\frac{\varrho}{2}x_1^2 + f(x_2) \qquad (\text{L.17})$$

$$u_1 \underbrace{\frac{\partial u_2}{\partial x_1}}_{=0} + u_2 \underbrace{\frac{\partial u_2}{\partial x_2}}_{-a} = -\frac{1}{\varrho}\frac{\partial p}{\partial x_2} + v\left(\underbrace{\frac{\partial^2 u_2}{\partial x_1^2}}_{=0} + \underbrace{\frac{\partial^2 u_2}{\partial x_2^2}}_{=0}\right)$$

$$\frac{\partial p}{\partial x_2} = a^2\varrho x_2 \text{ zusammen mit (L.17)} \qquad \Rightarrow \qquad \frac{\partial p}{\partial x_2} = f'(x_2)$$

$$f'(x_2) = a^2\varrho x_2 \qquad\qquad\qquad \Rightarrow \qquad f(x_2) = a^2\frac{\varrho}{2}x_2^2 + C$$

$$p(x_1, x_2) = a^2\frac{\varrho}{2}\left(x_2^2 - x_1^2\right) + C \qquad \text{mit } p(0,0) = p_g \quad \Rightarrow \quad C = p_g$$

$$\Rightarrow \quad p(x_1, x_2) = p_g - a^2\frac{\varrho}{2}(x_1^2 - x_2^2)$$

d)

$$t_i = n_j\tau_{ji} \qquad\qquad\qquad\qquad n_1 = 0, \quad n_2 = 1$$

$$t_1 = \underbrace{n_1}_{=0}\tau_{11} + \underbrace{n_2}_{=1}\tau_{21} \qquad\qquad \Rightarrow \qquad t_1^{(\vec{n})} = \tau_{21}$$

$$\tau_{21} = 2\eta e_{21} = v\left[\underbrace{\frac{\partial u_1}{\partial x_2}}_{=2b} + \underbrace{\frac{\partial u_2}{\partial x_1}}_{=0}\right] \qquad \Rightarrow \qquad t_1^{(\vec{n})}(0,0) = 2\eta b$$

$$t_2 = \underbrace{n_1}_{=0}\tau_{12} + \underbrace{n_2}_{=1}\tau_{22} \qquad\qquad \Rightarrow \qquad t_2^{(\vec{n})} = \tau_{22}$$

$$\tau_{22} = -p\delta_{22} + 2\eta e_{22} = -p + 2\eta\underbrace{\frac{\partial u_2}{\partial x_2}}_{=-a}$$

$$\tau_{22}(0,0) = -p(0,0) - 2\eta a \qquad\qquad \Rightarrow \qquad t_2^{(\vec{n})}(0,0) = -p_g - 2\eta a$$

Lösung 8.17

a) Die Eintrittsgeschwindigkeit $\vec{c}_1 = c_{r1}\vec{e}_r$ besteht nur aus einer Radialkomponente, die über den gegebenen Volumenstrom zu errechnen ist.

$$\dot{V} = -\iint_{S_1}\vec{c}_1 \cdot \underbrace{\vec{n}}_{\vec{e}_r}\, dS = -\iint_{S_1}c_{r1}\, dS = -2\pi R_1 H c_{r1} \qquad \Rightarrow \qquad c_{r1} = -\frac{\dot{V}}{2\pi R_1 H}$$

$$\Rightarrow \qquad \vec{c}_1 = -\frac{\dot{V}}{2\pi R_1 H}\vec{e}_r$$

Die Austrittsgeschwindigkeit $\vec{c}_2$ besteht aus beiden Komponenten, wobei sich hier bei gleichbleibendem Volumenstrom die Durchflussfläche mit dem Radius verringert. Die Umfangskomponente hat keinen Anteil am Volumenstrom!

$$|c_{r2}| = |c_{r1}|\frac{R_1}{R_2} = \frac{\dot{V}}{2\pi R_2 H} \qquad \Rightarrow \quad c_{r2} = -\frac{\dot{V}}{2\pi R_2 H}$$

$$\tan\alpha_2 = \frac{|c_{\varphi 2}|}{|c_{r2}|} \qquad\qquad \Rightarrow \quad c_{\varphi 2} = c_{r2}\tan\alpha_2 = \frac{\dot{V}}{2\pi R_2 H}\tan\alpha_2$$

$$\Rightarrow \quad \vec{c}_2 = -\frac{\dot{V}}{2\pi R_2 H}\left[\vec{e}_r - \tan\alpha_2\,\vec{e}_\varphi\right]$$

b) Druck p_2 mit Bernoulli zwischen den Stellen [1] und [2]:

$$p_1 + \frac{\varrho}{2}|\vec{c}_1|^2 = p_2 + \frac{\varrho}{2}|\vec{c}_2|^2 \qquad \Rightarrow \quad p_2 = p_1 + \frac{\varrho}{2}\left(|\vec{c}_1|^2\right) - |\vec{c}_2|^2\right)$$

$$|\vec{c}_2| = \frac{c_{r2}}{\cos\alpha_2} = \frac{\dot{V}}{2\pi R_2 H}\frac{1}{\cos\alpha_2}; \qquad |\vec{c}_1| = \frac{\dot{V}}{2\pi R_1 H} = \frac{\dot{V}}{2\pi R_2 H}\frac{R_2}{R_1}$$

$$\Rightarrow \quad p_2 = p_1 + \frac{\varrho}{2}\left(\frac{\dot{V}}{2\pi R_2 H}\right)^2\left[\left(\frac{R_2}{R_1}\right)^2 - \frac{1}{\cos^2\alpha_2}\right]$$

c)

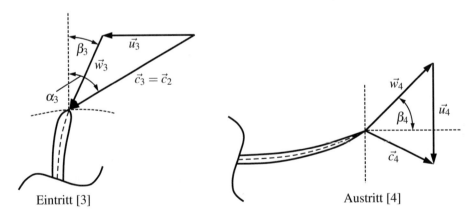

Eintritt [3]   Austritt [4]

d) Aus dem gleichbleibenden Volumenstrom von [2] nach [3] errechnet sich die Radialkomponente c_{r3} und analog die Umfangskomponente $c_{\varphi 3}$. Über die Winkelbeziehung mit $\tan\alpha_3$ lässt ich leicht umformen und vergleichen.

$$c_{r3} = -\frac{\dot{V}}{2\pi R_3 H} \qquad \text{mit} \quad R_3 c_{\varphi 3} = R_2 c_{\varphi 2}$$

$$\Rightarrow \quad c_{\varphi 3} = \frac{\dot{V}}{2\pi R_3 H} \tan \alpha_2$$

$$\tan \alpha_3 = \frac{c_{\varphi 3}}{c_{r3}} \qquad \Rightarrow \quad c_{\varphi 3} = \frac{\dot{V}}{2\pi R_3 H} \tan \alpha_3$$

$$\Rightarrow \quad \alpha_3 = \alpha_2$$

$$\vec{c}_3 = c_{r3}\,\vec{e}_r + c_{\varphi 3}\,\vec{e}_\varphi \qquad \Rightarrow \quad \vec{c}_3 = -\frac{\dot{V}}{2\pi R_3 H}\left[\vec{e}_r - \tan \alpha_3\,\vec{e}_\varphi\right]$$

e) Aus der Beziehung $\vec{c} = \vec{w} + \vec{u}$ errechnet man zunächst $w_{\varphi 3}$. Der Volumenstrom durch die Turbine ist konstant daher gilt: $w_{r3} = c_{r3}$.

$$w_{\varphi 3} = c_{\varphi 3} - u_3 \qquad \Rightarrow \quad w_{\varphi 3} = \frac{\dot{V}}{2\pi R_3 H}\tan \alpha_3 - R_3 \Omega$$

$$\vec{w}_3 = w_{r3}\,\vec{e}_r + w_{\varphi 3}\,\vec{e}_\varphi \qquad \Rightarrow \quad \vec{w}_3 = -\frac{\dot{V}}{2\pi R_3 H}\,\vec{e}_r + \left[\frac{\dot{V}}{2\pi R_3 H}\tan \alpha_3 - R_3 \Omega\right]\vec{e}_\varphi$$

$$\tan \beta_3 = \frac{|w_{\varphi 3}|}{|w_{r3}|} \qquad \Rightarrow \quad \tan \beta_3 = \left|\tan \alpha_3 - \frac{2\pi R_3^2 H \Omega}{\dot{V}}\right|$$

f) Die abnehmbare Leistung der Turbine hängt von der Umfangskomponente $u_{\varphi 4}$ und damit vom Umlenkwinkel β_4 des Laufrades ab. Die Eulersche Turbinengleichung für das Laufrad lautet:

$$M = \dot{m}\left(R_m c_{\varphi 4} - R_3 c_{\varphi 3}\right) \qquad \text{mit} \quad P_T = -\Omega M \quad \Rightarrow \quad M = -\frac{P_T}{\Omega}$$

$$\Rightarrow \quad c_{\varphi 4} = -\frac{P_T}{\Omega \varrho \dot{V} R_m} + \frac{R_3}{R_m} c_{\varphi 3} \qquad \text{mit} \quad c_{\Omega 4} = \frac{\dot{V}}{2\pi R_m h} = w_{\Omega 4}$$

und $\quad \tan \beta_4 = \dfrac{w_{\varphi 4}}{w_{\Omega 4}} = \dfrac{c_{\varphi 4} - u_4}{c_{\Omega 4}} \qquad$ sowie $\quad c_{\varphi 4} - u_4 = -\dfrac{P_T}{\Omega \varrho \dot{V} R_m} + \dfrac{R_3}{R_m} c_{\varphi 3} - \Omega R_m$

folgt

$$\tan \beta_4 = -\frac{2\pi h}{\dot{V}}\left(\Omega R_m^2 + \frac{P_T}{\Omega \varrho \dot{V}}\right) + \frac{2\pi h}{\dot{V}} R_3 c_{\varphi 3}$$

$$\text{mit} \quad R_3 c_{\varphi 3} = \frac{\dot{V}}{2\pi H}\tan \alpha_2 \qquad \Rightarrow \quad \tan \beta_4 = -\frac{2\pi h}{\dot{V}}\left(R_m^2 \Omega + \frac{P_T}{\varrho \Omega \dot{V}}\right) + \frac{h}{H}\tan \alpha_2$$

Lösung 8.18

a) Der Druckunterschied zwischen [0] und [5] entspricht einzig der statischen Druckdifferenz durch den Höhenunterschied: $\Delta p = \varrho g H$

Hydraulische Leistung: $P = \Delta p \dot{V}$ $\Rightarrow$ $\dot{V} = \dfrac{P}{\varrho g H}$

b) Mit der Kontinuitätsgleichung und der Winkelbeziehung der absoluten Geschwindigkeiten an der Stelle [2] berechnet sich:

$$\dot{V} = \iint_S \vec{c} \cdot \vec{n}\, dS = 2\pi r_2 h c_{r2} \qquad \Rightarrow \qquad c_{r2} = \frac{\dot{V}}{2\pi r_2 h} = \frac{P}{\varrho g H 2\pi r_2 h}$$

$$\tan\alpha_2 = \frac{|c_{u2}|}{|c_{r2}|} \qquad\qquad\qquad \Rightarrow \qquad c_{u2} = \tan\alpha_2 c_{r2}$$

c) Die Winkelgeschwindigkeit steht in Beziehung mit der Turbinenleistung und so auch mit dem resultierenden Moment, welches aus der Eulerschen Turbinengleichung berechnet werden kann. Die Drallerhaltung zwischen [2] und [3] liefert dann noch die notwendige Beziehung zwischen c_{u3} und der schon bekannten Geschwindigkeit c_{u2}.

Laufrad:

$$M = \varrho \dot{V} \big(r_4 c_{u4} - r_3 c_{u3} \big) = -\varrho \dot{V} r_3 c_{u3}$$
$$\underbrace{\phantom{r_4 c_{u4}}}_{=0}$$

Schaufelfreier Raum:

$$M = \varrho \dot{V} \big(r_3 c_{u3} - r_2 c_{u2} \big) \stackrel{!}{=} 0 \qquad \Rightarrow \qquad r_3 c_{u3} = r_2 c_{u2}$$

$$P = \vec{M} \cdot \vec{\Omega} \quad \text{mit } P = -P_T < 0$$

$$\Omega = \frac{P}{M} = \frac{-P_T}{-\varrho \dot{V} r_3 c_{u3}} = \frac{-P_T}{-\varrho \dot{V} r_2 c_{u2}} \qquad \Rightarrow \qquad \Omega = \frac{2\pi h P_T}{\varrho \dot{V}^2 \tan\alpha_2}$$

d) Der Schaufelwinkel β_3 am Eintritt des Laufrades:

$$\tan \beta_3 = \frac{|w_{u3}|}{|w_{r3}|} = \left|\frac{c_{u3} - \Omega r_3}{c_{r3}}\right| \qquad \text{mit } c_{r3} = \frac{\dot{V}}{2\pi r_3 h}$$

$$c_{u3} = \frac{r_2}{r_3}c_{u2} = \frac{r_2}{r_3}\tan \alpha_2\, c_{r2} \qquad \Rightarrow \quad c_{u3} = \frac{r_2}{r_3}\tan \alpha_2 \frac{\dot{V}}{2\pi r_2 h}$$

$$\left|\frac{c_{u3} - \Omega r_3}{c_{r3}}\right| = \left|\frac{\frac{\dot{V}\tan\alpha_2}{2\pi r_3 h} - \frac{2\pi h P_T\, r_3}{\varrho \dot{V}^2 \tan\alpha_2}}{\frac{\dot{V}}{2\pi r_3 h}}\right| \qquad \Rightarrow \quad \tan\beta_3 = \left|\tan\alpha_2 - \frac{4\pi^2 h^2 r_3^2 P_T}{\varrho \dot{V}^3 \tan\alpha_2}\right|$$

e)

$$|\vec{u_4}| > |\vec{u_3}|$$

Lösung 8.19

a) Zur Berechnung der Geschwindigkeitskomponente c_e wird die Bernoulligleichung für ein rotierendes Bezugssystem entlang der Stromlinie von der Eintritts- zur Austrittsfläche verwendet. Dabei gilt auf der Eintrittsfäche $\Omega^2 r^2 \approx 0$. Zusätzlich liefert die Kontinuitätsgleichung eine Beziehung zwischen der Ein- und Austrittsgeschwindigkeit.

$$p_e + \frac{\varrho}{2}w_e^2 = \underbrace{p_a}_{=0} + \frac{\varrho}{2}w_a^2 - \frac{\varrho}{2}\Omega^2 R^2$$

$$w_e A_e = 2 w_a A_a \qquad \Rightarrow \quad w_a = w_e \frac{A_e}{2A_a} = 2 w_e$$

$$p_e + \frac{\varrho}{2}\Omega^2 R^2 = 3\frac{\varrho}{2}w_e^2 \qquad \text{mit } w_e = c_e \text{ da } \vec{\Omega} \times \vec{x} = 0 \text{ auf } A_e$$

$$\Rightarrow \quad c_e = \sqrt{\frac{1}{3}\left(\frac{2}{\varrho}p_e + \Omega^2 R^2\right)}$$

b) Der Vektor der Absolutgeschwindigkeit $\vec{c}_a$ besteht aus eine Relativgeschwindigkeit $\vec{w}_a$ normal zum Austritt und der Umfangskomponente $\vec{\Omega} \times \vec{x}$:

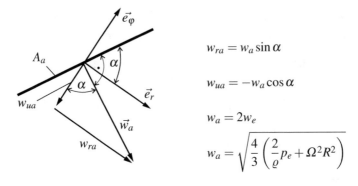

$$w_{ra} = w_a \sin \alpha$$

$$w_{ua} = -w_a \cos \alpha$$

$$w_a = 2 w_e$$

$$w_a = \sqrt{\frac{4}{3}\left(\frac{2}{\varrho}p_e + \Omega^2 R^2\right)}$$

$$\vec{c}_a = \vec{w}_a + \vec{\Omega} \times \vec{x} \qquad\qquad \Rightarrow \qquad \vec{c}_a = w_{ra}\vec{e}_r + w_{ua}\vec{e}_\varphi + \Omega R \vec{e}_\varphi$$

$$\text{mit } w_a = \sqrt{\frac{4}{3}\left(\frac{2}{\varrho}p_e + \Omega^2 R^2\right)} \qquad \Rightarrow \qquad \vec{c}_a = w_a \sin\varphi\,\vec{e}_r + (\Omega R - w_a \cos\alpha)\vec{e}_\varphi$$

c) Mit der Eulerschen Turbinengleichung erhält man das resultierende Moment auf die Flüssigkeit, das dem Moment auf das Rohr entgegengesetzt ist:

$$M = -\dot{m}(r_a c_{ua} - \underbrace{r_e c_{ue}}_{=0 \text{ drallfrei}}) \qquad\qquad \text{mit } \dot{m} = 2\varrho w_a A_a \text{ und } r_a = R$$

$$c_{ua} = \vec{c}_a \cdot \vec{e}_\varphi = \Omega R - w_a \cos\alpha \qquad \Rightarrow \qquad M = -2\varrho w_a A_a R(\Omega R - w_a \cos\alpha)$$

$$\Rightarrow \qquad M = \frac{4}{3}A_e R\left(p_e + \frac{\varrho}{2}\Omega^2 R^2\right)\left(\cos\alpha - \frac{\Omega R}{\sqrt{\frac{4}{3}\left(\frac{2}{\varrho}p_e + \Omega^2 R^2\right)}}\right)$$

d) Die Kraft lässt sich über den Impulssatz in $\vec{e}_\Omega$ - Richtung berechnen, wobei $S = A_e + A_w + 2A_a$ das Kontrollvolumen im mitbewegtem System bezeichnet:

$$\iint_S \varrho(\vec{e}_\Omega \cdot \vec{c})(\vec{w} \cdot \vec{n})\,\mathrm{d}S = \iint_S \vec{e}_\Omega \cdot \vec{t}\,\mathrm{d}S$$

Linke Seite mit $\vec{w} \cdot \vec{n} = 0$ auf A_w und $\vec{e}_\Omega \cdot \vec{c} = 0$ auf A_a

$$\iint_S (\vec{e}_\Omega \cdot \vec{c})(\vec{w} \cdot \vec{n})\,\mathrm{d}S = -c_e \varrho w_e A_e = -\varrho c_e^2 A_e$$

Rechte Seite mit $p_0 = 0$ auf A_a und $\vec{t} =$
$-p\vec{n} = p_e\vec{e}_\Omega$ auf A_e

$$\iint_S \vec{e}_\Omega \cdot \vec{t}\,\mathrm{d}S = p_e A_e + \underbrace{\iint_{A_w} \vec{e}_\Omega \cdot \vec{t}\,\mathrm{d}S}_{=F_{\to\mathrm{Fl}}=-F_{\to\mathrm{Rohr}}}$$

$$F_{\to\mathrm{Rohr}} = (p_e + \varrho c_e^2)A_e \qquad \text{mit } c_e^2 = \frac{1}{3}\left(\frac{2}{\varrho}p_e + \Omega^2 R^2\right)$$

$$\Rightarrow \quad F_{\to\mathrm{Rohr}} = \frac{1}{3}\left(5p_e + \varrho\Omega^2 R^2\right)A_e$$

Lösung 8.20

a) Der Zusammenhang entspricht der Kontinuitätsgleichung zu den Zeitpunkten t

$$\dot{x}(t)A_K = u(t)A_S$$

b) Instationäre Bernoullische Gleichung längs der Stromlinie von ① nach ②:

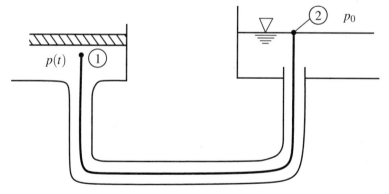

$$\varrho\int_1^2 \frac{\partial u}{\partial t}\,\mathrm{d}S + p_2 + \frac{\varrho}{2}u_2^2 = p_1 + \frac{\varrho}{2}u_1^2 \qquad \text{mit } p_2 = p_0;\ u_2 = 0;\ p_1 = p(t),\ u_1 = 0$$

Die Flüssigkeit erfährt nur längs des Schlauches eine Beschleunigung:

$$\int_1^2 \frac{\partial u}{\partial t}\,\mathrm{d}S = \int_0^l \frac{\partial u}{\partial t}\,\mathrm{d}S = l\frac{\mathrm{d}u}{\mathrm{d}t} \qquad \Rightarrow \quad p(t) = \varrho l\frac{\mathrm{d}u}{\mathrm{d}t} + p_0$$

c)

$$m\ddot{x}(t) = F + p_0 A_K - p(t)A_K - cx(t)$$

d)

$$m\ddot{x}(t) = F + p_0 A_K - p_0 A_K - \varrho l \frac{du}{dt} A_K - cx(t)$$

aus a): $\dfrac{du}{dt}A_K = \ddot{x}(t)\dfrac{A_K^2}{A_S}$ $\qquad \Rightarrow \qquad \left(m + \varrho l \dfrac{A_K^2}{A_S}\right)\ddot{x}(t) + cx = F$

mit $G = \dfrac{c}{m + \varrho l \frac{A_K^2}{A_S}}$; $\quad H = \dfrac{F}{m + \varrho l \frac{A_K^2}{A_S}}$ $\qquad \Rightarrow \qquad \ddot{x} + Gx = H$

Es handelt sich um eine inhomogene DGL 2. Ordnung, deren Lösung sich aus einem homogenen und einem inhomogenen Teil $x = x_{\mathrm{h}} + x_{\mathrm{inh}}$ zusammen setzt.

$x_{\mathrm{h}}(t) = A \sin \omega t + B \cos \omega t$ $\qquad$ mit $\omega = \sqrt{G}$

$x_{\mathrm{inh}} = \dfrac{H}{G} = \dfrac{F}{c}$ $\qquad \Rightarrow \qquad x(t) = A \sin \omega t + B \cos \omega t + \dfrac{F}{c}$

Die Anfangsbedingung zur Bestimmung von A und B lauten:

$x(0) = 0 = B + \dfrac{F}{c}$ $\qquad \Rightarrow \qquad B = -\dfrac{F}{c}$

$\dot{x}(0) = 0 = A\omega$ $\qquad \Rightarrow \qquad A = 0$

$\Rightarrow \quad x(t) = \dfrac{F}{c}(1 - \cos \omega t)$ $\qquad$ mit $\quad \omega = \sqrt{\dfrac{c}{m + \varrho l \frac{A_K^2}{A_S}}}$

Lösung 8.21

a)

$u = \dfrac{\dot{V}}{A_R}$ $\qquad \Rightarrow \qquad u = 6{,}0\,\dfrac{\mathrm{m}}{\mathrm{s}}$

$Re = \dfrac{ud}{\nu}$ $\qquad \Rightarrow \qquad Re = 4{,}8 \times 10^5$

$\lambda = \lambda\left(Re, \dfrac{k}{d}\right)$ $\qquad \Rightarrow \qquad \lambda = 0{,}02$

$\zeta_R = \lambda\dfrac{L}{d}$ $\qquad \Rightarrow \qquad \zeta_R = 2{,}5$

b) Wir legen eine Stromlinie von der Oberfläche A_S des Beckens zum Punkt ① durch das Rohr über die Stelle ② zum Ausgangspunkt an der Oberfläche zurück. Die Bernoullische Gleichung längs dieser Stromlinie reduziert sich dann auf die Druckerhöhung der Pumpe, welche die Verluste der Rohre, Krümmer, des Filters und der Austrittsverluste kompensiert:

$$\Delta p_P = \frac{\varrho}{2} u^2 \underbrace{[\zeta_R + 2\zeta_k + \zeta_F + 1]}_{=4} \qquad \Rightarrow \quad \Delta p_P = 0,72\,\text{bar}$$

c) Es wird wieder ein geschlossener Stromfaden genommen, so dass nur die Verluste angepasst werden müssen. Statt der Austrittsverluste sind jetzt Einschnürungs- und Diffusorverluste zu berücksichtigen:

$$\Delta p_P = \frac{\varrho}{2} u^2 \underbrace{\left[\zeta_R + 2\zeta_k + \zeta_F + \left(\frac{1-\alpha}{\alpha} \right)^2 + (1 - \eta_D) \left(1 - \underbrace{\frac{A_R^2}{A_S^2}}_{\ll 1} \right) \right]}_{=4}$$

$$\Rightarrow \quad \Delta p_P = 0,72\,\text{bar}$$

Da die Verluste genauso groß sind wie zuvor, stellt sich wieder die selbe Geschwindigkeit und der selbe Volumenstrom ein:

$$u = 6,0\,\frac{\text{m}}{\text{s}} \qquad\qquad \Rightarrow \quad \dot{V} = 0,03\,\frac{\text{m}^3}{\text{s}}$$

Lösung 8.22

a) Die kinematische und die Haftrandbedingungen lauten:

$$r = 0: \quad w_\varphi = 0$$

$$r = R: \quad w_\varphi = 0$$

b) Gesucht sind die Komponenten der $\varrho \vec{f}$ in radialer- $(\varrho \vec{f}) \cdot \vec{e}_r$ und in Umfangsrichtung $(\varrho \vec{f}) \cdot \vec{e}_\varphi$:

$$\vec{f} = -\vec{\Omega} \times (\vec{\Omega} \times \vec{x}) - 2\vec{\Omega} \times \vec{w}$$

$$\vec{\Omega} = \Omega\vec{e}_z; \quad \vec{x} = r\vec{e}_r + z\vec{e}_z; \quad \vec{w} = \underbrace{w_r}_{=0}\vec{e}_r + w_\varphi\vec{e}_\varphi + w_z\vec{e}_z$$

$$\vec{\Omega} \times \vec{x} = \Omega\vec{e}_z \times (r\vec{e}_r + z\vec{e}_z) = \Omega r\underbrace{\vec{e}_z \times \vec{e}_r}_{\vec{e}_\varphi} + \Omega z\underbrace{\vec{e}_z \times \vec{e}_z}_{=0}$$

$$\vec{\Omega} \times (\vec{\Omega} \times \vec{x}) = \Omega\vec{e}_z \times (\Omega r\vec{e}_\varphi) = \Omega^2 r\underbrace{\vec{e}_z \times \vec{e}_\varphi}_{-\vec{e}_r}$$

$$-2\vec{\Omega} \times \vec{w} = -2\Omega\vec{e}_z \times (w_\varphi\vec{e}_\varphi + w_z\vec{e}_z) = 2\Omega w_\varphi\vec{e}_r$$

$$\vec{f} = -\vec{\Omega} \times (\vec{\Omega} \times \vec{x}) - 2\vec{\Omega} \times \vec{w} = (\Omega^2 r + 2\Omega w_\varphi)\vec{e}_r$$

$$\varrho\vec{f} \cdot \vec{e}_r = \varrho(\Omega^2 r + 2\Omega w_\varphi)$$

$$\varrho\vec{f} \cdot \vec{e}_\varphi = 0$$

c) Durch Integration der Gleichung (2) und der in a) ermittelten Randbedingungen lässt sich $w_\varphi(r) = 0$ berechnen:

$$0 = \eta\frac{\partial}{\partial r}\left[\frac{1}{r}\frac{\partial}{\partial r}(rw_\varphi)\right] + \underbrace{\varrho\vec{f} \cdot \vec{e}_\varphi}_{=0} \ \Big| \int$$

$$c_1 = \frac{1}{r}\frac{\mathrm{d}}{\mathrm{d}r}(rw_\varphi) \ \Big| \int \qquad\qquad \Rightarrow \qquad c_r\frac{r^2}{2} + c_2 = rw_\varphi(r)$$

$$\left.\begin{array}{ll} w_\varphi(r=0) = 0 & \Rightarrow \quad c_2 = 0 \\[2mm] w_\varphi(r=R) = 0 & \Rightarrow \quad c_1 = 0 \end{array}\right\} \qquad \Rightarrow \quad w_\varphi(r) = 0$$

Die Druckverteilung $p(r)$ lässt sich aus den Gleichungen (1) und (3) ermitteln:

$$0 = -\frac{\partial p}{\partial r} + \varrho\underbrace{\frac{w_\varphi^2}{r}}_{=0} + \varrho(\Omega^2 r + 2\Omega\underbrace{w_\varphi}_{=0}) \quad \Rightarrow \quad 0 = -\frac{\partial p}{\partial r} + \varrho\Omega^2 r$$

$$\frac{\partial p}{\partial r} = \varrho\Omega^2 r \ \Big| \int$$

$$p = \frac{\varrho}{2}\Omega^2 r^2 + f(\varphi, z) \ \Big| \frac{\partial}{\partial z}$$

$$\frac{\partial p}{\partial z} = f'(z) \quad \text{Aus (3) folgt, dass } \frac{\partial p}{\partial z} \neq f(z) \quad \text{und damit: } \frac{\partial p}{\partial z} = -K$$

$$f'(z) = -K \ \Big| \int dz \qquad\qquad \Rightarrow \quad f(z) = -Kz + konst.$$

$$\Rightarrow \quad \frac{\partial p}{\partial r} = \frac{\varrho}{2}\Omega^2 r^2 - Kz + konst.$$

d) Die Einträge des Dehnungsgeschwindigkeitstensors auf den Nebendiagonalen sind symmetrisch, so z.B. $e_{r\varphi} = e_{\varphi r}$:

$$e_{\varphi z} = \frac{1}{2r}\frac{\partial w_z}{\partial \varphi} + \frac{1}{2}\frac{\partial w_\varphi}{\partial z} = 0 \qquad\qquad\qquad e_{rr} = \frac{\partial w_r}{\partial r} = 0$$

$$e_{r\varphi} = r\frac{\partial}{\partial r}\left(\frac{w_\varphi}{r}\right) + \frac{1}{r}\frac{\partial w_r}{\partial \varphi} = 0 \qquad\qquad e_{\varphi\varphi} = \frac{\partial w_\varphi}{\partial \varphi} = 0$$

$$e_{rz} = \frac{1}{2}\left(\frac{\partial w_r}{\partial z} + \frac{\partial w_z}{\partial r}\right) = \frac{1}{2}\frac{\partial w_z}{\partial r} = -\frac{Kr}{4\eta} \qquad\qquad e_{zz} = \frac{\partial w_z}{\partial z} = 0$$

$$\Phi = 2\eta e_{ij}e_{ij} = 2\eta(e_{rr}^2 + e_{\varphi\varphi}^2 + e_{zz}^2 + 2e_{r\varphi}^2 + 2e_{rz}^2 + 2e_{\varphi z}^2) = 4\eta e_{rz}^2 = \frac{K^2 r^2}{4\eta}$$

e)

$$0 = \Phi + \lambda\frac{1}{r}\frac{\partial}{\partial r}\left(r\frac{\partial T}{\partial r}\right)$$

$$-\frac{K^2 r^2}{4\eta} = \frac{\lambda}{r}\frac{d}{dr}\left(\frac{dT}{dr}\right) \ \Big| \int$$

$$c_1 - \frac{K^2}{4\eta\lambda}\frac{r^4}{4} = r\frac{dT}{dr} \ \Big| \int$$

$$c_1 \ln r + c_2 - \frac{K^2}{64\eta\lambda}r^4 = T$$

$$\left.\begin{array}{l} r = 0: \text{ beschränkt} \quad \Rightarrow c_1 = 0 \\[2mm] T(R) = T_W: \quad \Rightarrow \quad c_2 = T_W + \dfrac{K^2 R^4}{64\eta\lambda} \end{array}\right\} \quad \Rightarrow \quad T(r) = T_W + \frac{K^2 R^4}{64\eta\lambda}\left[1 - \left(\frac{r}{R}\right)^4\right]$$

Anhang A
Elemente der Tensorrechnung

A.1 Kartesisches Koordinatensystem

Wir legen das kartesische Koordinatensystem (Rechtssystem), zugrunde.

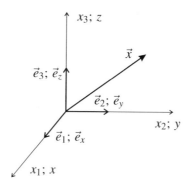

Abb. A.1: Kartesisches Koordinatensystem

$\vec{e}_1, \vec{e}_2, \vec{e}_3$ sind die orthonormierten Basisvektoren: $|\vec{e}_j| = 1$, für $j = 1, 2, 3$; $\vec{e}_1 \perp \vec{e}_2 \perp \vec{e}_3$; $\vec{x} = x_1\vec{e}_1 + x_2\vec{e}_2 + x_3\vec{e}_3$ ist der Ortsvektor. In einigen Aufgaben wird die Bezeichnung x, y, z statt x_1, x_2, x_3 verwendet. Der Ortsvektor lautet dann $\vec{x} = x\vec{e}_x + y\vec{e}_y + z\vec{e}_z$. Entsprechendes gilt für andere Vektoren. Die physikalischen Größen mit denen sich die Strömungsmechanik beschäftigt sind Tensoren verschiedener Stufen. Tensoren, so wie sie wir hier verwenden, sind der Oberbegriff für Feldgrößen abhängig von den Raumkoordinaten x_1, x_2, x_3 und der Zeit t.

- **Skalare:** Tensoren 0. Stufe, zum Beispiel der Druck $p(\vec{x}, t) = p(x_1, x_2, x_3, t)$ als Skalarfeld
- **Vektoren:** Tensoren 1. Stufe, z.B. die Geschwindigkeit $\vec{u}(\vec{x}, t) = \vec{u}(x_1, x_2, x_3, t)$ als Vektorfeld

© Springer-Verlag GmbH Deutschland, ein Teil von Springer Nature 2018
H. Marschall, *Aufgabensammlung zur technischen Strömungslehre*,
https://doi.org/10.1007/978-3-662-56379-3

$$\vec{u} = u_1\vec{e}_1 + u_2\vec{e}_2 + u_3\vec{e}_3 \quad \text{(symbolische Schreibweise)}, \tag{A.1}$$

wobei für die 3 Komponenten $u_i = u_i(\vec{x}, t)$ für $i = 1, 2, 3$ gilt.

- **Dyaden:** Tensoren 2. Stufe, z.B. den Spannungstensor

$$
\begin{aligned}
\mathbf{T} = \ & \tau_{11}\vec{e}_1\vec{e}_1 + \tau_{12}\vec{e}_1\vec{e}_2 + \tau_{13}\vec{e}_1\vec{e}_3 \\
& + \tau_{21}\vec{e}_2\vec{e}_1 + \tau_{22}\vec{e}_2\vec{e}_2 + \tau_{23}\vec{e}_2\vec{e}_3 \\
& + \tau_{31}\vec{e}_3\vec{e}_1 + \tau_{32}\vec{e}_3\vec{e}_2 + \tau_{33}\vec{e}_3\vec{e}_3
\end{aligned}
\tag{A.2}
$$

(symbolische Schreibweise), wobei die 9 Komponenten $\tau_{ij} = \tau_{ij}(\vec{x}, t)$ für $i, j = 1, 2, 3$ selbst Feldgrößen sind und die Kombinationen $\vec{e}_i\vec{e}_j$ (kein Punktprodukt!) die Basis des Tensors 2. Stufe darstellen, zwei Richtungen zu jeder Komponente!

Gelegentlich verwenden wir auch die Matrizenschreibweise:

$$\vec{u} \hat{=} \begin{pmatrix} u_1 \\ u_2 \\ u_3 \end{pmatrix} \quad \text{für Tensoren 1. Stufe}$$

$$\mathbf{T} \hat{=} \begin{pmatrix} \tau_{11} & \tau_{12} & \tau_{13} \\ \tau_{21} & \tau_{22} & \tau_{23} \\ \tau_{31} & \tau_{32} & \tau_{33} \end{pmatrix} \quad \text{für Tensoren 2. Stufe}$$

Tensoren höher als 2. Stufe mit physikalischer Bedeutung verwenden wir in dieser Aufgabensammlung nicht.

A.2 Indexschreibweise

Bei Verwendung des kartesischen Koordinatensystems sind die Basisvektoren $\vec{e}_j$ mit $j = 1, 2, 3$ raumfest und es genügt eine allgemeine Komponente des Tensors anzugeben um mit ihr stellvertretend für den ganzen Tensor zu rechnen.

- Tensor 1. Stufe (Vektoren): Statt (A.1) schreibt man in der Indexnotation einfach die allgemeine Komponente

$$u_1, \quad i = 1, 2, 3. \tag{A.3}$$

- Tensor 2. Stufe (Dyaden): Statt (A.2) schreibt man

$$\tau_{ij}, \quad i, j = 1, 2, 3. \tag{A.4}$$

Die Komponente τ_{ij} steht dann stellvertretend für den gesamten Tensor 2. Stufe. Entsprechendes gilt für Tensoren höherer Stufe.

In der Indexnotation wird von der Summationskonvention Gebrauch gemacht, die folgendes besagt: Tritt in Ausdrücken wie $b_{lk}x_l$ ein Index doppelt auf (stummer Index), so ist über ihn zu summieren:

$$b_{lk}x_l = b_{1k}x_1 + b_{2k}x_2 + b_{3k}x_3 \,. \tag{A.5}$$

Doppelt auftretende Indizes treten im Ergebnis nicht mehr in Erscheinung und dürfen daher umbenannt werden:

$$b_{lk}x_k = b_{mk}x_m = b_{nk}x_n \,. \tag{A.6}$$

Ein einzeln auftretender Index (freier Index) in einer Gleichung muss in jedem Term auf beiden Seiten derselbe sein:

$$\tau_{ij} = -p\,\delta_{ij} + 2\eta\,e_{ij}$$
$$c_i = w_i + v_i + \varepsilon_{ijk}\,w_j x_k \,. \tag{A.7}$$

Die Anzahl der freien Indizes in den Komponenten eines Tensors gibt die Stufe des Tensors an :

$$f_i = -2\varrho\varepsilon_{ijk}\,\Omega_j w_k \quad \text{Tensor 1. Stufe} \tag{A.8}$$

Ein Index darf in einem Ausdruck höchstens zweimal auftreten:

$$t_i = a_{ij}b_{ij}n_j \qquad\qquad \text{$\not\!\!\!$ falsch}$$
$$t_i = -pn_j\delta_{ij} + 2\eta\,e_{ij}n_j \qquad \text{richtig}$$

A.3 Rechenregeln

Im Folgenden übertragen wir die Rechenregeln der symbolischen Schreibweise auf die Indexnotation.

A.3.1 Das Punktprodukt

Für zwei Vektoren $\vec{a} = a_i\vec{e}_i$, $\vec{b} = b_i\vec{e}_i$ lautet das Punktprodukt in symbolischer Schreibweise $c = \vec{a}\cdot\vec{b} = |\vec{a}|\,|\vec{b}|\cos(\angle\vec{a},\vec{b})$. In Indexnotation ergibt sich nach Umbenennung der Indizes:

$$c = (a_i\vec{e}_i)\cdot(b_j\vec{e}_j) = a_ib_j(\vec{e}_i\cdot\vec{e}_j)$$

$$\vec{e}_i\cdot\vec{e}_j = \underbrace{|\vec{e}_i|}_{=1}\,\underbrace{|\vec{e}_j|}_{=1}\cos(\angle\vec{e}_i,\vec{e}_j) = \begin{cases} 1, & i = j \\ 0, & i \neq j \end{cases}$$

Mit Einführung des Kronecker-Symbols

$$\delta_{ij} = \begin{cases} 1, \, i = j \\ 0, \, i \neq j \end{cases} \qquad \delta_{ij} = \delta_{ji} \text{ symmetrisch}$$

schreibt man in Indexnotation:

$$c = \vec{a} \cdot \vec{b} = a_i b_j \delta_{ij} = a_i b_i \, . \tag{A.9}$$

Das Kronecker-Symbol tauscht einen Index des Tensors aus, in diesem Fall das j gegen das i. c ist ein Skalar, also ein Tensor 0.-Stufe, deshalb wird das Punktprodukt auch als verjüngendes Produkt bezeichnet.

Für das Punktprodukt zwischen einem Tensor 2.-Stufe $\mathbf{A} = A_{kl} \vec{e}_k \vec{e}_l$ und einem Tensor 1.-Stufe $\vec{b} = b_l \vec{e}_l$

$$\vec{c} = \mathbf{A} \cdot \vec{b} = A_{kl} b_n \vec{e}_k \underbrace{\vec{e}_l \cdot \vec{e}_n}_{= \delta_{ln}} = A_{kn} b_n \vec{e}_k$$

schreibt man in Indexnotation

$$c_k = A_{kl} b_n \delta_{ln} = A_{kn} b_n = A_{kl} b_l$$

und erhält einen Tensor 1.-Stufe. Das Punktprodukt zwischen Tensoren von höherer als 1.-Stufe ist nicht kommutativ, d.h. die Reihenfolge der Multiplikatoren spielt eine Rolle.

A.3.2 Das Vektorprodukt

Symbolisch schreibt sich das Vektorprodukt:

$$\vec{c} = \vec{a} \times \vec{b} = |\vec{a}||\vec{b}| \sin(\angle \vec{a}, \vec{b}) \vec{c}^0 \, .$$

In Indexnotation ergibt sich mit $\vec{c} = c_i \vec{e}_i$, $\vec{a} = a_i \vec{e}_i$ und $\vec{b} = b_i \vec{e}_i$:

$$\vec{c} = (a_i \vec{e}_i) \times (b_j \vec{e}_j) = a_i b_j (\vec{e}_i \times \vec{e}_j) \, .$$

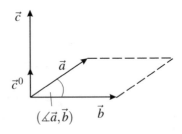

Abb. A.2: Vektorprodukt

Durch Einführen des Permutationssymbols

$$\varepsilon_{ijk} = \begin{cases} 1 \text{ wenn } ijk \text{ gerade Permutation von 123 ist} \\ -1 \text{ wenn } ijk \text{ ungerade Permutation von 123 ist} \\ 0 \text{ wenn zwei Indizes gleich sind} \end{cases}$$

lässt sich das Vektorprodukt zwischen den Basisvektoren gemäß den Regeln des Rechtssystems des kartesischen Koordinatensystems in folgender Form schreiben:

$$\vec{e}_i \times \vec{e}_j = \varepsilon_{ijk}\,\vec{e}_k$$

$$\vec{c} = a_i b_j\,\varepsilon_{ijk}\,\vec{e}_k = \underbrace{a_i b_j\,\varepsilon_{ij1}}_{=c_1}\,\vec{e}_1 + \underbrace{a_i b_j\,\varepsilon_{ij2}}_{=c_2}\,\vec{e}_2 + \underbrace{a_i b_j\,\varepsilon_{ij3}}_{=c_3}\,\vec{e}_3$$

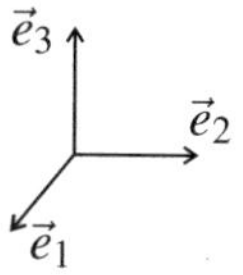

Abb. A.3: Basisvektoren

In Indexnotation kann nun die verkürzte Schreibweise durch die Komponentetenangabe verwendet werden:

$$c_k = \varepsilon_{ijk}\,a_i b_i\,.$$

Es gilt:

$$\varepsilon_{ijk} = -\varepsilon_{jik} = \varepsilon_{jki} = -\varepsilon_{kji} = \varepsilon_{kij} \qquad \Rightarrow \qquad c_k = \varepsilon_{kij}\,a_i b_i\,.$$

c_k ist ein Tensor 1.-Stufe. Als Hilfsmittel zur Ermittlung des Wertes von ε_{ijk} bietet sich die Abbildung A.4 an, indem die Richtungen 1 eine zyklische und -1 eine anti-zyklische Permutation beschreiben.

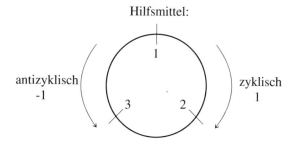

Hilfsmittel:

Abb. A.4: Permutation

A.3.3 Das Tensorprodukt

Symbolisch schreiben wir das Tensorprodukt zwischen zwei Tensoren 1.-Stufe (Dyade) ohne Punkt zwischen den Tensoren:

$$\mathbf{C} = \vec{a}\vec{b} = (a_i\vec{e}_i)\,(b_j\vec{e}_j) = \underbrace{a_i b_j}_{=C_{ij}}\,\vec{e}_i\vec{e}_j\,.$$

In Indexnotation:

$$C_{ij} = a_i b_j \quad \text{(Tensor 2. Stufe)}.$$

Das Tensorprodukt ist wegen $\vec{e}_i \vec{e}_j \neq \vec{e}_j \vec{e}_i$ nicht kommutativ. Es gilt $a_i b_j = b_j a_i$ aber $a_j b_i \neq a_i b_j$! Entsprechendes gilt für Tensoren höherer Stufe.

A.4 Der Nabla-Operator

Symbolisch:
$$\nabla = \vec{e}_1 \frac{\partial}{\partial x_1} + \vec{e}_2 \frac{\partial}{\partial x_2} + \vec{e}_3 \frac{\partial}{\partial x_3}$$

Indexnotation:
$$\nabla \hat{=} \frac{\partial}{\partial x_i}, \quad i = 1, 2, 3$$

Der Nablaoperator kann als Vektor angesehen werden, dessen Komponenten Differations-symbole enthalten. Durch Anwendung des Nablaoperators auf verschiedene Feldgrößen bildet man die Rechenoperationen Gradient (grad$\hat{=}\nabla$), Divergenz (div$\hat{=}\nabla\cdot$) und Rotation (rot$\hat{=}\nabla\times$).

Bei Anwendung auf ein:

- Skalarfeld $\phi(\vec{x}, t)$ (Tensor 0.-Stufe) wird durch die Gradientenbildung ein Tensor 1.-Stufe erzeugt:

Symbolisch:
$$\vec{c} = \nabla \phi = \frac{\partial \phi}{\partial x_1} \vec{e}_1 + \frac{\partial \phi}{\partial x_2} \vec{e}_2 + \frac{\partial \phi}{\partial x_3} \vec{e}_3$$

Indexnotation:
$$c_i = \frac{\partial \phi(x_j, t)}{\partial x_i}$$

- Vektorfeld $\vec{u}(\vec{x}, t)$ (Tensor 1.-Stufe) wird durch die Bildung der Divergenz ein Tensor 0.-Stufe erzeugt:

Symbolisch:
$$c = \nabla \cdot \vec{u}(\vec{x}, t) = \left(\vec{e}_1 \frac{\partial}{\partial x_1} + \vec{e}_2 \frac{\partial}{\partial x_2} + \vec{e}_3 \frac{\partial}{\partial x_3} \right) \cdot (u_1 \vec{e}_1 + u_2 \vec{e}_2 + u_3 \vec{e}_3)$$
$$= \frac{\partial u_1}{\partial x_1} + \frac{\partial u_2}{\partial x_2} + \frac{\partial u_3}{\partial x_3}$$

Indexnotation:
$$c = \frac{\partial u_i}{\partial x_i}$$

- Vektorfeld $\vec{u}(\vec{x}, t)$ (Tensor 1.-Stufe) wird durch die Bildung des Gradienten ein Tensor 2.-Stufe erzeugt.

Symbolisch:
$$\mathbf{C} = \nabla \vec{u} = \left(\vec{e}_1 \frac{\partial}{\partial x_1} + \vec{e}_2 \frac{\partial}{\partial x_2} + \vec{e}_3 \frac{\partial}{\partial x_3} \right) (u_1 \vec{e}_1 + u_2 \vec{e}_2 + u_3 \vec{e}_3)$$

$$= \frac{\partial u_1}{\partial x_1} \vec{e}_1 \vec{e}_1 + \frac{\partial u_2}{\partial x_1} \vec{e}_1 \vec{e}_2 + \frac{\partial u_3}{\partial x_1} \vec{e}_1 \vec{e}_3$$

$$+ \frac{\partial u_1}{\partial x_2} \vec{e}_2 \vec{e}_1 + \frac{\partial u_2}{\partial x_2} \vec{e}_2 \vec{e}_2 + \frac{\partial u_3}{\partial x_2} \vec{e}_2 \vec{e}_3$$

$$+ \frac{\partial u_1}{\partial x_3} \vec{e}_3 \vec{e}_1 + \frac{\partial u_2}{\partial x_3} \vec{e}_3 \vec{e}_2 + \frac{\partial u_3}{\partial x_3} \vec{e}_3 \vec{e}_3$$

Indexnotation:
$$c_{ji} = \frac{\partial u_i}{\partial x_j}$$

- Tensorfeld $\mathbf{T}(\vec{x}, t)$ (Tensor 2.-Stufe) wird durch die Bildung der Divergenz ein Tensor 1.-Stufe erzeugt:

Symbolisch:
$$\vec{c} = \nabla \cdot \mathbf{T} = \left(\vec{e}_1 \frac{\partial}{\partial x_1} + \vec{e}_2 \frac{\partial}{\partial x_2} + \vec{e}_3 \frac{\partial}{\partial x_3} \right) \cdot$$

$$\left(\tau_{11} \vec{e}_1 \vec{e}_1 + \tau_{12} \vec{e}_1 \vec{e}_2 + \tau_{13} \vec{e}_1 \vec{e}_3 \right.$$

$$+ \tau_{21} \vec{e}_2 \vec{e}_1 + \tau_{22} \vec{e}_2 \vec{e}_2 + \tau_{23} \vec{e}_2 \vec{e}_3$$

$$\left. + \tau_{31} \vec{e}_3 \vec{e}_1 + \tau_{32} \vec{e}_3 \vec{e}_2 + \tau_{33} \vec{e}_3 \vec{e}_3 \right)$$

$$\vec{c} = \nabla \cdot \mathbf{T} = \left\{ \frac{\partial \tau_{11}}{\partial x_1} + \frac{\partial \tau_{21}}{\partial x_2} + \frac{\partial \tau_{31}}{\partial x_3} \right\} \vec{e}_1$$

$$= \left\{ \frac{\partial \tau_{12}}{\partial x_1} + \frac{\partial \tau_{22}}{\partial x_2} + \frac{\partial \tau_{32}}{\partial x_3} \right\} \vec{e}_2$$

$$= \left\{ \frac{\partial \tau_{13}}{\partial x_1} + \frac{\partial \tau_{23}}{\partial x_2} + \frac{\partial \tau_{33}}{\partial x_3} \right\} \vec{e}_3$$

Indexnotation:
$$c_i = \frac{\partial \tau_{ji}}{\partial x_j}$$

- Vektorfeld $\vec{u}(\vec{x}, t)$ (Tensor 1.-Stufe) wird durch Bildung der Rotation ein Tensor 1.-Stufe erzeugt:

Gemischte Schreibweise $\qquad \vec{c} = \nabla \times \vec{u} = \left(\vec{e}_1 \dfrac{\partial}{\partial x_1} + \vec{e}_2 \dfrac{\partial}{\partial x_2} + \vec{e}_3 \dfrac{\partial}{\partial x_3} \right)$

$$\times (u_1 \vec{e}_1 + u_2 \vec{e}_2 + u_3 \vec{e}_3)$$

$$= \frac{\partial u_j}{\partial x_i} \, \vec{e}_i \times \vec{e}_j = \frac{\partial u_j}{\partial x_i} \, \varepsilon_{ijk} \vec{e}_k$$

Reine Indexnotation: $\qquad c_k = \varepsilon_{ijk} \dfrac{\partial u_j}{\partial x_i}$

Die Gradientenbildung erhöht die Stufe der Tensoren, die der Divergenz verringert die Stufe der Tensoren. Die Rotation eines Tensors 1.-Stufe (Vektor) lässt die Stufe unverändert. Die Wirkungsweise des Nablaoperators ist in der Tabelle A.1 noch einmal zusammengestellt.

A.5 Gaußscher Integralsatz

Für die Umwandlung von Volumenintegralen in Oberflächenintegralen und umgekehrt wird der Gaußsche Integralsatz benötigt. Ist in einem räumlich abgeschlossenem Gebiet V ein stetig differenzierbares Tensorfeld 1. Stufe (Vektorfeld) $\vec{A}(\vec{x})$ definiert und S die begrenzende Oberfläche des Gebietes, so gilt der Gaußsche Integralsatz:

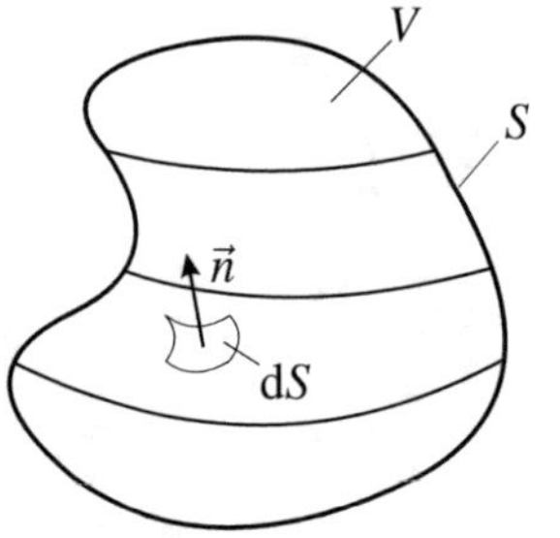

$$\iiint\limits_V \operatorname{div} \vec{A}(\vec{x}) \, \mathrm{d}V = \iint\limits_S \vec{A}(\vec{x}) \cdot \vec{n} \, \mathrm{d}S \quad \text{(symbolisch)}$$

$$\text{(A.10)}$$

$$\iiint\limits_V \frac{\partial A_i}{\partial x_i} \, \mathrm{d}V = \iint\limits_S A_i n_i \, \mathrm{d}S \quad \text{(Indexnotation)}$$

$$\text{(A.11)}$$

Abb. A.5: Gaußscher Satz

Der Gaußsche Satz lässt sich für Tensoren beliebiger Stufe formulieren. Nachfolgend ist er für Tensoren 0.-, 2.- und 3. Stufe aufgeschrieben:

$$\iiint\limits_V \operatorname{grad} p \, dV = \iint\limits_S p\,\vec{n}\, dS \quad \text{bzw.} \quad \iiint\limits_V \frac{\partial p}{\partial x_i}\, dV = \iint\limits_S p\, n_i\, dS \qquad (A.12)$$

$$\iiint\limits_V \operatorname{div} \mathbf{T}\, dV = \iint\limits_S \mathbf{T}\cdot\vec{n}\, dS \quad \text{bzw.} \quad \iiint\limits_V \frac{\partial T_{kj}}{\partial x_k}\, dV = \iint\limits_S T_{kj}\, n_k\, dS \qquad (A.13)$$

$$\iiint\limits_V \frac{\partial A_{ijk}}{\partial x_k}\, dV = \iint\limits_S A_{ijk}\, n_k\, dS. \qquad (A.14)$$

A.6 Zylinderkoordinaten

Viele Probleme der Strömungsmechanik mit krummlinigen Berandungen lassen sich besser in angepassten krummlinigen Koordinaten behandeln als in gradlinigen kartesischen. Wir machen von zylindrischen orthogonalen Koordinaten Gebrauch.

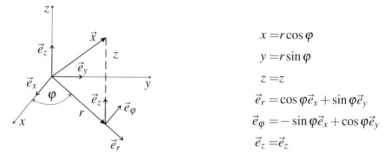

$$x = r\cos\varphi$$
$$y = r\sin\varphi$$
$$z = z$$
$$\vec{e}_r = \cos\varphi\,\vec{e}_x + \sin\varphi\,\vec{e}_y$$
$$\vec{e}_\varphi = -\sin\varphi\,\vec{e}_x + \cos\varphi\,\vec{e}_y$$
$$\vec{e}_z = \vec{e}_z$$

Abb. A.6: Zylindrisches Koordinatensystem

Im Gegensatz zu den ortsunabhängigen Basisvektoren $\vec{e}_x$, $\vec{e}_y$, $\vec{e}_z$ beim gradlinigen kartesischen Koordinatensystem ändert sich die Basis $\vec{e}_r$, $\vec{e}_\varphi$, $\vec{e}_z$ im krummlinigen Koordinatensystem von Punkt zu Punkt. Dies hat Auswirkungen auf die Darstellung der Tensoren in krummlinigen Koordinaten. Tensoren haben eine vom zugrunde gelegten Koordinatensystem unabhängige Bedeutung. Nur ihre Komponenten ändert sich von Koordinatensystem zu Koordinatensystem gemäß den Transformationsgesetzen für Tensoren (siehe z.B. Klingbeil (1989)).

Für den Geschwindigkeitsvektor $\vec{u}(r,\varphi,z)$ gilt wie bisher

$$\vec{u} = u_r\vec{e}_r + u_\varphi\vec{e}_\varphi + u_z\vec{e}_z,$$

für die Darstellung des Ortsvektors $\vec{x}$ benötigt man hingegen nur zwei Basisvektoren $\vec{x}(r,\varphi,z) = r\vec{e}_r + z\vec{e}_z$. Die Winkelabhängigkeit von φ steckt im Basisvektor $\vec{e}_r$. Das dazugehörige Linienelement $d\vec{x}$ ist

$$\mathrm{d}\vec{x} = \mathrm{d}r\,\vec{e}_r + r\,\mathrm{d}\varphi\,\vec{e}_\varphi + \mathrm{d}z\,\vec{e}_z.$$

Der Nablaoperator in Zylinderkoordinaten lautet:

$$\nabla = \vec{e}_r \frac{\partial}{\partial r} + \vec{e}_\varphi \frac{1}{r}\frac{\partial}{\partial \varphi} + \vec{e}_z \frac{\partial}{\partial z}.$$

In der Tabelle A.1 die einige Differemtialoperatoren die mit dem Nablaoperator gebildet werden aufgeführt.

Für Gebietsintegrale bezüglich einer beliebigen Feldgröße $\Phi(r, \varphi, z)$ benötigt man die Volumenelemente $\mathrm{d}V$ und die Oberflächenelemente $\mathrm{d}S$:

- Volumenelement $\mathrm{d}V$

$$\iiint_V \Phi(r, \varphi, z)\,\mathrm{d}V, \qquad \mathrm{d}V = r\,\mathrm{d}r\,\mathrm{d}\varphi\,\mathrm{d}z$$

- Oberflächenelemente $\mathrm{d}S$

$$\iint_S \Phi(r, \varphi, z)\,\mathrm{d}S_r, \qquad \mathrm{d}S_r = r\,\mathrm{d}\varphi\,\mathrm{d}z,$$

die Integration erfolgt über eine Koordinatenfläche mit $r = $ konst.

$$\iint_S \Phi(r, \varphi, z)\,\mathrm{d}S_\varphi, \qquad \mathrm{d}S_\varphi = r\,\mathrm{d}r\,\mathrm{d}z,$$

die Integration erfolgt über eine Koordinatenfläche mit $\varphi = $ konst.

$$\iint_S \Phi(r, \varphi, z)\,\mathrm{d}S_z, \qquad \mathrm{d}S_z = r\,\mathrm{d}r\,\mathrm{d}\varphi,$$

die Integration erfolgt über eine Koordinatenfläche mit $z = $ konst.

Die hier dargestellten Formeln können im Anhang B von Spurk (2004) nachgeschlagen werden. Für ein intensiveres Studium der Tensorrechnung sei das Buch von Klingbeil (1989) empfohlen.

Tabelle A.1: Differentialoperatoren

	Symbolisch	Indexnotation Kartesisch	Matrizenschreibweise Kartesisch	Zylinderkoordinaten
Nabla-Operator	∇	$\dfrac{\partial}{\partial x_i}$	$\left(\dfrac{\partial}{\partial x_1},\ \dfrac{\partial}{\partial x_2},\ \dfrac{\partial}{\partial x_3}\right)^T$	$\vec{e}_r\dfrac{\partial}{\partial r} + \vec{e}_\varphi\dfrac{1}{r}\dfrac{\partial}{\partial \varphi} + \vec{e}_z\dfrac{\partial}{\partial z}$
Gradient	$\vec{c} = \nabla\Phi$	$c_i = \dfrac{\partial \Phi}{\partial x_i}$	$\vec{c}\,\hat{=}\,\left(\dfrac{\partial \Phi}{\partial x_1},\ \dfrac{\partial \Phi}{\partial x_2},\ \dfrac{\partial \Phi}{\partial x_3}\right)^T$	$\vec{c} = \dfrac{\partial \Phi}{\partial r}\vec{e}_r + \dfrac{1}{r}\dfrac{\partial \Phi}{\partial \varphi}\vec{e}_\varphi + \dfrac{\partial \Phi}{\partial z}\vec{e}_z$ In einer Strömung mit dem Potential Φ berechnet sich die Geschwindigkeit zu: $u_r = \dfrac{\partial \Phi}{\partial r};\quad u_\varphi = \dfrac{1}{r}\dfrac{\partial \Phi}{\partial \varphi};\quad u_z = \dfrac{\partial \Phi}{\partial z}$
	$\mathbf{C} = \nabla\vec{u}$	$c_{ij} = \dfrac{\partial u_j}{\partial x_i}$	$\mathbf{C}\,\hat{=}\,\begin{bmatrix}\frac{\partial u_1}{\partial x_1} & \frac{\partial u_2}{\partial x_1} & \frac{\partial u_3}{\partial x_1}\\[4pt] \frac{\partial u_1}{\partial x_2} & \frac{\partial u_2}{\partial x_2} & \frac{\partial u_3}{\partial x_2}\\[4pt] \frac{\partial u_1}{\partial x_3} & \frac{\partial u_2}{\partial x_3} & \frac{\partial u_3}{\partial x_3}\end{bmatrix}$	
Divergenz	$c = \operatorname{div}\vec{u} = \nabla\cdot\vec{u}$	$c = \dfrac{\partial u_i}{\partial x_i}$	$c\,\hat{=}\,\dfrac{\partial u_1}{\partial x_1} + \dfrac{\partial u_2}{\partial x_2} + \dfrac{\partial u_3}{\partial x_3}$	$c = \dfrac{1}{r}\left[\dfrac{\partial(u_r r)}{\partial r} + \dfrac{\partial u_\varphi}{\partial \varphi} + \dfrac{\partial(u_z r)}{\partial z}\right]$
	$\vec{c} = \operatorname{div}\mathbf{C} = \nabla\cdot\mathbf{C}$	$c_i = \dfrac{\partial t_{ji}}{\partial x_j}$	$\vec{c}\,\hat{=}\,\begin{pmatrix}\frac{\partial \tau_{11}}{\partial x_1}+\frac{\partial \tau_{21}}{\partial x_2}+\frac{\partial \tau_{31}}{\partial x_3}\\[4pt] \frac{\partial \tau_{12}}{\partial x_1}+\frac{\partial \tau_{22}}{\partial x_2}+\frac{\partial \tau_{32}}{\partial x_3}\\[4pt] \frac{\partial \tau_{13}}{\partial x_1}+\frac{\partial \tau_{23}}{\partial x_2}+\frac{\partial \tau_{33}}{\partial x_3}\end{pmatrix}$	$\vec{c} = \left[\dfrac{1}{r}\dfrac{\partial(\tau_{rr}r)}{\partial r} + \dfrac{1}{r}\dfrac{\partial \tau_{\varphi r}}{\partial \varphi} + \dfrac{\partial \tau_{zr}}{\partial z} - \dfrac{\tau_{\varphi\varphi}}{r}\right]\vec{e}_r +$ $+ \left[\dfrac{1}{r}\dfrac{\partial(\tau_{r\varphi}r)}{\partial r} + \dfrac{1}{r}\dfrac{\partial \tau_{\varphi\varphi}}{\partial \varphi} + \dfrac{\partial \tau_{z\varphi}}{\partial z} + \dfrac{\tau_{r\varphi}}{r}\right]\vec{e}_\varphi +$ $+ \left[\dfrac{1}{r}\dfrac{\partial(\tau_{rz}r)}{\partial r} + \dfrac{1}{r}\dfrac{\partial \tau_{\varphi z}}{\partial \varphi} + \dfrac{\partial \tau_{zz}}{\partial z}\right]\vec{e}_z$
Rotation	$\vec{c} = \operatorname{rot}\vec{u} = \nabla\times\vec{u}$	$c_i = \varepsilon_{ijk}\dfrac{\partial u_k}{\partial x_j}$	$\vec{c}\,\hat{=}\,\begin{pmatrix}\frac{\partial u_3}{\partial x_2}-\frac{\partial u_2}{\partial x_3}\\[4pt] \frac{\partial u_1}{\partial x_3}-\frac{\partial u_3}{\partial x_1}\\[4pt] \frac{\partial u_2}{\partial x_1}-\frac{\partial u_1}{\partial x_2}\end{pmatrix}$	$\vec{c} = \left[\dfrac{1}{r}\dfrac{\partial u_z}{\partial \varphi} - \dfrac{\partial u_\varphi}{\partial z}\right]\vec{e}_r +$ $+ \left[\dfrac{\partial u_r}{\partial z} - \dfrac{\partial u_z}{\partial r}\right]\vec{e}_\varphi +$ $+ \dfrac{1}{r}\left[\dfrac{\partial(u_\varphi r)}{\partial r} - \dfrac{\partial u_r}{\partial \varphi}\right]\vec{e}_z$
Laplace-Operator	$c = \Delta\Phi = \nabla\cdot\nabla\Phi$	$c = \dfrac{\partial^2 \Phi}{\partial x_i\partial x_i}$	$c\,\hat{=}\,\dfrac{\partial^2 \Phi}{\partial x_1^2} + \dfrac{\partial^2 \Phi}{\partial x_2^2} + \dfrac{\partial^2 \Phi}{\partial x_3^2}$	$c = \dfrac{\partial^2 \Phi}{\partial r^2} + \dfrac{1}{r}\dfrac{\partial \Phi}{\partial r} + \dfrac{1}{r^2}\dfrac{\partial^2 \Phi}{\partial \varphi^2} + \dfrac{\partial^2 \Phi}{\partial z^2}$ $= \dfrac{1}{r}\dfrac{\partial}{\partial r}\left(r\dfrac{\partial \Phi}{\partial r}\right) + \dfrac{1}{r^2}\dfrac{\partial^2 \Phi}{\partial \varphi^2} + \dfrac{\partial^2 \Phi}{\partial z^2}$

Anhang B
Übersicht zu Materiellen- und Feldkoordinaten

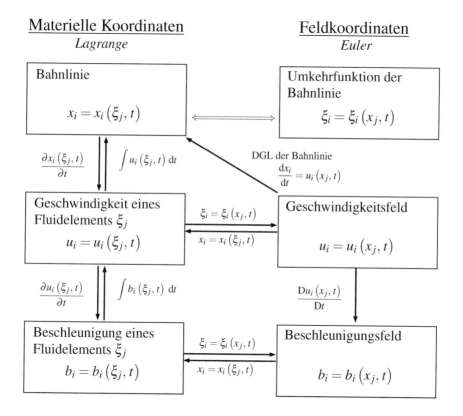

- Geschwindigkeiten und Beschleunigungen können zwischen der Lagrangen und Euler-schen Beschreibungsweise über die Umkehrrelation umgerechnet werden.
- Aus dem Geschwindigkeitsfeld in Feldkoordinaten ergibt sich die Bahnlinie in materiellen Koordinaten über die Differentialgleichung der Bahnlinie.

© Springer-Verlag GmbH Deutschland, ein Teil von Springer Nature 2018
H. Marschall, *Aufgabensammlung zur technischen Strömungslehre*,
https://doi.org/10.1007/978-3-662-56379-3

Anhang C
Formelsammlung

Kinematik

Stromlinie:

$$\frac{\mathrm{d}\vec{x}}{\mathrm{d}s} = \frac{\vec{u}(\vec{x},t)}{|\vec{u}|} \quad (t = \text{konst.}) \quad (s \text{ ist Kurvenparameter})$$

Bahnlinie:

$$\frac{\mathrm{d}\vec{x}}{\mathrm{d}t} = \vec{u}(\vec{x},t), \quad (t \text{ ist Kurvenparameter})$$

Ebene Strömung: $\dfrac{\mathrm{d}x_1}{\mathrm{d}x_2} = \dfrac{u_1}{u_2}$

Richtung des Linienelementes $\mathrm{d}\vec{x}$:

$$l_i = \frac{\mathrm{d}x_i}{\mathrm{d}s} \quad \text{mit } \mathrm{d}s = |\mathrm{d}\vec{x}|$$

Potentialströmung:

$$\operatorname{rot}\vec{u} = 0 \;\underset{\text{Wirbelstärke}}{} \Rightarrow\; \vec{u} = \nabla\Phi$$

Winkelgeschwindigkeit:

$$\vec{\omega} = \frac{1}{2}\operatorname{rot}\vec{u}; \qquad \omega_i = \frac{1}{2}\varepsilon_{ijk}\frac{\partial u_k}{\partial x_j}$$

Dehnungsgeschwindigkeitstensor E:

$$e_{ij} = \frac{1}{2}\left(\frac{\partial u_i}{\partial x_j} + \frac{\partial u_j}{\partial x_i}\right), \quad (e_{ij} = e_{ji})$$

Rotationsgeschwindigkeitstensor $\boldsymbol{\Omega}$:

$$\Omega_{ij} = \frac{1}{2}\left(\frac{\partial u_i}{\partial x_j} - \frac{\partial u_j}{\partial x_i}\right), \quad (\Omega_{ij} = -\Omega_{ji})$$

Totale Ableitung (mit $\vec{c} = \vec{u} + \vec{w}$):

$$\frac{\mathrm{d}\varphi}{\mathrm{d}t} = \frac{\partial\varphi}{\partial t} + \vec{c}\cdot\nabla\varphi$$

$\vec{c}$ Beobachtergeschwindigkeit
$\vec{u}$ Strömungsgeschwindigkeit
$\vec{w}$ Relativgeschwindigkeit

Materielle Ableitung (mit $\vec{w} = 0$):

$$\frac{\mathrm{D}\varphi}{\mathrm{D}t} = \frac{\partial\varphi}{\partial t} + \vec{u}\cdot\nabla\varphi$$

Dehnungsgeschwindigkeit materielles Linienelement:

$$\mathrm{d}s^{-1}\frac{\mathrm{D}(\mathrm{d}s)}{\mathrm{D}t} = e_{ij}l_i l_j$$

Differenz der Winkelgeschwindigkeit zweier materieller Linienelemente:

$$\frac{\mathrm{D}(\varphi - \varphi')}{\mathrm{D}t} = -2e_{ij}l_i l'_j$$

Mittelwert der Winkelgeschwindigkeit:

$$\frac{1}{2}\frac{\mathrm{D}}{\mathrm{D}t}(\varphi + \varphi') = \Omega_{ji}l'_i l_j$$

Reynoldssches Transporttheorem allgemein:

$$\frac{\mathrm{D}}{\mathrm{D}t}\iiint\limits_{(V(t))}\varphi\,\mathrm{d}V = \iiint\limits_{(V)}\frac{\partial\varphi}{\partial t}\,\mathrm{d}V + \iint\limits_{(S)}\varphi(\vec{u}\cdot\vec{n})\,\mathrm{d}S$$

Reynoldssches Transporttheorem mit Dichte ϱ im Integral:

$$\frac{\mathrm{D}}{\mathrm{D}t}\iiint\limits_{(V(t))}\varrho\varphi\,\mathrm{d}V = \iiint\limits_{(V)}\varrho\frac{\mathrm{D}\varphi}{\mathrm{D}t}\,\mathrm{d}V$$

© Springer-Verlag GmbH Deutschland, ein Teil von Springer Nature 2018
H. Marschall, *Aufgabensammlung zur technischen Strömungslehre*,
https://doi.org/10.1007/978-3-662-56379-3

Erhaltungsgleichungen

Kontinuitätsgleichung:

$$\iiint\limits_{(V)} \frac{\partial \varrho}{\partial t}\, dV + \iint\limits_{(S)} \varrho(\vec{u}\cdot\vec{n})\, dS = 0$$

Kontinuitätsgleichung in differentieller Form:

$$\frac{\partial \varrho}{\partial t} + \frac{\partial}{\partial x_i}(\varrho u_i) = 0$$

Impulssatz:

$$\iiint\limits_{(V)} \frac{\partial (\varrho \vec{u})}{\partial t}\, dV + \iint\limits_{(S)} \varrho \vec{u}(\vec{u}\cdot\vec{n})\, dS = \iiint\limits_{(V)} (\varrho \vec{k})\, dV + \iint\limits_{(S)} \vec{t}\, dS$$

Impulssatz, stationär, ohne Volumenkräfte:

$$\iint\limits_{(S)} \varrho \vec{u}(\vec{u}\cdot\vec{n})\, dS = \iint\limits_{(S)} \vec{t}\, dS$$

Drallsatz:

$$\iiint\limits_{(V)} \frac{\partial}{\partial t}[\vec{x}\times(\varrho \vec{u})]\, dV + \iint\limits_{(S)} [\vec{x}\times(\varrho \vec{u})]\,(\vec{u}\cdot\vec{n})\, dS = \iiint\limits_{(V)} \vec{x}\times(\varrho \vec{k})\, dV + \iint\limits_{(S)} \vec{x}\times\vec{t}\, dS$$

Energiebilanz:

$$\frac{\partial}{\partial t}\iiint\limits_{(V)} \left(\frac{\vec{u}\cdot\vec{u}}{2}+e\right)\varrho\, dV + \iint\limits_{(S)} \left(\frac{\vec{u}\cdot\vec{u}}{2}+e\right)\varrho(\vec{u}\cdot\vec{n})\, dS = \iiint\limits_{(V)} \vec{u}\cdot(\varrho \vec{k})\, dV + \iint\limits_{(S)} \vec{u}\cdot\vec{t}\, dS - \iint\limits_{(S)} \vec{q}\cdot\vec{n}\, dS$$

Beschleunigtes Bezugssystem B

Absolutgeschwindigkeit $\vec{c}$:

$$\vec{c} = \vec{w} + \vec{\Omega}\times\vec{x} + \vec{v}$$

Zeitliche Änderung eines beliebigen Vektors $\vec{b}$:

$$\left[\frac{D\vec{b}}{Dt}\right]_I = \left[\frac{D\vec{b}}{Dt}\right]_B + \vec{\Omega}\times\vec{b}$$

Impulssatz:

$$\frac{\partial}{\partial t}\left[\iiint\limits_{(V)} \varrho \vec{c}\, dV\right]_B + \iint\limits_{(S)} \varrho \vec{c}(\vec{w}\cdot\vec{n})\, dS + \vec{\Omega}\times\iiint\limits_{(V)} \varrho \vec{c}\, dV = \iiint\limits_{(V)} \varrho \vec{k}\, dV + \iint\limits_{(S)} \vec{t}\, dS$$

Drallsatz:

$$\frac{\partial}{\partial t}\left[\iiint\limits_{(V)} \vec{x}\times(\varrho \vec{c})\, dV\right]_B + \iint\limits_{(S)} [\vec{x}\times(\varrho \vec{c})]\,(\vec{w}\cdot\vec{n})\, dS + \vec{\Omega}\times\iiint\limits_{(V)} \vec{x}\times(\varrho \vec{c})\, dV = \iiint\limits_{(V)} \vec{x}\times(\varrho \vec{k})\, dV + \iint\limits_{(S)} \vec{x}\times\vec{t}\, dS$$

Impulssatz in $\vec{\Omega}$-Richtung, stationär im Relativsystem, ohne Volumenkräfte:

$$\iint\limits_{(S)} [\varrho \vec{e}_\Omega\cdot\vec{c}]\,(\vec{w}\cdot\vec{n})\, dS = \iint\limits_{(S)} \vec{e}_\Omega\cdot\vec{t}\, dS$$

Drallsatz in $\vec{\Omega}$-Richtung, stationär im Relativsystem, ohne Volumenkräfte:

$$\vec{e}_\Omega\cdot\iint\limits_{(S)} [\vec{x}\times(\varrho \vec{c})]\,(\vec{w}\cdot\vec{n})\, dS = \vec{e}_\Omega\cdot\iint\limits_{(S)} \vec{x}\times\vec{t}\, dS$$

Materialgleichungen

	allgemein	Newtonsche Fluide $\left(\lambda^* = \eta_D - \dfrac{2}{3}\eta\right)$	reibungsfreie Fluide
Spannungstensor **T**:	$\tau_{ij} = -p\delta_{ij} + P_{ij}$	$\tau_{ij} = -p\delta_{ij} + \lambda^* e_{kk}\delta_{ij} + 2\eta e_{ij}$	$\tau_{ij} = -p\delta_{ij}$
Reibungsspannungstensor **P**:		$P_{ij} = \lambda^* e_{kk}\delta_{ij} + 2\eta e_{ij}$	$P_{ij} = 0$
Dissipationsfunktion Φ:	$\Phi = P_{ij}e_{ij}$	$\Phi = \lambda^* e_{kk}e_{ii} + 2\eta e_{ij}e_{ij}$	$\Phi = 0$
Wärmestromvektor $\vec{q}$:		$q_i = -\lambda\dfrac{\partial T}{\partial x_i}$	$q_i = 0$
Spannungsvektor $\vec{t}$:	$t_i = n_j\tau_{ji}$		

Inkompressibel: $e_{kk} = 0$; Ideales Gas: $p = \varrho R T$, $\quad e = c_v T$

Spezielle Bewegungsgleichungen

Navier-Stokessche Gleichungen:

$$\varrho\frac{Du_i}{Dt} = \varrho k_i + \frac{\partial}{\partial x_i}\left\{-p + \lambda^*\frac{\partial u_k}{\partial x_k}\right\} + \frac{\partial}{\partial x_j}\left\{\eta\left[\frac{\partial u_i}{\partial x_j} + \frac{\partial u_j}{\partial x_i}\right]\right\}$$

Navier-Stokessche Gleichungen, inkompressibel:

$$\varrho\frac{Du_i}{Dt} = \varrho k_i - \frac{\partial p}{\partial x_i} + \eta\frac{\partial^2 u_i}{\partial x_k\partial x_k}$$

Energiegleichung für Newtonsche Flüssigkeiten:

$$\varrho\frac{De}{Dt} - \frac{p}{\varrho}\frac{D\varrho}{Dt} = \Phi + \frac{\partial}{\partial x_i}\left\{\lambda\frac{\partial T}{\partial x_i}\right\}$$

Bernoullische Gleichung entlang einer Stromlinie:

$$\int\frac{\partial u}{\partial t}\mathrm{d}s + \frac{u^2}{2} + \int\frac{\mathrm{d}p}{\varrho} + \psi = C$$

Bernoullische Gl. für $\varrho = $ konst. und $\psi = gz$, entlang einer Stromlinie:

$$\int_1^2\frac{\partial u}{\partial t}\mathrm{d}s + \frac{u_2^2}{2} + \frac{p_2}{\varrho} + gz_2 = \frac{u_1^2}{2} + \frac{p_1}{\varrho} + gz_1$$

Bernoullische Gl. für ein rotierendes Bezugssystem, $\psi = gz$:
$\varrho = $ konst., $\vec{\Omega} = \Omega\vec{e}_z = $ konst.

$$\int\frac{\partial w}{\partial t}\mathrm{d}s + \frac{w^2}{2} + \frac{p}{\varrho} + gz - \frac{1}{2}\Omega^2 r^2 = C$$

Bernoullische Gleichung für Potentialströmung (rot $\vec{u} = 0$),
mit $\varrho = $ konst. und $\psi = gz$ im gesamten Strömungsfeld:

$$\frac{\partial\Phi}{\partial t} + \frac{1}{2}\frac{\partial\Phi}{\partial x_i}\frac{\partial\Phi}{\partial x_i} + \frac{p}{\varrho} + gz = C(t)$$

Zirkulation:

$$\Gamma = \oint_{(C)}\vec{u}\cdot\mathrm{d}\vec{x} = \iint_{(S)}(\mathrm{rot}\,\vec{u})\cdot\vec{n}\,\mathrm{d}S$$

Biot-Savart Gesetz:

$$\vec{u}_R(\vec{x}) = \frac{\Gamma}{4\pi}\int_{\text{(Faden)}}\frac{\mathrm{d}\vec{x}'\times\vec{r}}{r^3}$$

Unendlicher Wirbelfaden:

$$|\vec{u}_R| = \frac{\Gamma}{2\pi a}$$

Endlicher Wirbelfaden:

$$|\vec{u}_R| = \frac{\Gamma}{4\pi a}(\cos\varphi_1 - \cos\varphi_2)$$

Turbomaschinen: Axial/(Radial)

Vektoraddition:
$$\vec{c} = \vec{w} + \vec{\Omega} \times \vec{x} = \vec{w} + \vec{u}$$

Umfangsgeschwindigkeit:
$$\vec{u} = u\,\vec{e}_u \text{ mit } u = \Omega R$$

Winkelgeschwindigkeit $\vec{\Omega}$:
$$\Omega = 2\pi f = 2\pi n/60\,\text{s} \quad (n \text{ Umdrehungen/Min})$$

Winkel α:
$$\tan\alpha = \frac{|c_u|}{|c_{ax}|} \left(= \frac{|c_u|}{|c_r|}\right)$$

Winkel β:
$$\tan\beta = \frac{|w_u|}{|w_{ax}|} \left(= \frac{|w_u|}{|w_r|}\right)$$

Stoßfreie An-/Abströmung: $\vec{w}$ tangential zu Skelettlinie
Drallfreie An-/Abströmung: $\vec{c}_u = 0$
Drallerhaltung: $M = 0 \Rightarrow r_a c_{ua} = r_e c_{ue}$

Leistung:
$$P = \vec{M} \cdot \vec{\Omega} \text{ oder } P = M\Omega = \begin{array}{l}-P_{Turb.} < 0 \\ +P_{Verd.} > 0\end{array}$$

Eulersche Turbinengleichung:
$$M = \dot{m}(r_a c_{ua} - r_e c_{ue}) \quad \text{Eintritt: } e, \text{ Austritt: } a$$

Turbine:

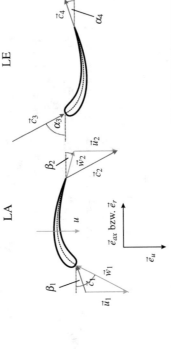

Verdichter:

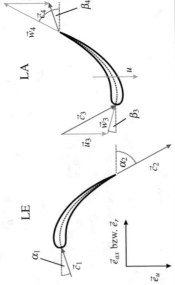

Hydrostatik

Moment bezüglich eines Punktes $P(x_p',y_p',z_p')$:
$$\vec{M}_P = (\varrho g I_{x'y'}\sin\varphi + y_p' p_s A)\,\vec{e}_{x'} - (\varrho g I_{y'}\sin\varphi + x_p' p_s A)\,\vec{e}_{y'}$$

Hydrostatische Druckverteilung:
$$p(z) = p_0 - \varrho g z$$

Kraft auf ebene Fläche:
$$\vec{F} = -\vec{n} p_s A$$

Druckpunktkoordinaten:
$$x_d' = -\frac{\varrho g I_{y'}\sin\varphi}{p_s A} \qquad y_d' = -\frac{\varrho g I_{x'y'}\sin\varphi}{p_s A}$$

Kraft auf Ersatzkörper:
$$F_x = \mp p_s A_x \qquad F_z = p_0 A_z + \varrho g V$$

Laminare Schichtenströmung

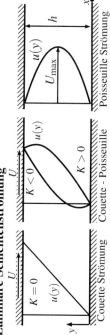

Couette Strömung Couette - Poisseuille Poisseuille Strömung

Hagen-Poiseuille Strömung (Rohrströmung):

$$u_z(r) = U_{\max}\left[1 - \left(\frac{r}{R}\right)^2\right] \;;\; \dot{V} = \frac{\pi}{2} U_{\max} R^2; \quad \bar{U} = \frac{U_{\max}}{2}$$

Couette-Poiseuille Strömung:

$$\frac{u(y)}{U} = \frac{y}{h} + \frac{Kh^2}{2\eta U}\left[1 - \frac{y}{h}\right]\frac{y}{h}; \quad \bar{U} = \frac{U}{2} + \frac{Kh^2}{12\eta}$$

Stromfadentheorie

Volumenstrom:

$$\dot{V} = uA = \text{konst.}$$

Erweiterte Bernoullische Gleichung:

$$\varrho\frac{u_2^2}{2} + p_2 + \varrho g z_2 + \sum \Delta p_v + \sum \Delta p_T - \sum \Delta p_P = \varrho\frac{u_1^2}{2} + p_1 + \varrho g z_1$$

Hydraulische Leistung:

$$P = \Delta p \dot{V}$$

Druckverlust Δp_v

Allgemein	$\zeta \varrho \dfrac{u^2}{2}$
Rohrreibung	$\lambda \dfrac{l}{d} \varrho \dfrac{u^2}{2}$
Carnot-Stoß	$\varrho \dfrac{u_1^2}{2}\left(1 - \dfrac{A_1}{A_2}\right)^2$
Einschnürung	$\varrho \dfrac{u_2^2}{2}\left(\dfrac{1-\alpha}{\alpha}\right)^2$
Diffusor	$(1 - \eta_D)\left(1 - \dfrac{A_1^2}{A_2^2}\right) \varrho \dfrac{u_2^2}{2}$
Düse	0

Turbulente Strömung:

Rohrströmung: $Re_{\text{krit}} \sim 2300$

Angeströmte Platte: $Re_{\text{krit}} \sim 5 \times 10^5$

Umströmter Zylinder: $Re_{\text{krit}} \sim 2 \times 10^5$

Laminare Rohr/Kanal Strömung:

$$\lambda = \frac{64}{Re}$$

Glattes und raues Rohr/Kanal:

$$\frac{1}{\sqrt{\lambda}} = 1{,}74 - 2\lg\left(\frac{2k}{d_{\text{h}}} + \frac{18{,}7}{Re\sqrt{\lambda}}\right)$$

Hydraulisch glattes ($u_* k/\nu < 5$) Rohr/Kanal:

$$\frac{1}{\sqrt{\lambda}} = 1{,}74 - 2\lg\left(\frac{18{,}7}{Re\sqrt{\lambda}}\right)$$

Vollkommen raues ($u_* k/\nu > 70$) Rohr/Kanal:

$$\frac{1}{\sqrt{\lambda}} = 1{,}74 - 2\lg\left(\frac{2k}{d_{\text{h}}}\right)$$

Wandschubspannungsgeschwindigkeit:

$$u_*^2 = \frac{\tau_{\text{w}}}{\varrho}$$

Mittlere Geschwindigkeit:

$$\bar{U} = U_{\max} - 3{,}75 u_* \quad \text{im Rohr}$$
$$\bar{U} = U_{\max} - 2{,}5 u_* \quad \text{im Kanal}$$

Zylinderkoordinaten

Dehnungsgeschwindigkeitstensor E:

$$e_{rr} = \frac{\partial u_r}{\partial r} \qquad 2e_{r\varphi} = 2e_{\varphi r} = r\frac{\partial (r^{-1}u_\varphi)}{\partial r} + \frac{1}{r}\frac{\partial u_r}{\partial \varphi}$$

$$e_{\varphi\varphi} = \frac{1}{r}\frac{\partial u_\varphi}{\partial \varphi} + \frac{u_r}{r} \qquad 2e_{rz} = 2e_{zr} = \frac{\partial u_r}{\partial z} + \frac{\partial u_z}{\partial r}$$

$$e_{zz} = \frac{\partial u_z}{\partial z} \qquad 2e_{\varphi z} = 2e_{z\varphi} = \frac{1}{r}\frac{\partial u_z}{\partial \varphi} + \frac{\partial u_\varphi}{\partial z}$$

Kontinuitätsgleichung:

$$\frac{\partial \varrho}{\partial t} + \frac{1}{r}\frac{\partial}{\partial r}(\varrho u_r r) + \frac{1}{r}\frac{\partial}{\partial \varphi}(\varrho u_\varphi) + \frac{\partial}{\partial z}(\varrho u_z) = 0$$

Navier-Stokes Gleichungen $\varrho, \eta = konst.$:

$$r: \quad \varrho\left[\frac{\partial u_r}{\partial t} + u_r\frac{\partial u_r}{\partial r} + u_z\frac{\partial u_r}{\partial z} + \frac{1}{r}\left(u_\varphi\frac{\partial u_r}{\partial \varphi} - u_\varphi^2\right)\right] = \varrho k_r - \frac{\partial p}{\partial r} + \eta\left[\Delta u_r - \frac{1}{r^2}\left(u_r + 2\frac{\partial u_\varphi}{\partial \varphi}\right)\right]$$

$$\varphi: \quad \varrho\left[\frac{\partial u_\varphi}{\partial t} + u_r\frac{\partial u_\varphi}{\partial r} + u_z\frac{\partial u_\varphi}{\partial z} + \frac{1}{r}\left(u_\varphi\frac{\partial u_\varphi}{\partial \varphi} + u_r u_\varphi\right)\right] = \varrho k_\varphi - \frac{1}{r}\frac{\partial p}{\partial \varphi} + \eta\left[\Delta u_\varphi - \frac{1}{r^2}\left(u_\varphi - 2\frac{\partial u_r}{\partial \varphi}\right)\right]$$

$$z: \quad \varrho\left[\frac{\partial u_z}{\partial t} + u_r\frac{\partial u_z}{\partial r} + u_z\frac{\partial u_z}{\partial z} + \frac{1}{r}u_\varphi\frac{\partial u_z}{\partial \varphi}\right] = \varrho k_z - \frac{\partial p}{\partial z} + \eta\Delta u_z$$

$$\vec{e}_r = \cos\varphi\,\vec{e}_x + \sin\varphi\,\vec{e}_y$$
$$\vec{e}_\varphi = -\sin\varphi\,\vec{e}_x + \cos\varphi\,\vec{e}_y$$
$$\vec{e}_z = \vec{e}_z$$

$$x = r\cos\varphi$$
$$y = r\sin\varphi$$

$$\vec{x} = r\vec{e}_r + z\vec{e}_z$$
$$d\vec{x} = dr\,\vec{e}_r + r\,d\varphi\,\vec{e}_\varphi + dz\,\vec{e}_z$$
$$\vec{u} = u_r\vec{e}_r + u_\varphi\vec{e}_\varphi + u_z\vec{e}_z$$

Dimensionslose Zahlen

Reynolds-Zahl:

$$Re = \frac{\text{Trägheitskräfte}}{\text{viskose Kräfte}} = \frac{\varrho UL}{\eta} = \frac{UL}{\nu}$$

Knudsen-Zahl:

$$Kn = \frac{\text{mittlere freie Weglänge}}{\text{charakteristische Länge}} = \frac{\lambda}{l}$$

Kapillarzahl:

$$Ca = \frac{\text{Viskositätskräfte}}{\text{Oberflächenspannung}} = \frac{\eta U}{\sigma}$$

Machzahl:

$$Ma = \frac{\text{Strömungsgeschwindigkeit}}{\text{Schallgeschwindigkeit}} = \frac{U}{a}$$

Widerstandskoeffizient:

$$c_w = \frac{\text{Widerstandskraft}}{\text{Staudruck} \times \text{Referenzfläche}} = \frac{2F_w}{\varrho U^2 A}$$

Auftriebsbeiwert:

$$c_a = \frac{\text{Auftriebskraft}}{\text{Staudruck} \times \text{Referenzfläche}} = \frac{2F_A}{\varrho U^2 A}$$

Dichte	ϱ	kg/m^3
Geschwindigkeit	u	m/s
Druck	p	$\text{kg/(s}^2\text{m)} = \text{Pa}$
Spannung	τ	$\text{kg/(s}^2\text{m)}$
Oberflächenspannung	σ	kg/s^2
Kraft	F	$\text{kg m/s}^2 = \text{N}$
Dyn. Viskosität	η	kg/(sm)
Kin. Viskosität	ν	m^2/s
Leistung	P	$\text{kg m}^2/\text{s}^3 = \text{W}$
Wirbelstärke	ω	$1/\text{s}$
Zirkulation	Γ	m^2/s

Literaturverzeichnis

CALAMAI, G: *Batchelor, GK-An Introduction to Fluid Dynamics*. Cambridge University Press, 1970.

CZICHOS, H.: *Hütte: Die Grundlagen der Ingenieurwissenschaften*. Springer-Verlag, 2013.

DUBBEL, HEINRICH: *Dubbel: Taschenbuch für den Maschinenbau*. Springer-Verlag, 2013.

JEFFREYS, HAROLD: *Cartesian tensors*. Cambridge University Press, 1969.

KLINGBEIL, E.: *Tensorrechnung für Ingenieure*. Mannheim ua: Bibliographisches Institut, 2. Auflage, 1989.

SPURK, J.: *Strömungslehre: Einführung in die Theorie der Strömungen*. Springer-Verlag, 5. Auflage, 2004.

WHITE, FM: *Viscous fluid flow, 640 pp*. New York: McGraw-Hill, 1974.

WIEGHARDT, KARL: *Theoretische Strömungslehre*, Band 2. Universitätsverlag Göttingen, 2005.

© Springer-Verlag GmbH Deutschland, ein Teil von Springer Nature 2018
H. Marschall, *Aufgabensammlung zur technischen Strömungslehre*,
https://doi.org/10.1007/978-3-662-56379-3

Sachverzeichnis

Ähnlichkeitsgesetz
  -, Reynoldssches, 49

Absolutgeschwindigkeit, 19
Auftrieb
  -, hydrostatischer, 80

Bahnlinie, 2
Barotrop, 51
Bernoullische Gleichung, 51
Beschreibungsweise
  -, Eulersche, 2
  -, Feld, 2
  -, Lagrange , 2
  -, Materielle, 2
Bezugssystem
  ,- beschleunigtes, 18
  -, inertial, 16

Carnotscher Stoßverlust, 117
Cauchysche Bewegungsgleichung, 17
Corioliskraft, 20
Couette-Poiseuille-Strömung, 98
Couette-Strömung, 96

Düse, 116
Deformation, 6
Deformationsgeschwindigkeitstensor, 6
Dehnungsgeschwindigkeit, 7
Dichte, 1
Diffusor, 116
Diffusorwirkungsgrad, 117
Dissipationsfunktion, 45
Divergenz, 290, 295
Drallsatz, 18, 21
Drehgeschwindigkeitstensor, 7
Druckmittelpunkt, 78

Druckverluste, 115
Dyade, 286

Energiegleichung, 24, 113
Enthalpie, 45
Ersatzkörper, 80
Eulersche Gleichung, 50
Eulersche Turbinengleichung, 22, 23

Führungsbeschleunigung, 19
Führungsgeschwindigkeit, 19
Führungskraft, 20
Flächenträgheitsmoment, 78
Fouriersches Wärmeleitungsgesetz, 45

Gaußscher Integralsatz, 292
Gradient, 290, 295
Grenzschichtablösung, 116

Hagen-Poiseuille-Strömung, 98
Hauptachsensystem, 8
Hauptdehnung, 9
Hauptdehnungsgeschwindigkeit, 8
Hauptdehnungsrichtung, 9
Hydraulisch glatt, 123
Hydraulischer Durchmesser, 119
Hydrostatik, 75

Impulssatz, 16, 20, 113
Index
  -, freier, 287
  -, schreibweise, 286
  -, stummer, 287
Induzierte Geschwindigkeit, 58
Inertialsystem, 16
Inkompressibel, 16
Innere Energie, 45

© Springer-Verlag GmbH Deutschland, ein Teil von Springer Nature 2018
H. Marschall, *Aufgabensammlung zur technischen Strömungslehre*,
https://doi.org/10.1007/978-3-662-56379-3

Kartesisches Koordinatensystem, 285
Knudsen-Zahl, 1
Kontaktwinkel, 82
Kontinuitätsgleichung, 15, 112
Kontinuum, 1
Kontraktionsziffer, 119
Kronecker-Symbol, 287

Laplace-Operator, 47, 100, 295
Laplacesche Länge, 83
Laufrad, 21
Leistung, 23
Leitrad, 21

Materialgleichung, 43
Materielles Teilchen, 2
Materielles Volumen, 10
Mittengesetz, 124

Nabla-Operator, 290, 295
Navier-Stokessche Gleichungen, 47
Newtonsche Flüssigkeit, 43

Oberflächenspannung, 82

Permutationssymbol, 289
Poiseuilleströmung, 98
Potential, 51
Potentialströmung, 9, 51
Produkt
  -, verjüngendes, 288
Punktprodukt, 287

Rauheitserhebung, 122
Reibungsspannungstensor, 44
Reibungsverluste, 119
Relativgeschwindigkeit, 19
Reynoldsches Transporttheorem, 10
Reynoldszahl, 48
Rohrströmung
  -, turbulente, 120
Rotation, 6, 290, 295
Rotierendes Bezugssystem, 52

Scheinkräfte, 20
Schichtenströmung, 95
Schubspannungsgeschwindigkeit, 123
Skalar, 285
Spannungstensor, 17, 43
Spannungsvektor, 17
Spezifische Gaskonstante, 45

Spezifische Wärmekapazität, 45
Stokesscher Satz, 55
Stomfadentheorie, 111
Strömung
  ,-inkompressibele, 16
  ,-laminare, 95
  ,-reibungsbehaftete, 98
  ,-stationäre, 5, 95
  ,-turbulente, 120
Strahleinschnürung, 118
Streichlinie, 4
Stromfaden, 111
Stromfadentheorie, 111
Stromlinie, 3
Stromröhre, 111
Summationskonvention, 287

Tensorprodukt, 289
Tensorrechnung, 285
Tensorstufe, 287
Trägheitskräfte, 47, 48
Translation, 6
Turbomaschine, 21

Umfangskomponente, 22

Vektor, 285
Vektorprodukt, 288
Verlustziffer, 115
Viskosität
  -, dynamische, 43
  -, kinematische, 43, 123

Wärmestrom, 24
Wandschubspannung, 123
Widerstandszahl, 101, 122
Wirbelfaden, 57
Wirbelröhre, 55
Wirbelsatz, 54

Zähigkeit
  siehe auch Viskosität
Zähigkeitskräfte, 47, 48
Zeitableitung
  -, allgemeine, 6
  -, materielle, 5
Zentrifugalkraft, 20
Zirkulation, 54
Zustandsgleichung, 45
Zylinderkoordinaten, 293

Printed in the United States
By Bookmasters